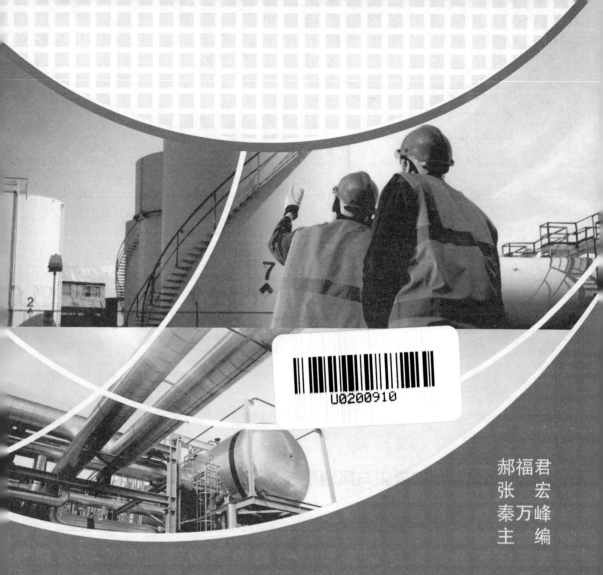

郝福君
张　宏
秦万峰
主　编

油气田岗位
危害辨识与风险防控

文化发展出版社
Cultural Development Press

图书在版编目（CIP）数据

油气田岗位危害辨识与风险防控 / 郝福君，张宏，秦万峰编著 . —北京：文化发展出版社有限公司，2019.6

ISBN 978-7-5142-2590-7

Ⅰ . ①油… Ⅱ . ①郝… ②张… ③秦… Ⅲ . ①油气田开发－风险管理 Ⅳ . ① TE3

中国版本图书馆 CIP 数据核字（2019）第 053243 号

油气田岗位危害辨识与风险防控

主　　编：郝福君　张　宏　秦万峰

责任编辑：李　毅　　　　　　　责任校对：岳智勇
责任印制：邓辉明　　　　　　　责任设计：侯　铮
出版发行：文化发展出版社有限公司（北京市翠微路 2 号　邮编：100036）
网　　址：www. wenhuafazhan. com　www. printhome. com　　www. keyin. cn
经　　销：各地新华书店
印　　刷：阳谷毕升印务有限公司

开　　本：787mm×1092mm　1/16
字　　数：318 千字
印　　张：17.5
印　　次：2019 年 9 月第 1 版　2021 年 2 月第 2 次印刷
定　　价：48.00 元
ＩＳＢＮ：978-7-5142-2590-7

◆ 如发现任何质量问题请与我社发行部联系。发行部电话：010-88275710

编委会

作 者	署名位置	工作单位
郝福君	第一主编	长庆油田分公司安全环保监督部
张 宏	第二主编	长庆油田分公司安全环保监督部
秦万峰	第三主编	长庆油田分公司安全环保监督部
刘 锋	副主编	长庆油田分公司安全环保监督部
张军林	副主编	长庆油田分公司安全环保监督部
牛国萍	副主编	长庆油田分公司安全环保监督部
张 鹏	编 委	长庆油田分公司第一采气厂
章英俊	编 委	长庆油田分公司安全环保监督部
杜一琛	编 委	长庆油田分公司安全环保监督部

前言

　　油气田的地面建设有着工作难度大、一级风险较高、施工较为复杂的特点，使得对于油气田来说，由于工程施工技术、地质条件、环境条件以及施工的组织管理等各个方面都有可能导致安全事故的发生，因此在对油气田进行地面建设过程中，必须要求工程技术人员具备良好的专业素质，而且对工程的流程十分熟悉，同时还应该注重采用先进的生产技术展开施工，最终要做到有效管理才能在很大程度上避免安全事故的发生。但是，如果油气田的地面建设发生一定的安全问题，将会给当地以及邻近的一些地区造成不可估量的损失，不仅会使设备造成损坏，给工程带来一定的经济损失，更严重的情况还会导致大面积的人员伤亡以及对环境的恶化。油气田地面建设所遇到的一些突发安全事故不仅在一定程度上危害开采企业，而且能够在很大程度上危害当地及邻近地区的社会环境以及自然环境。

　　油气田施工企业的工作环境有着自己的独特之处，其面临的风险主要有以下几种：自然环境风险。所谓自然环境风险，是指自然环境等的变化对油气田施工企业作业造成损害的不确定性，其又可以分为气候风险和地质风险。工程技术风险。所谓工程技术风险，是指由于使用不恰当的科学技术而对油气田施工企业作业造成损害的不确定性，其又可以分为开发技术风险、勘探技术风险和建设技术风险。财务经济风险。所谓财务经济风险，是指由于财务和经济方法的因素而对油气田施工企业作业造成损害的不确定性，其又可以分为市场风险、财务风险和政策经济风险。经营管理风险。所谓经营管理风险，是指由于油气田施工企业经营管理方法的原因，直接影响到企业的生产能力与作业成本，而导致油气田施工企业作业的实际结果与预期结果存在差距的可能性，其又可以分为设备设施风险、人力资源风险、环境保护风险、组织结构风险和工农纠纷风险。

　　本书在编写过程中参考了大量的国内外专家和学者的专著、报刊文献、网络资料，以及油气田岗位危害辨识与风险防控的有关内容，借鉴了国内外专家、学者的研究成果，在此对相关专家、学者表示衷心的感谢。

虽然本书编写时各作者通力合作，但因编写时间和理论水平有限，书中难免有不足之处，我们诚挚地希望读者给予批评指正。

《油气田岗位危害辨识与风险防控研究》编委会

目录

第一章 油气生产过程危害因素分析

第一节 油气生产过程危害因素分类

油气生产系统危害因素分类总体上包括两部分内容，即系统内在风险和外部环境对系统的影响。系统内在风险主要取决于生产物料和生产设施两个方面，人的不安全行为是这种危险发展为事故的诱导因素；外部环境对系统的影响是指系统所处区域的自然环境、社会环境对系统安全的影响，反过来，系统安全风险又对外部环境发生作用。对危害因素进行分类，是为了便于进行危害因素辨识和分析。

危害因素的分类方法有许多种，这里简单介绍按导致事故和职业危害的直接原因进行分类的方法以及参照事故类别、职业病类别进行分类的方法。

一、按导致事故和职业危害直接原因（物的不安全状态）分类

根据 GB/T 13861《生产过程危险和有害因素分类与代码》的规定，将生产过程中的危险和有害因素分为四类。此种分类方法所列危险和有害因素具体、详细、科学合理，适用于各企业在规划、设计和组织生产时对危害因素的辨识和分析。在危害辨识过程中可以依据表 1–1 所列项目逐项进行检查核对。

表 1–1 生产过程危害因素分类

序号	危害因素	说明
1	人的因素	
1.1	心理、生理性危险和有害因素	负荷超限（体力、听力、视力、其他负荷超限）、健康状况异常、从事禁忌作业、心理异常（情绪异常、冒险心理、过度紧张、其他）、辨识功能缺陷（感知延时、辨识错误、其他）、其他
1.2	行为性危险和有害因素	指挥错误（指挥失误、违章指挥、其他）、操作错误（误操作、违章作业、其他）、监护失误、其他

续表

序号	危害因素	说明
2		物的因素
2.1	物理性危险和有害因素	设备、设施、工具附件缺陷（强度或刚度不够、稳定性差、密封不良、耐腐蚀性差、应力集中、外形缺陷、外露运动件、操纵器缺陷、制动器缺陷、控制器缺陷、保险装置缺陷、其他）、防护缺陷（无防护、防护装置设施缺陷、防护不当、支撑不当、安全防护距离不够、其他）、电伤害（带电部位裸露、漏电、静电和杂散电流、电火花、其他）、噪声、振动、电离辐射、非电离辐射、运动物伤害（抛射物、飞溅物、坠落物、反弹物、岩土滑动、料堆滑动、气流卷动等）、明火、高温物质、低温物质、报警等信号缺陷、安全标志缺陷、有害光照、其他
2.2	化学性危险和有害因素	爆炸品、压缩气体和液化气体、易燃液体、易燃固体、自燃物品和遇湿易燃物品、氧化剂和有机过氧化物、有毒品、放射性物品、腐蚀品、粉尘和气溶胶、其他
2.3	生物性危险和有害因素	致病微生物、传染病媒介物、致害动物、致害植物、其他
3	环境因素	室内作业场所环境不良、室内作业场地环境不良、地下作业环境不良、其他
4	管理因素	职业安全卫生组织结构不健全、职业安全卫生责任制未落实、职业安全卫生管理规章制度不完善、职业安全卫生投入不足、职业健康管理不完善、其他管理缺陷

二、按事故类别（人的不安全行为）、职业病类别进行分类

（1）参照 GB 6441《企业职工伤亡事故分类》，综合考虑起因物、引起事故先发的诱导性原因、致害物、伤害方式等，将危害因素分为 20 类。结合油气田生产岗位的危害因素特点识别出可能存在的 16 种事故类型（表1-2），此种分类方法所列危害因素全面，针对性强，适用于各企业在作业分析、事故分析时对危害因素的辨识。

表1-2　事故原因危害因素分类

序号	危害因素	说明
1	物体打击	物体在重力或其他外力的作用下产生运动，打击人体造成人身伤亡事故，不包括因机械设备、车辆、起重机械、坍塌等引发的物体打击
2	车辆伤害	企业机动车辆在行驶中引起的人体坠落和物体倒塌、飞落、挤压伤亡事故，不包括起重设备提升、牵引车辆和车辆停驶时发生的事故
3	机械伤害	机械设备运动（静止）部件、工具、加工件直接与人体接触引起的夹击、碰撞、剪切、卷入、绞、碾、割、刺等伤害，不包括车辆、起重机械引起的机械伤害

续表

序号	危害因素	说明
4	起重伤害	各种起重作业（包括起重机安装、检修、试验）中发生的挤压、坠落、（吊具、吊重）物体打击和触电
5	触电	人体触及带电体，电流会对人休造成不同程度的伤害，其中包括雷击伤亡事故
6	淹溺	包括高处坠落淹溺，不包括矿山、井下透水淹溺
7	灼烫	指火焰烧伤、高温物体烫伤、化学灼伤（酸、碱、盐、有机物引起的体内外灼伤）、物理灼伤（光、放射性物质引起的体内外灼伤），不包括电灼伤和火灾引起的烧伤
8	火灾	失去控制并对财物和人身造成损害的燃烧现象
9	高处坠落	在高处作业中发生坠落造成的伤亡事故，不包括触电坠落事故
10	坍塌	物体在外力或重力作用下，超过自身的强度极限或因结构稳定性被破坏而造成的事故，如挖沟时的土石塌方、脚手架坍塌、堆置物倒塌等，不适用于车辆、起重机械、爆破引起的坍塌
11	放炮	爆破作业中发生的伤亡事故
12	火药爆炸	火药、炸药及其制品在生产、加工、运输、贮存中发生的爆炸事故
13	化学性爆炸	可燃性气体、粉尘等与空气混合形成爆炸性混合物，在接触引爆能源时发生的爆炸事故（包括气体分解、喷雾爆炸）
14	物理性爆炸	包括锅炉爆炸、容器超压爆炸、轮胎爆炸等
15	中毒和窒息	包括中毒、缺氧窒息、中毒性窒息
16	其他伤害	除上述以外的危害因素，如摔、扭、挫、擦、刺、割伤和非机动车碰撞、轧伤等

（2）参照国家卫生健康委员会颁发的《职业病危害因素分类目录》，将危害因素分为10类，包括粉尘类、放射性物质类（电离辐射）、化学物质类、物理因素（高温、高气压、低气压、局部振动）、生物因素、导致职业性皮肤病的危害因素、导致职业性眼病的危害因素、导致职业性耳鼻喉口腔疾病的危害因素、导致职业性肿瘤的职业病危害因素、其他危害因素等。

第二节　不同生产过程危害因素

一、油气生产过程中的危险性物质

油气生产过程中所涉及的危险物质主要是原油和天然气。

1. 原油

原油是多种碳氢化合物混合组成的可燃性液体，化学组成一般为碳83% ~ 87%，氢10% ~ 14%，其他硫、氧、氮三种元素为1% ~ 4%。原油颜色多是黑色或深棕色，少数为暗绿色、赤色和黄色，并有一些特殊气味。原油中所含的胶质和沥青质越多，颜色越深，其油品特有的气味越浓；含的硫化物、氮化物越多，则气味越臭。不同油田生产的原油所含轻质成分和重质成分的比例不同，其性质差别也较大。原油的相对密度和凝固点与原油的组分有关，重组分多的原油相对密度大，轻组分多的原油相对密度小；原油中含蜡量越多，凝固点越高。我国原油按其关键组分分为凝析油、石蜡基油、混合基油和环烷基油四类。密度小于 0.82g/cm³ 的原油为凝析油类，其他三类各按其密度大小又可分为两个等级。

原油火灾危险性为甲 B 类，燃烧热为 41410kJ/kg。原油理化性质见表 1–3。

表 1–3　原油理化性质

理化常数	危险货物编号	32003	CAS 号	8030–30–6
	中文名称	原油	英文名称	petroleum
	沸点	常温 ~ 500℃	闪点	–6.6 ~ 32.2℃
	凝固点	—	溶解性	不溶于水，溶于苯、乙醚、三氯甲烷、四氯化碳等有机溶剂
	相对密度	0.78 ~ 0.97（水 =1）	稳定性	稳定
	爆炸极限	1.1%~8.7%（体积分数）	自燃温度	280 ~ 380℃
	外观与性状	一种从地下深处开采出来的黄色、褐色乃至黑色的可燃性黏稠液体。胶质、沥青质含量越高，颜色越深。性质因产地而异		

主要用途。主要用于生产汽油、航空煤油、柴油等发动机燃料以及液化气、石脑油、润滑油、石蜡、沥青、石油焦等，通过其馏分的高温热解，还用于生产乙烯、丙烯、丁烯等基本有机化工原料。

危险特性。危险性类别：第 3.2 类（易燃液体）。易燃，蒸汽与空气能形成爆炸性混合物，遇明火、高热能引起燃烧爆炸。与硝酸、浓硫酸、高锰酸钾、重铬酸盐等强氧化剂接触会剧烈反应，甚至发生燃烧爆炸。

健康危害。毒性：Ⅳ（轻度危害），属低毒类。侵入途径：吸入、食入、经皮肤吸收。健康危害：未见原油引起急慢性中毒的报道。原油在分馏、裂解和深加工过程中的产品和中间产品表现出不同的毒性。长期接触可引起皮肤损害。

泄漏应急处理。根据液体流动和蒸汽扩散的影响区域划定警戒区，无关人员从侧风、上风向撤离至安全区。消除所有点火源。应急人员应戴全面罩防毒面具，穿防火服。使用防爆等级达到要求的通信工具。采取关闭阀门或堵漏等措施切断泄漏源。如果槽车或储罐发生泄漏，可通过倒罐转移尚未泄漏的液体。构筑围堤或挖坑收容泄漏物，要防止流入河流、下水道、排洪沟等地方。收容的泄漏液用防爆泵转移至槽车或专用收集器内。用沙土吸收残液。如果海上或水域发生溢油事故，可布放围油栏引导或遏制溢油，防止溢油扩散，使用撇油器、吸油棉或消油剂清除溢油。

防护措施。工程控制：生产过程密闭，全面通风。呼吸系统防护：空气中浓度超标时，佩戴自给正压呼吸器。眼睛防护：必要时，戴化学安全防护眼镜。身体防护：穿防护服。手防护：戴橡胶手套。其他：工作现场严禁吸烟。避免长期反复接触。

急救措施。皮肤接触：脱去污染的衣服，用肥皂水及清水彻底冲洗。眼睛接触：立即提起眼睑，用流动清水冲洗。吸入：迅速脱离现场至空气新鲜处。注意保暖，呼吸困难时给输氧。呼吸停止时，立即进行人工呼吸、就医。食入：误服者给充分漱口、饮水、就医。

灭火方法。消防人员须穿全身防火防毒服，佩戴自给正压呼吸器，在上风向灭火。喷水冷却燃烧罐和临近罐，直至灭火结束。处在火场中的储罐若发生异常变化或发出异常声音，须马上撤离。着火油罐出现沸溢、喷溅前兆时，应立即撤离。灭火剂：泡沫、干粉、沙土、二氧化碳。

储存注意事项：禁止使用易产生火花的机械设备和工具。储区应备有泄漏应急处理设备和合适的收容材料。

原油的危险性主要表现在以下几个方面：

（1）易燃性。原油具有闪点、燃点和自燃点比较低的特性。原油在一定温度条件下可以燃烧。通常，原油遇热后会蒸发产生易燃性油蒸汽，这种油蒸汽与空气混合后会形成燃烧性混合物。当这种混合物达到一定浓度时，遇火源便可燃烧，原油的这种燃烧称作蒸发燃烧。蒸发燃烧不同于一般可燃气体的燃烧，它有着独特的燃烧方式。蒸发燃烧时液体本身并没有燃烧，它所燃烧的只是由液体蒸发后产生的可燃蒸汽。它的燃烧过程是，当可燃蒸汽着火后，液体的温度会不断升高，这便进一步加热了可燃液体的表面，从而加速了液体中油蒸汽的再次蒸发，促使燃烧继续保持或蔓延扩大。

（2）易爆炸性。原油及其产品的油蒸汽和空气混合达到爆炸极限浓度时，遇火即能爆炸。下限越低，爆炸危险性越大。着火过程中，燃烧和爆炸往往交替进行。空气中原油蒸汽浓度达到爆炸极限时，遇到火源就会发生爆炸，然后转为燃烧。超过爆炸上限时，遇火源先燃烧，待浓度下降到爆炸极限时，随即会发生爆炸。若容器或管道中已经形成了爆炸性混合气体，那么此时遇火源发生的燃烧或爆炸危险性更大。

（3）易蒸发或泄漏。原油未经稳定处置前，特别是采取油气混输技术时，其油气（伴生气）量较大。若输送设施密封不好、管道堵塞（积蜡）憋压引起泄漏或容器、管线破裂，将有大量油蒸汽析出。蒸发出的油蒸汽，由于密度比较大，不易扩散，往往在储存处或作业场地空间地面弥漫飘荡，在低洼处积聚不散，这就大大增加了火灾、爆炸危险程度。

（4）易产生静电。原油电阻率一般在 $10^{12}\Omega.cm$ 左右，积累电荷的能力很强。因此，在泵输、灌装、装卸、运输等作业中，流动摩擦、喷射、冲击、过滤都会产生静电。当能量达到或大于油品蒸汽最小引燃能量时，就可能点燃可燃性混合气，引起爆炸或燃烧。

（5）易受热膨胀、沸溢。原油及其产品的体积随温度上升而膨胀。盛装油品的容器，若靠近高温或受日光曝晒，会因油品受热膨胀破裂，增大火灾危险程度。火场及其附近的容器受到火焰辐射热的作用，如不及时冷却，也会因膨胀爆裂增大火势，扩大灾害范围。原油在长时间着火燃烧时会产生沸溢、爆喷现象，尤其是储存在储罐里的油品，着火后甚至会从储罐中猛烈地喷出，形成巨大火柱，这种现象是受"热波"的影响造成的。另外，由于原油温度的升高，还会使油品体积急剧膨胀，使燃烧的油品大量外溢，造成大面积的火灾。

（6）毒性危害。中国未制定接触限值，原油本身无明显毒性，其不同的产品和中间产品表现出不同的毒性。原油中的芳香烃是具有苯环结构的烃类，它的化学稳定性良好，毒性较大，遇热分解释放出有毒的烟雾。原油大量泄漏会造成严重的环境污染。

2. 伴生气

油田伴生气主要成分为 C_1，C_2，C_3，C_4，少量的 C_5 和 C_6，烃总含量为 98.08%，含有少量的二氧化碳和氮气，危险性兼有天然气和液化石油气的特性。

（1）易燃易爆特性。

伴生气中含有大量的低分子烷烃混合物，属甲类易燃易爆气体，其与空气混合形成爆炸性混合物，遇明火极易燃烧爆炸。其密度比空气小，如果出现泄漏则能无限制地扩散，易与空气形成爆炸性混合物，而且能顺风飘动，形成着火爆炸和蔓延扩散的重要条件，遇明火回燃。由于伴生气中含有一定量的易液化组分，相对密度为 1.061（空气 =1），当伴生气泄漏时，一些较重的组分将沉积在低洼的地方，形成爆炸性混合气体并沿地面扩散，遇到点火源发生火灾、爆炸事故。伴生气作为燃料气使用时，因含有一定量的 C$_5$ 和 C$_6$ 组分，会有凝液产生，使加热炉带液而发生加热炉事故。

（2）毒性。

伴生气中的甲烷和乙烷属单纯窒息性气体，对人体基本无毒。其他组分如丙烷、异丁烷、正丁烷、异戊烷、正戊烷等都为微毒或低毒物质。伴生气除气态烃外，还有少量二氧化碳、氢气、氮气等非烃类气体。

油田伴生气理化性质见表 1-4。

表 1-4 天然气理化性质

理化常数	危险货物编号	21007（压缩气体）21008（液化气体）	中文名称	天然气
	分子式	主要成分为 CH$_4$	外观与性状	无色无味气体
	相对分子质量	16.04	蒸汽压	53.32kPa（-168.8℃）
	沸点	-161.5℃	闪点	<-158℃
	熔点	-182.5℃	溶解性	微溶于水，溶于醇、乙醚
	相对密度	0.42（水 =1）0.75 ~ 0.85（空气 =1）	稳定性	稳定
	爆炸极限	5% ~ 15%（体积分数）	自燃温度	482 ~ 632℃

危险特性。危险性类别：第 2.1 类（易燃气体）。与空气混合形成爆炸性混合物，遇热源和明火有燃烧爆炸的危险。与五氟化溴、氯气、次氯酸、三氟化氮、液氧、二氟化氧及其他强氧化剂接触剧烈反应。燃烧（分解）产物：一氧化碳、二氧化碳。

健康危害。侵入途径：吸入。健康危害：甲烷对人基本无毒，但浓度过高时，空气中的氧含量明显降低，使人窒息。当空气中甲烷达 25%~30% 时，可引起头痛、头晕、乏力、注意力不集中、呼吸和心跳加速、共济失调。若不及时脱离，可致窒息死亡。皮肤接触液化本品，可致冻伤。

毒性。毒性：IV（轻度危害），LD$_{50}$：无资料，LC$_{50}$：无资料。

环境标准。职业接触限值：MAC：无资料，TWA：25mg/m^3，STEL：50mg/m^3。

泄漏应急处理。迅速撤离泄漏污染区人员至上风处，并进行隔离，严格限制出入。切断火源。建议应急处理人员佩戴自给正压呼吸器，穿消防防护服。尽可能切断泄漏源。合理通风，加速扩散。喷雾状水稀释、溶解。构筑围堤或挖坑收容产生的大量废水。漏气容器要妥善处理，修复、检验后再用。

防护措施。呼吸系统防护：空气中浓度超标时，佩戴正压空气呼吸器。紧急事态抢救或撤离时，建议佩戴空气呼吸器。眼睛防护：一般不需要特别防护，高浓度接触时可戴安全防护眼镜。身体防护：穿防护服。手防护：戴一般作业防护手套。其他：工作现场严禁吸烟。避免长期反复接触。进入罐、限制性空间或其他高浓度区作业，须有人监护。

急救措施。皮肤接触：若有冻伤，就医治疗。吸入：迅速脱离现场至空气新鲜处。保持呼吸道通畅。如呼吸困难，给输氧。如呼吸停止，立即进行人工呼吸。就医。

灭火方法。切断气源。若不能立即切断气源，则不允许熄灭正在燃烧的气体。喷水冷却容器，可能的话将容器从火场移至空旷处。灭火剂通常可用雾状水、泡沫、二氧化碳、干粉等。

储存注意事项。禁止使用易产生火花的机械设备和工具。应备有泄漏应急处理设备。

3. 天然气

天然气是一种可液化、无色无味的混合气体，一般气层气中甲烷含量约占天然气总体积的90%以上，其次是乙烷、丙烷、正丁烷、异丁烷、正戊烷、异戊烷等，还含有在常温下呈气态的非烃类组分如二氧化碳、氢气、氮气等，并可能含有少量的硫化氢、硫醇、硫醚、二硫化碳等硫化物。

原料天然气为湿气，经过油田脱水、脱烃处理后的气层气通常称为干气。天然气属甲B类易燃易爆气体，天然气的密度一般是空气的0.55 ~ 0.85倍（空气密度1.29kg/m³）。接触限值：300mg/m³。侵入途径：吸入。

天然气中各主要组分火灾、爆炸特性参数见表1–5。

表1–5　天然气主要组分火灾、爆炸特性参数

物料名称	分子式	自燃温度℃	爆炸极限（体积分数），%
甲烷	CH_4	537	5.3 ~ 15
乙烷	C_2H_6	515	3.0 ~ 12.5
丙烷	C_3H_8	466	2.2 ~ 9.5
丁烷	C_4H_{10}	405	1.9 ~ 8.5

天然气的危险性主要体现在以下几个方面：

①天然气无色无味，扩散在大气中不易察觉，容易引起火灾和中毒；②天然气成分除气态烃类，还有少量的硫化氢、二氧化碳、氢气、氮气等非烃类气体，因硫化氢是高度危害的窒息性气体，即使在天然气中的含量极少，也具有很大的危险性；③天然气非常容易燃烧，在高温、明火条件下就会燃烧或爆炸，并产生大量的热；④天然气在输送过程中易产生静电，放电时产生火花，极易引起火灾或爆炸；⑤天然气比重比空气小，一旦泄漏，能在空气中扩散，形成较大范围的爆炸性混合气体；⑥在天然气集输生产过程中，需要用电气设备，加大了火灾、爆炸的危险；⑦天然气中的硫化氢和二氧化碳等组分不仅腐蚀设备、降低设备耐压强度，严重时还可导致设备裂隙、漏气，遇火源引起燃烧爆炸事故。

天然气理化性质、危险危害特性及防护措施见表1-4。

4. 油田化学助剂

油气生产过程中使用破乳剂、防蜡剂、清蜡剂、缓蚀阻垢剂、杀菌剂和絮凝剂等化学助剂，用量均很少。这些药剂均为多种化学单剂复配产品，其部分药剂的少量组分具有轻微毒性，但最终合成的药剂相对单剂来说，危险性较小。危险性相对较大的助剂有破乳剂、清蜡剂等，一般具有低毒性，可能给员工的身体健康带来不利影响。

（1）破乳剂

破乳剂在油水分离过程中起到表面活性作用、润湿吸附和聚结作用，属于甲类易燃液体，具有较大的火灾危险性。破乳剂为液态，产品种类繁多，在生产工艺和产品性能控制方面会因产品所应用的作业流体不同而有所区别，但大多数破乳剂的化学成分主要是嵌段高分子聚醚，破乳剂自身毒性较小，但配用一定浓度的有机溶剂，如水溶性破乳剂中一般加入35%的甲醇作为溶剂，油溶性破乳剂中一般加入50%的二甲苯作为溶剂，因此该类药剂具有低毒性。同时，部分油田采用甲醇作为天然气防冻剂。

甲醇又称"木醇"或"木精"，无色有酒精味的易挥发液体，能溶于水、醇和醚；易燃；有麻醉作用；有毒，对眼睛有影响，严重时可导致失明；空气中允许浓度为$50mg/m^3$，燃烧时无火焰，其蒸汽与空气形成的爆炸性混合物遇明火、高温、氧化剂有燃烧爆炸危险；密度（20℃）：$0.7913g/cm^3$；沸点：64.8℃；凝固点：-97.8℃；爆炸极限：6.7% ~ 36%（体积分数闪点：11.11℃；自燃点：3851℃。

二甲苯又称混合二甲苯，无色透明液体，沸点：135 ~ 145℃，相对密度：0.84 ~ 0.87，易燃。化学性质活泼，可发生异构化、歧化、烷基转移、甲基氧化、脱氢、芳烃氯代、磺化反应等。

（2）防蜡剂和清蜡剂

两者均属于甲类易燃物质。防蜡剂通常投加到油井套管中，可有效地抑制油井井筒和油管壁上结蜡，延长油井热洗周期。常规防蜡剂主要成分为乙烯—醋酸乙烯酯共聚物及酯化物等，为低毒化学品。清蜡剂通常投加到油井套管中，可有效地溶解油井井筒和油管壁上的石蜡。清蜡剂大多用有毒溶剂如二硫化碳等，或含硫、氮、氧量比较高的有机溶剂，也有使用苯、互溶剂和协同剂为原料制备混合清蜡剂，共同特点是闪点低且具有一定毒性。

（3）缓蚀阻垢剂

缓蚀阻垢剂可以阻止水垢的形成、沉积，增加碳酸钙的溶解度，使其在水中不易沉积。缓蚀阻垢剂的作用是延缓管线、容器的腐蚀和结垢。使用时，通常将缓蚀阻垢剂投加到三合一放水或掺水系统中，一般为连续投加，其成分是以有机多元膦酸盐为主的一系列共聚物，一般为低毒，不燃、不爆。

（4）杀菌剂

杀菌剂的主要作用是杀死污水中的菌类（铁细菌、腐生菌、硫酸还原菌），主要以季铵盐、异噻唑啉酮和戊二醛为代表，保障油田注入水水质。该类药剂主要是对设备有一定的腐蚀性，同时对人体有一定的毒性。防范措施主要是应确保加药间有良好的机械通风设施，同时操作工人在化药和加药过程中必须严格遵守相关的规程规范。

（5）絮凝剂

絮凝剂的投加方式是在混凝沉降罐进口连续投加，其主要作用是通过电荷中和作用和吸附架桥作用使污水中的胶体颗粒产生凝聚，然后通过重力沉降和过滤作用去除。各油田应用的絮凝剂的主要成分不同，其危害性也相应不同，应根据其说明书进行防范。

部分化学助剂危险性详见表1-6。

表1-6　部分化学助剂危险性一览表

化学剂名称	主要成分	毒害作用	腐蚀危害	预防措施	火灾危险性
清蜡剂	混合芳香烃	低毒，对肝脏有毒害，对皮肤有脱脂作用	无	在常温或低温下使用，使用时应戴口罩和手套	甲
防蜡剂	聚醚、磺酸盐	低毒	无	在常温或低温下使用，使用时应戴口罩和手套	甲

续表

化学剂名称	主要成分	毒害作用	腐蚀危害	预防措施	火灾危险性
破乳剂	嵌段聚醚	低毒	无	使用时应注意防火	甲
缓蚀阻垢剂	有机膦酸、聚碳酸盐、聚马来酸酐、聚羧酸盐	低毒	无	防止入口	–
絮凝剂	聚合氯化铝	低毒	无机絮凝剂对不锈钢有点蚀危害	防止入口，贮存和使用干品时注意防火	–
杀菌剂	二氧化氯、季铵盐、异噻唑啉酮、戊二醛	低毒	对设备有一定的腐蚀性	防止入口，贮存和使用干品时注意防火	–

5. 硫化氢

（1）硫化氢毒性危害分析

含硫化氢的天然气、原油和酸性水泄漏会使硫化氢在空气中弥漫，对人体造成危害。硫化氢是无色、有恶臭、具有高毒性的神经毒物，易在低洼处积聚。高浓度时可直接抑制呼吸中枢，引起迅速窒息死亡，必须在生产中引起足够的重视。

硫化氢在远远低于引起危害的浓度之前，人们便可以嗅到其存在。一般来讲，硫化氢浓度在小于 $10mg/m^3$ 时，臭味与浓度成正比，当浓度超过 $10mg/m^3$ 时，便可以很快引起嗅觉疲劳而不闻其臭。人们进入 $0.5mg/m^3$ 以上的浓度区域便有可能中毒，但在低浓度区域要经过一段时间后才会出现头痛、恶心症状。浓度越高，对呼吸道、眼部的刺激越明显。当浓度为 $70 \sim 150mg/m^3$ 时，可引起眼结膜炎、鼻炎、咽炎、气管炎；当浓度为 $700mg/m^3$ 时，可以在瞬间引起急性支气管炎和肺炎；当接触浓度为 $700mg/m^3$ 时，会使人在瞬间失去知觉；当接触浓度为 $1400mg/m^3$ 时，可致人于瞬间呼吸麻痹而窒息死亡。

对含有硫化氢的天然气、原油和酸性水的密闭采样是控制硫化氢中毒的有效措施；检修或维护过程中要注意戴好防毒护具及加强监护是杜绝硫化氢中毒伤亡的又一重要途径。

（2）硫化氢火灾危险性分析

天然气、原油都具有燃烧性，火灾、爆炸是油田最主要的危害因素。硫化氢也具有易燃性，建筑规范中的火险分级为甲级，它可以与空气混合形成爆炸性混合物。

但是，含硫油品及含硫化氢天然气生产、储存、运输过程中的火灾、爆炸危险主要还表现在它本身的燃烧性上。以硫化氢为代表的硫腐蚀，可以酿成自燃，国内外发生了多起由硫化铁（Fe_xS_y）自燃引起的火灾和爆炸事故。硫化铁自燃对于石油天然气集输、轻烃回收、原油稳定等过程的威胁十分严重，硫化铁自燃引发天然气及原油系统的火灾、爆炸事故是比较多的，其经济损失和恶劣影响也是可观的。

硫化铁自燃引起的问题是从 20 世纪 70 年代才引起人们重视的。20 世纪 70 年代，两艘运送卡塔尔原油的油轮在泰国海域因硫化铁自燃酿成爆炸，引起了国外从事石油天然气行业工作的人们的关注；以后，国内发生过多起硫化亚铁自燃引发的火灾、爆炸事故，也引起了石油天然气行业的广泛重视。

设备、管道内产生硫化铁在空气中自燃产生的高温，可以使金属软化、管道塌陷造成损坏。硫化亚铁自燃还会产生二氧化硫等有毒气体，带来严重的环境污染问题并严重危害检修人员的身体健康，因此必须从本质上进行预防。硫化氢理化性质见表 1–7。

表 1–7　硫化氢理化性质

	危险货物编号	21006	CAS 号	7783–06–4
理化常数	中文名称	硫化氢	英文名称	Hydrogen sulfide
	分子式	H_2S	外观与性状	无色，有恶臭气体
	相对分子质量	34.08	蒸汽压	2026.5kPa（25.5℃）
	沸点	–60.4℃	闪点	无意义
	熔点	–85.5℃	溶解性	溶于水、乙醇
	相对密度	1.19（空气 =1）	稳定性	稳定
	爆炸极限	空气中 4.0% ~ 46%（体积分数）	自燃温度	260℃
	主要用途	用于化学分析，如鉴定金属离子		

危险特性。危险性类别：第 2.1 类（易燃气体）。易燃，与空气混合能形成爆炸性混合物，遇明火、高热能引起燃烧爆炸。与浓硝酸、发烟硫酸或其他强氧化剂剧烈反应，发生爆炸。气体比空气重，能在较低处扩散到相当远的地方，遇明火会引起回燃。燃烧（分解）产物：氧化硫。

健康危害。侵入途径：吸入。本品是强烈的神经毒物，对黏膜有强烈刺激作用。急性中毒：短期内吸入高浓度硫化氢后会出现流泪、眼痛、眼内异物感、畏光、视物模糊、流涕、咽喉部灼热感、咳嗽、胸闷、头痛、头晕、乏力、意识模糊等。部分患者可有心肌损害。重者可出现脑水肿、肺水肿。极高浓度（1000mg/m³ 以上）时可在数秒内突然昏迷，呼吸和心跳骤停，发生闪电型死亡。高浓度接触眼结膜发生水肿和角膜溃疡。长期低浓度接触：引起神经衰弱综合征和植物神经功能紊乱。

毒性。毒性：Ⅱ级（高度危害），LD$_{50}$：无资料，LC$_{50}$：618mg/m³（大鼠吸入）。

环境标准。职业接触限值：MAC：10mg/m³。

泄漏应急处理。迅速撤离泄漏污染区人员至上风处，并立即进行隔离，小泄漏时隔离 150m，大泄漏时隔离 300m，严格限制出入。切断火源。建议应急处理人员戴自给正压呼吸器，穿防静电工作服。从上风处进入现场。尽可能切断泄漏源。合理通风，加速扩散。喷雾状水稀释、溶解。构筑围堤或挖坑收容产生的大量废水。如有可能，将残余气或漏出气用排风机送至水洗塔或与塔相连的通风橱内；或使其通过三氯化铁水溶液，管路装止回装置以防溶液吸回。漏气容器要妥善处理，修复、检验后再用。

防护措施。工程控制：严加密闭，提供充分的局部排风和全面通风。提供安全淋浴和洗眼设备。呼吸系统防护：空气中浓度超标时，佩戴过滤式防毒面具（半面罩）。紧急事态抢救或撤离时，建议佩戴氧气呼吸器或空气呼吸器。眼睛防护：戴化学安全防护眼镜。身体防护：穿防静电工作服。手防护：戴防化学品手套。其他防护：工作现场禁止吸烟、进食和饮水。工作完毕，淋浴更衣。及时换洗工作服。作业人员应学会自救和互救。进入罐、限制性空间或其他高浓度区作业，须有人监护。

急救措施。皮肤接触：脱去污染的衣服，用流动清水冲洗。就医。眼睛接触：立即提起眼睑，用大量流动清水或生理盐水彻底冲洗至少 15min。就医。吸入：迅速脱离现场至空气新鲜处。保持呼吸道通畅。如呼吸困难，给输氧。如呼吸停止，立即进行人工呼吸。就医。

灭火方法。消防人员必须穿全身防火防毒服，在上风向灭火。切断气源。若不能切断气源，则不允许熄灭泄漏处的火焰。喷水冷却容器，可能的话将容器从火场移至空旷处。灭火剂：雾状水、抗溶性泡沫、干粉。

储存注意事项。储存于阴凉、通风的库房。远离火种、热源。库温不宜超过30℃。保持容器密封。应与氧化剂、碱类分开存放，切忌混储。采用防爆型照明、通风设施。禁止使用易产生火花的机械设备和工具。储区应备有泄漏应急处理设备。

二、采油生产过程危害特性

采油生产大部分在野外分散作业，从井口到计量站整个生产过程具有机械化、密闭化和连续化的特点，对人与人、人与机之间的协调都有较高的要求。采油生产的主要物质是原油、天然气。这些物质具有易燃、易爆、易挥发和易积聚静电等特点。挥发的油气与空气混合达到一定的比例，遇明火就会发生爆炸或燃烧，造成很大的破坏。油气还有一定的毒性，如果大量泄漏，将会造成人、畜中毒和环境污染。采油生产工艺是多种多样的，而且不同生产工艺带有不同程度的危险性。

1. 采油过程中主要危害因素

采油井场是火灾、爆炸易发场所，抽油机是油气生产的主要开采设备，在油田分布数量多，影响范围大。主要存在振动、密封不良、高温过热、刹车系统失灵等危害。抽油机的平衡块是主要的危险部位，在油田生产中经常造成人畜机械伤害和物体打击事故；操作人员在抽油机配电箱部位进行启停机作业可能发生触电伤害；上机进行维修、清洗等作业可能发生高处坠落事故。井控装置安装不合格或失效、发生气窜、高温下生产井回流造成的原油过高温区焦化堵塞或操作人员工作疏忽、操作失误等有可能诱发井喷并引发火灾、爆炸事故。分离器主要存在物理性爆炸、密封不良、汇管刺漏等危害。

集油阀组和集油管道在输送原油过程中，管线、设备及阀门由于腐蚀、密封不严等原因泄漏，遇明火、火花、雷电或静电将引起火灾、爆炸。切割或焊接集油管线或阀门时，安全措施不当、电气设备损坏或导线短路均有可能导致火灾、爆炸事故的发生。在冬季，由于气温较低，管线有可能被冻堵，尤其是集输管线，如果因冻堵而应力开裂，将会导致油气泄漏甚至引发火灾、爆炸事故。

2. 采油队主要岗位危害因素

采油队采油岗、计量岗员工生产作业过程主要存在火灾、化学性爆炸、机械伤害、触电、物体打击和高处坠落等危害；维护岗、巡井岗员工生产作业过程主要存在机械伤害、触电、低温和物体打击危害；化验岗员工生产作业过程主要存在中毒、火灾、化学性爆炸危害。

3. 采油生产中应采取的防范措施

（1）防火是采油生产中极为重要的安全措施，防火的基本原则是设法防止燃烧必要条件的形成，而灭火措施则是设法消除已形成的燃烧条件。

（2）采油生产过程中发生的爆炸，大多数是混合气体的爆炸，即可燃气体（原油蒸汽或天然气）与助燃气体（空气）的混合物浓度在爆炸极限范围内的爆炸，属于化学性爆炸的范畴。原油、天然气的爆炸往往与燃烧有直接关系，爆炸可能转为燃烧，燃烧也可能转为爆炸。当空气中原油蒸汽或天然气达到爆炸极限范围时，一旦接触火源，混合气体先爆炸后燃烧；当空气中油气浓度超过爆炸上限时，与火源接触就先燃烧，待油气浓度下降达到爆炸上限时随即发生爆炸，即先燃烧后爆炸。

（3）防触电。随着采油工艺的不断发展，电气设备已遍及采油生产的各个环节，如果电气设备安装、使用不合理，维修不及时，就会发生电气设备事故，危及人身安全，给国家和人民带来重大损失。

（4）防中毒。原油、天然气及其产品的蒸汽具有一定毒性。这些物质经口、鼻进入人体，超过一定吸入量时，可导致慢性或急性中毒。当空气中油气含量为0.28% 时，人在该环境中 12 ~ 14h 就会有头晕感；如果含量达到 1.13% ~ 2.22%，将会使人难以支持；含量再高时，则会使人立即晕倒，失去知觉，造成急性中毒。在这种情况下，若不能及时发现并抢救，则可能导致窒息死亡。当油品接触皮肤、进入口腔、眼睛时，都会不同程度地引起中毒症状。采油生产过程中的有毒物质主要来自苯及甲苯、硫化物、含铅汽油、汞、氯、氨、一氧化碳、二氧化硫、甲醇、乙醇、乙醚等。除了这些物质能够直接给人体造成毒害外，采油生产过程中排放的含油污水也可对生态环境造成危害，水中的生物如鱼虾会死亡。

（5）防冻。采油生产场所大部分分布在野外，一些施工作业也在野外进行，加之有些油田原油的含蜡量高、凝固点高，这样就给采油生产带来了很大难度。搞好冬季安全生产是油田开发生产系统的重要一环。因此，每年一度的冬防保温工作就成为确保油田连续安全生产的有力措施。如油井冬季测压关井、油井冬季长期关井、油井站内管线冻结等都是采油生产过程中常见的现象。

（6）防机械伤害。机械伤害事故是指由于机械性外力的作用而造成的事故。在油田开发生产工作中是较常见的。一般分为人身伤害或机械设备损坏两种。在采油生产过程中，接触的机械较多，从井口作业到大工程维修施工，无一不和机械打交道，因此防机械伤害应予以高度重视。

三、采气生产过程危害特性

天然气采气集输过程中主要危险物质是天然气、轻烃等。设备、管道的运行都要承受一定的压力，油气与空气的混合物在一定条件下具有爆炸等特性。因此，生产过程中必须严格遵守有关规章制度，以保证安全生产。

1. 采气过程中主要危害因素

采气树连接点较多，阀门存在缺陷，如密封填料未压紧、密封填料圈数不够、密封填料失效、阀门丝杆磨损或腐蚀均会造成采气树泄漏。阀门密封面有杂物、阀瓣和密封面磨损等也会造成油气泄漏。气井中的天然气常含有硫化氢、二氧化碳等酸性气体，对管柱和井口装置有严重的腐蚀，另外，安装过程中施工质量差、工作压力超高都可能造成天然气泄漏。采气管道由于缺陷可能导致泄漏、物理性爆炸和火灾、爆炸事故。

天然气压缩机主要用于给油田生产的天然气加压，并通过管道外输，另外给进站的天然气加压后，经过干燥、膨胀、冷凝等工艺进行初加工，生产液化气和轻质油。

主要危害是天然气泄漏和空气进入压缩系统引起的燃爆风险以及超压引起的物理性爆炸。压缩机润滑油不足会引起油温升高，导致烧瓦、卡活塞等情况；如润滑油过多，会有过多的机油串入燃烧室，造成积炭。另外，水质不良将造成机身、缸体、管道的腐蚀与堵塞，严重时还会导致设备报废。

2. 采气队主要岗位危害因素

采气队采气岗员工生产作业过程主要存在火灾、化学性爆炸、机械伤害、触电、中毒、物体打击和高处坠落等危害。

3. 采气生产中应采取的防范措施

（1）系统严禁超压运行，若生产需要提高工作压力，必须制定可靠的安全措施，并报上级生产主管部门和安全技术部门审查批准。

（2）由于设备、管道的长期运行，因氧化腐蚀、固体物质的冲蚀等，造成了设备、管道壁厚的减薄，或因电化学因素的影响，设备遭受氢、硫、磷等有害元素的侵害，破坏了原有的金相组织，使设备产生强度不够缺陷而发生泄漏。设备、管道上的安全附件必须定期检查、校验，保证灵敏、可靠。定期对设备、管道的技术状况进行检查，对电化学腐蚀比较严重的设备或管道，应及时给予维修或更换。

（3）天然气泄漏以后，与空气混合形成了燃烧或爆炸性混合物，遇到明火时会发生火灾或爆炸。采气、输气井站严禁烟火，现场禁止天然气泄漏。生产中，仪表、设备、管道的运行场所必须保持良好的通风，以保证工作现场无天然气积聚。开关气井阀门时要均匀缓慢，调节各级针形阀时禁止猛开猛关，以防止系统压力急剧升高。一般情况下，禁止利用空气进行排液作业，下放井下压力计时，防喷管内的空气要用井内的天然气置换干净。

（4）操作人员在点燃天然气加热炉时，必须按照"先点火，后开气"的规定操作，防止炉膛内的天然气在遇到明火时发生爆炸。操作人员无相应的特种作业操作证者禁止操作。

（5）设备、管道检修时，必须制定严格的施工方案，在焊接带有天然气或凝析液体的设备时，必须制定可靠的动火措施。对含硫设备、抗硫设备或管道的焊接，不应在采气现场进行。

（6）气体中的硫化铁粉末遇到空气后会发生自燃或引起爆炸。清除设备内的硫化铁粉末时，一定要采用湿式作业，设备打开后，必须立即注入冷水，防止自燃。一般情况下，设备放空、吹扫要用火炬点火烧掉，特殊情况无法点火时，应根据周围环境、放空量的多少和时间划定安全区域。安全区域内禁止一切烟火，并禁止与放空、吹扫无关的其他人员通行；井场、井站内禁止存放油品、木材、干草等易燃物品。生产现场的照明、仪表、电气设备应使用防爆型。处在多雷区的井站，必须安装避雷装置，并保证装置的接地系统安全可靠。井站内的消防器材应齐备、完好，并有专人管理。

四、油气集输过程危害特性

油气集输是油田从事原油、天然气工业生产的主体，主要担负着油出原油、天然气的外输、外销以及天然气、轻烃产品的生产、加工与储备等任务。因此，集输行业在油田工业生产中有着十分重要的地位。油气集输既有点多、线长、面广的生产特性，又具有高温高压、易燃易爆、工艺复杂、压力容器集中、生产连续性强、火灾危险性大的生产特点。任一环节出现问题或操作失误，都将会造成恶性的火灾、爆炸事故及人身伤亡事故。油田集输生产最基本的单元是集输站（库），其主要任务是将油井中采出的油、气混合物收集起来，经初步处理后输送到用户或储存。由于原油里面的杂质比较多，除了水、气以外，还含有一些其他有害化学成分，如硫、氢氧化钾、盐等；另外，生产中有些油井没有安装井口过滤器，原油中还含有很多的机械杂质与固体物。这些成分的存在，会给运行的设备、管道造成一定的腐蚀和冲蚀，引起设备穿孔、泄漏、跑油，甚至导致火灾、爆炸事故的发生。

1. 油气集输过程中主要危害因素

（1）计量阀组间

计量阀组间的主要功能是收集油井来的油气，然后再通过计量装置对分离后的油、气进行分别计量。在正常生产中是没有油、气泄漏的，但如果阀门密封不良、法兰垫片密封失效，油气泄漏遇明火或管道、容器检修焊接时介质吹扫不干净，都可能引起火灾和爆炸。计量阀组间存在的岗位危害因素主要包括火灾、物理性爆炸、化学性爆炸、中毒和窒息等。

（2）油气分离器

油气分离器是油、气、水分离的主要设备。其安全运行关键是控制分离器的压力和液面。当压力过高时，一是管线或容器可能破裂，发生物理性爆炸；二是出油阀有漏失，开关不灵，不及时检修，会发生缓冲段原油液面波动。液面过高容易使天然气管线跑油，堵塞管线；液面过低容易使原油中带气，使输油泵产生气蚀。如果由于设备缺陷、超压运行、安全附件失灵等原因使容器发生物理性爆炸，极大的能量瞬间释放，强大的冲击波不仅使设备本体遭到毁坏，而且周围的设备和建筑物也会受到严重的破坏，甚至造成人身伤亡。油气分离器存在的岗位危害因素主要包括火灾、物理性爆炸、化学性爆炸、高处坠落等。

（3）加热炉

油气集输过程中加热工艺的主要设备为加热炉，加热炉既属于明火设备，同时设备和管道内又有油、气存在,有操作条件不稳定、热负荷波动较大、连续运行的特点,因此加热炉的危险性较高。

如果管理不善,会造成炉管烧穿、爆管跑油。加热炉在点火前没有按规定进行炉膛吹扫,一旦油气泄漏在炉膛内与空气混合浓度达到爆炸极限,点火会立即发生闪爆事故,石油天然气行业曾多次发生加热炉点火作业闪爆亡人事故,因此加热炉必须设置自动点火和熄火保护等安全保护装置,还应设置必要的安全阀、压力表、液位计、测温仪等安全附件。加热炉操作温度大多较高,从节能和安全的角度考虑,设备外部加设保温措施,局部裸露的设备和管线的表面温度还较高,如不采取措施可造成灼烫。高处操作不慎还有可能发生高处坠落。

加热炉存在的岗位危害因素主要包括火灾、爆炸、灼烫、高处坠落等。其中以防火灾、爆炸为重点。

（4）天然气除油器

天然气除油器处理的介质是天然气,由于采用密闭生产工艺,因此在正常生产中没有油、气泄漏,但如果阀门密封不好,法兰垫片密封不严,或者在管道、容器检修焊接时介质吹扫不干净,遇明火会引起火灾和爆炸,危及设备和人身安全。超压运行时可能发生物理性爆炸。操作人员在容器顶部作业时还可能发生高处坠落事故。天然气除油器存在的岗位危害因素主要包括火灾、物理性爆炸、化学性爆炸、高处坠落等。

（5）天然气干燥器

部分场站设有天然气干燥器。它是湿气除液滴分离设备,利用空气冷却从天然气中分离出水及少量天然气凝液,降低湿气使用危险性,设备本身危害性不大。但是由于腐蚀、机械损伤等原因造成天然气泄漏,装置周围极易形成爆炸性环境,遇点火源发生火灾、爆炸。火灾、爆炸是该装置的主要危害因素。因此,装置附近严禁烟火,避免铁器碰撞,天然气干燥器冬季排液不畅发生冻堵时,现场严禁用火烘烤。天然气干燥器存在的岗位危害因素主要包括火灾、化学性爆炸等。

（6）天然气净化装置

天然气净化装置对天然气脱硫脱碳、脱水并对酸气进行处理,其中主要有脱硫吸收塔、溶液再生塔、脱水吸收塔、重沸器和分离器等设备,设备在较高的压力下运行并有可能存在硫化氢、二氧化碳等腐蚀,日常操作的复杂程度及条件加剧了作业失误的可能。天然气净化装置易发生泄漏事故,泄漏出的天然气或酸气释放在空气中易引发火灾、爆炸、中毒等事故。

天然气净化装置存在的岗位危害因素主要包括火灾、物理性爆炸、化学性爆炸、机械伤害、触电、灼烫、高处坠落、中毒和窒息等。

（7）天然气凝液回收装置

天然气凝液回收装置一般由原料气压缩、原料气脱水、冷凝分离和凝液分馏四部分构成，主要设备有原料气压缩机、膨胀机组、分馏塔、凝液泵、换热器等。一般在低温冷凝分离过程中，因低温极易造成分馏塔、换热器及低温部分管线因材质选择不当产生氢脆，或者因低温制冷系统工艺参数产生波动、制冷剂介质泄漏造成管线设备冻堵、环境污染等，可能引发装置超压发生物理性爆炸、天然气泄漏、着火爆炸、停产事故的发生。同时，由于回收的天然气凝液密度比空气大，易在沟池等低洼地方聚集，与空气混合后遇点火源引发火灾或爆炸事故等。天然气凝液回收装置存在的岗位危害因素主要包括火灾、物理性爆炸、化学性爆炸、机械伤害、触电、低温冻伤、高处坠落、中毒和窒息等。

（8）硫黄回收装置

硫黄回收装置是以含硫化氢的天然气净化尾气为原料生产硫黄的装置，主要设备有酸气预热器、硫反应器、汽包、硫冷凝器、硫分离器、液硫储罐等。其中，汽包起着调节和控制床层温度的作用，操作条件时常变化。若操作失误使干锅进水，可能造成汽包爆炸事故。尾气中酸气浓度为1.5% ~ 2.5%，因缺陷（设计、制造、安装）、操作不当误排、静密封点刺漏、超压超温造成装置超负荷可引发物料泄漏，泄漏出的酸气释放到空气中，可能引发火灾、爆炸、中毒事故。硫黄回收装置存在的岗位危害因素主要包括火灾、物理性爆炸、化学性爆炸、机械伤害、触电、低温冻伤、中毒和窒息等。

（9）机泵

机泵设备主要输送的是原油或含水原油，具有较大的危险性。由于输油泵密封不良、设备维修、管道腐蚀等原因，泵房内可能散落原油或散发油蒸汽，如维修时使用非防爆工具，泵房内动火或操作人员未使用防静电劳动防护用品等，就有可能造成火灾、爆炸；机泵的运转部位由于缺少防护或操作人员未使用或未正确使用劳动防护用品，还可能造成机械伤害；机泵属于电气设备，如果设备本身或线路存在缺陷、防触电保护失效、工作人员操作失误触及带电部位，可能发生触电伤害；由于安装不良、叶轮腐蚀或内有异物、液体温度过高等原因均有可能造成机泵噪声振动增大，影响工作人员身体健康，进而影响正常生产。

机泵存在的岗位危害因素主要包括火灾、物理性爆炸、化学性爆炸、噪声、机械伤害、起重伤害、触电、其他伤害等。

（10）储罐

进罐检修、人工清理罐底油泥时，如不采取必要的防护措施，否则会发生油气中毒窒息或发生火灾、爆炸的危险。上储油罐检尺、取样等有发生高处坠落事故的可能。储罐一旦发生油品泄漏跑油事故，会造成巨大的经济损失，若酿成火灾还会对生产设施和人身安全带来严重威胁。造成储罐泄漏跑油的原因如下：

①设备性能不良，罐体、管线自身强度不够或存在其他缺陷。②原油中含有水和少量的硫、钙、盐等成分，这些物质作用于储油罐、管线、阀门，会造成腐蚀；轻者会造成泄漏，重者使储油罐、管线强度降低，造成设备损坏、报废。③油罐防静电接地不良，造成静电积累，可能引起静电放电，存在发生火灾、爆炸危险。④储油罐充装时，若液位指示报警及控制系统失效，有可能造成储油罐超装外溢，易燃易爆物质泄漏。⑤原油充装超过安全高度，原油在温升膨胀的情况下跑损。⑥加热保温时，温升过高可引起原油突沸而发生溢罐现象，造成原油大量跑损。⑦地基不均匀，沉降过大，储油罐焊缝开裂或输油管线破裂等将导致原油大量泄漏。⑧储油罐空罐进油时初流速过大，易产生大量静电，如发生静电放电可能导致油罐发生火灾事故。

储罐存在的岗位危害因素主要包括火灾、化学性爆炸、高处坠落、中毒和窒息等。

（11）放空管（火炬）

放空管或火炬设施的主要危险是排放时管线凝液堵塞管道，如遇事故，装置中气体排放不畅，造成压力骤升是十分危险的。如果气体带液排放至火炬还会产生下火雨事故。另外，火炬应有可靠的点火设施，一旦发生向火炬泄放可燃气体的情况，若不能及时点火，就会有大量的可燃气体外排至大气中，在火炬周围形成大量的爆炸性气体混合物，在特定风向和气压下遇到点火源(电火花、明火等)就可能引起火灾、爆炸事故。放空管及火炬存在的岗位危害因素主要包括火灾、化学性爆炸、高处坠落等。

（12）油品装卸栈桥

装卸栈桥是油品集输的重要设施，如油气挥发、溢油、油气泄漏可引发火灾、爆炸、中毒和环境污染事故。因栈桥、槽车车体及静电接地设施缺陷、装油速度控制不当、岗位人员误操作易引起静电积聚，进而引发火灾、爆炸事故发生，同时还存在高处坠落、触电等危害。

造成装卸栈桥事故的原因包括如下几个方面：

1）装卸原油时，发生油管破裂、密封垫破损、接头紧固螺栓松动等情况，使原油漏至地面，周围空气中原油蒸汽的浓度迅速上升，达到或超过爆炸极限，遇到点火源即发生燃烧爆炸。在油品外溢时，使用金属容器收集，开启不防爆的电灯照明观察，均会无意中产生火花引起爆燃。装车前未对罐车进行检查，违章给无车盖、底阀不严、卸油口无帽及漏油罐车装车，油鹤管放入槽口未用绳子拴牢，装油过程中因压力过大，造成油鹤管弹出，罐车装满后未及时关闭顶口的罐口盖，都有可能造成原油泄漏。

2）若油管无静电连接、槽车无静电接地、卸油流速过快等，造成静电积聚放电，点燃外溢油品混合蒸汽，就会发生燃烧、爆炸；违章操作引发火灾、爆炸。操作人员上栈桥操作时未穿防静电服，使用不防爆手电筒，装车过程中违章吸烟，起落油鹤管、开盖车盖时用力过猛产生碰撞火花，都会引起火灾、爆炸事故。

油品装卸栈桥存在的岗位危害因素主要包括火灾、化学性爆炸、车辆伤害、触电、高处坠落、中毒和窒息等。

2. 油气集输主要岗位危害因素

油气集输工艺的主要生产场站包括计量间、中转站、联合站、油气处理厂等，生产岗位包括输油岗、锅炉岗、维修岗、装卸岗等。正常生产过程中，油气在生产或储运过程中仅有轻微泄漏或少量释放，不具备发生火灾、爆炸的条件。但在异常情况下，输油岗、锅炉岗、维修岗、装卸岗管理设备或管道腐蚀穿孔、破裂泄漏或操作失误将会导致大量可燃物质释放，切割或焊接油气管线或设备时安全措施不当、电气设备损坏或导线短路可能引起火灾、爆炸事故。同时，泵房内由于泄漏而使空气中的原油蒸汽浓度达到爆炸极限范围之内时，电气设备、仪器仪表在启动、关闭时产生的电火花也可能引发爆炸。输油岗、锅炉岗、维修岗、装卸岗的很多作业平台高于 2m，岗位人员在高处平台上巡检、维修和作业，如平台、扶梯、栏杆等处有损伤、松动或设计不符合规范要求，一旦操作者不慎，则存在高处坠落的潜在危害。在生产、维修、检修过程中，设备部件或工具飞出以及承压容器部件在故障情况下受压飞出都可能造成物体打击危害。原油蒸汽比空气重，易在低洼、封闭或通风不良的作业场所聚集，在设备检修、巡检作业的过程中由于设备或管道、阀门、法兰等连接处泄漏造成油气积聚，可能存在中毒和窒息危害。

五、污水处理和注水过程危害特性

1. 污水处理

污水处理工艺的主要设备包括污水沉降罐、滤罐、污油罐、回收水池、机泵等，该工艺处理的来液虽大部分物料为污油，但处理污油的生产设备和作业场所仍存在火灾、爆炸危险。污水处理系统的设备存在腐蚀问题。未处理的污水处理系统的介质主要是含硫、含盐污水。油田污水中的组分相当复杂，富集硫化氢、氯化物等腐蚀性介质，开采过程中添加的多种化学添加剂最终以杂质形式出现在水中，故通常污水呈现酸性。这种酸性污水对设备和工艺管线有很强的腐蚀性，高压和快速流动介质的冲蚀可以加剧腐蚀速率。污水处理系统的设备和工艺管线频繁泄漏，不仅给生产造成很大被动，而且易造成人员中毒。

污水处理岗存在的岗位危害因素主要包括硫化物腐蚀、火灾、化学性爆炸、中毒和窒息、高处坠落、机械伤害、触电等。其中以防止硫化物腐蚀、火灾、爆炸、中毒和窒息为重点控制目标，同时由于污水腐蚀管道及设备，防腐蚀成为水系统的重要问题。

2. 注水系统

注水设备主要包括注水泵机组、储水罐、供水管网、供配电及润滑、冷却水系统。注水站内均为高电压、高水压、高噪声作业，注水压力可达 20MPa。注水设备和管线由于压力高、振动强度大，在焊接处、管线弯头处等薄弱环节点易发生破裂或刺漏，设备部件飞出会造成物体打击事故；同时注水泵房中用电设备多，配电箱或控制屏等电气设备可能造成触电事故；转动的机械设备还可能造成机械伤害；由于注水水质、高压冲刷等多方面原因，金属设备直接同注入的液体接触，腐蚀较为严重，腐蚀是注水系统中应重点防范的问题。由于注水系统注入的污水中含盐等腐蚀性介质，对注水管道和设备也具有很强的腐蚀性，特别是高压和快速流动介质的冲蚀更加剧了腐蚀速率。注水系统的设备和工艺管线一旦泄漏，就会给生产造成很大被动，使站内操作人员受到高压水打击的可能性增大。注水岗存在的岗位危害因素主要包括物理性爆炸（超压刺漏）、起重伤害、机械伤害等。

六、油、气、水管道危害特性

油气管道在输送过程中存在一定的压力，正常情况下是在密闭的管线中及密闭性良好的设备间加热、加压输送，一旦发生泄漏等异常现象，带压、高温的介质泄漏后，遇火源会发生火灾事故。同时，如果这些泄漏介质在空气中形成爆炸性气体且达到爆炸极限，遇火源则会引发爆炸事故。油气处理站场的工艺装置区内，设备管线多为架空敷设，暴露在大气中，腐蚀或密封不严等可能造成油气外泄，遇明火将引起火灾、爆炸。注水管道及注水井口压力可达 20MPa，一旦管道、井口因腐蚀、施工质量差、人为原因破裂造成高压水刺出可能发生高压水物体打击事故。

站外油、气、水管线为油田内部管网，多为埋地敷设，发生泄漏事故的主要原因有：设计误差，如管线埋深、壁厚、材质、抗震设计、防冻设计、防腐层等设计不合理；设施不完整，如防护等级不够、自动控制系统故障、超压保护装置失效、安全放空系统故障、阴极保护系统故障、防冻设施故障等；施工焊接缺陷，如管沟不符合要求、管沟回填不符合要求、防腐层损伤、管线本体机械损伤等；意外破损也是造成管道泄漏的原因之一，因此对各类管道需按规范设置不同标识的标志桩，避免管道意外破损。

油气处理站场的工艺装置区内，设备管线多为架空敷设，暴露在大气中，腐蚀或密封不严等可能造成油气泄漏，遇明火将引起火灾、爆炸。造成腐蚀、泄漏的主要原因有：由于输送的介质高含水、含药、含还原菌等对管线具有腐蚀作用，使管体腐蚀老化；由于部分低洼地排水不畅，雨季经常积水，会对管线造成腐蚀；由于管线使用年限长，部分管线遭受腐蚀，尤其是内腐蚀使管壁变薄，容易出现穿孔现象。

油、气、水管道存在的岗位危害因素主要包括物理性爆炸、化学性爆炸、冻堵、坍塌、中毒和窒息等。

七、生产辅助系统危害特性

1. 变配电系统

由于电气设备产品质量不佳、绝缘性能不好、现场环境恶劣（高温、潮湿、腐蚀、振动）、运行不当、机械损伤、维修不善导致绝缘老化破损、设计不合理、安装工艺不规范、各种电气安全净距不够、安全技术措施不完备、违章操作、保护失灵等原因，可能发生设备对地、对其他相邻设备放电，造成电工岗位人员触电、电击灼伤、设备短路爆炸等危害。由于作业人员操作不当，室外变电站检修作业人员还存在高处坠落等危害。由于各种高低压配电装置、电器、照明设施、电缆、电气线路等安装不当、外部火源移近、运行中正常的闭合与分断、不正常运行的过负荷、短路、过电压、接地故障、接触不良等，均可产生电气火花、电弧或者过热，若防护不当，可能发生电气火灾或引燃周围的可燃物质，造成火灾事故。在有过载电流流过时，还可能使导线（含母线、开关）过热，金属迅速气化而引起爆炸。充油电气设备（油浸电力变压器、电压互感器等）火灾危险性更大，还有可能引起爆炸。用电设备接地、用电线路短路、电气设备防爆性能失效等，可能造成火灾、爆炸、人员烧伤等危害。

室外变电站变配电装置、配线（缆）、构架、箱式配电站及电气室都有遭受雷击的可能。若防雷设计不合理，施工不规范，接地电阻值不符合规范要求，在雷电波及范围内会严重破坏建筑物及设备设施，并可能危及人身安全乃至有致命的危险，巨大的雷电流流入地下，会在雷击点及其连接的金属部分产生极高的对地电压，可能导致接触电压或跨步电压造成的触电事故。雷电流的热效应还能引起电气火灾及爆炸。此外，还存在 SF_6 泄漏使人中毒和窒息等危害。

对一级用电负荷，如消防水泵、火灾探测、报警和人员疏散指示、危险和有害气体的探测、泄漏的探测、安全出口照明、洗涤塔／有机溶剂的排放、烟尘排放等要求连续可靠供电的设备、设施及场所，一旦供电中断发生事故，将危及人员健康与生命安全。由于变配电系统控制保护自动装置失灵、高压断路器拒动，可造成电网大面积停电，重要装置无法运行的停产事故。高压断路器误动可造成电气检修人员触电。

变配电系统存在的岗位危害因素主要包括电气火灾、触电、电击灼伤、设备短路爆炸、高处坠落、化学性爆炸、中毒和窒息等。

2．自动控制系统

油气田自动控制系统的高效、平稳运行是提高生产管理水平和实现本质安全的重要手段，自动化岗因技术复杂、专业性强，系统故障如不能及时发现和排除，轻则导致生产中断，设备损坏、财产损失，重则可能发生重大安全生产事故。自动控制系统存在的岗位危害因素主要包括火灾、触电等。

3．消防设施

消防设施是油气生产场站的安全生产设施，其中消防站、消防泵、固定消防设施、灭火器、消防道路等分别具有独特的功能，是消防设施中的重要组成部分。在运行过程中，消防设施可能出现组件失效、泄漏、药品过期等情况，会降低消防设施的功效，进而对事故的预警、扑救和人员、财产的救援造成严重的影响。消防系统存在的岗位危害因素主要包括触电、机械伤害、物体打击等。

4．锅炉

锅炉是油气田生产中使用广泛的能量转换设备，由于部分元件既受到高温烟气和火焰的烘烤，又承受较大的压力，是一种有爆炸危险的特种设备，其中以蒸汽锅炉危险性较高。

锅炉在运行中，锅炉内的压力若超过最高许可工作压力可导致锅炉超压爆炸事故。锅炉发生超压而危及安全运行时，应采取手动开启安全阀或者放空阀等降压措施，但严禁降压速度过快，锅炉严重超压消除后，要停炉对锅炉进行内外部检修，要消除因超压造成的变形、渗漏等，维修更换不合格的安全附件。锅炉缺水时指水位低于最低安全水位，将会危及锅炉的安全运行，严重缺水时，必须紧急停炉，严禁盲目向锅炉给水。决不允许为掩盖造成锅炉缺水的责任而盲目给水，这种错误的做法往往扩大事故甚至造成锅炉爆炸。

满水指水位高于最高安全水位线而危及锅炉安全运行，严重时蒸汽管道发生水冲击，法兰处向外冒气，如果是轻微满水，应减弱燃烧，减少或停止给水。使水位降到正常水位线；如果是严重满水，应做紧急停炉处理，停止给水，迅速放水，加速疏水，待水位恢复正常，查明原因并解决后，方可恢复运行。

锅炉运行中，锅水和蒸汽共同升腾产生泡沫，锅水和蒸汽界限模糊不清，水位剧烈波动，蒸汽大量带水而危及锅炉安全运行的现象，称为汽水共腾。应采取以下应急措施：降低锅炉负荷，加强上水放水，直到炉水质量合格为止；开启蒸汽管道疏水阀门疏水；关小主汽阀，减少锅炉蒸发量，降低负荷；完全开启锅筒上的表面排污，同时加大给水量，降低锅水的碱度和含盐量；开启过热器及蒸汽管道和分气缸上的疏水阀；维持锅炉水位略低于正常水位。

锅炉运行中，锅炉水冷壁管或对流受热面管发生破裂而危及锅炉安全运行的现象，称为爆管事故。炉管如果破裂不严重，且能维持正常水位，可以短时间降低负荷维持运行，启用备用炉后停炉。不能维持水位时，应紧急停炉，但引风机不能停止运行，还应继续给锅炉上水，降低管壁温度。如因缺水使管壁过热而爆管时，应紧急停炉，严禁锅炉给水，并撤出余火降低炉膛温度。

锅筒及管道内蒸汽与低温水相遇时蒸汽被冷却，体积缩小，局部形成真空，水和蒸汽发生高速冲击，具有很大的惯性力的流动水撞击管道部件，同时伴随巨大的响声和振动的现象，称为锅炉水击事故。应查明是蒸汽管内水击还是给水管或排污管内发生水击，或者是锅炉内水击，然后再分别采取措施消除。

由于外部原因造成突然停电时，为防止锅炉产生汽化，应立即启动蒸汽泵加水。应定期依次开启各部放气阀门，将炉内产生的蒸汽及时排出。锅炉岗操作人员作业过程中主要存在超压爆炸、灼烫等危害。

5. 化验岗

油、水化验包括测定原油含水率、测定原油密度和黏度、测定原油含蜡胶量以及水样化验等。

目前油田原油含水率的测定有两种常用方法，即加热蒸馏法和离心法。用加热蒸馏法测定原油含水率时，其升温速率应控制在每分钟蒸馏出冷凝液 2 ~ 4 滴，如果加热升温过快，易造成突沸冲油而引起火灾。测定原油密度、黏度时，试样必须在烘箱内烘化，严禁用电炉或明火烘烤，以免引起容器炸裂伤人和火灾。测定原油含蜡胶量时，由于采用选择性溶剂进行溶解和分离，使用的石油醚、无水乙醇又是低沸点、挥发性易燃易爆物品，回收溶剂时，如果加热温度高就可能造成火灾、爆炸事故。测定水中各种离子含量时，常用化学分析方法进行。由于在化验分析过程中使用和接触的各种化学药品如溴、过氧化氢、氢氟酸等物质都具有一定的毒性，如果使用不当或保管不好，都会造成中毒事故以及酸碱腐蚀。化验岗操作人员直接和毒性强、有腐蚀性、易燃易爆的化学药品接触，而且要操作易破碎的玻璃器皿和高温电热设备，如果在化验分析过程中不注意安全，就很可能发生人身伤害、人员中毒甚至火灾、化学性爆炸事故。另外，化验过程使用到的电气设备，若无保护接地，或未设置漏电保护装置，也有可能造成人员触电伤害。化验岗操作人员操作过程中主要存在火灾、化学性爆炸、中毒、化学性灼伤、触电等危害。

第二章 油气田生产岗位危害因素识别

油气生产企业危害识别是一项持续性的安全管理工作，其目的在于准确识别系统中存在的各种危害因素，掌握系统潜在事故发生的根源，把握系统安全风险的大小，并从企业生产管理全局出发，制定并落实危害控制措施，确保油气系统安全平稳运行。危害识别工作应依靠本企业的技术人员和现场管理人员。他们直接来自生产现场，直接掌握各种技术资料和管理资料，非常了解生产系统特性及潜在的各种事故隐患，对本单位的生产活动、技术水平、工艺流程、工艺设备、生产方式以及固有的危险性质非常清楚，因此可使危害识别更加全面。

在识别与评价工具的选择上，其工作重点主要在于准确查找系统危害因素。评价方法以定性为主，定量计算根据具体情况而定。

第一节 油气田生产岗位危害识别基本要求

一、总体要求

危害识别主要取决于企业的规模、性质、作业场所状况及危害的复杂性等因素。企业在进行危害辨识、评价和控制过程中要充分考虑其现状，以满足实际需要和适用的职业安全健康法律、法规的要求。企业应将危害识别作为一项主动的管理手段来执行，如企业应在开展生产活动、施工作业或工艺设备、物料、管理程序、制度程序、制度调整等工作之前开展这项工作。应对识别出的危害采取必要的预防、降低和控制措施。

二、控制原则

油气生产企业应辨识和评价各种影响员工安全、健康的危害，并按如下优先顺序确定预防和控制措施：

（1）消除危害。

（2）通过工程措施或组织措施从源头来控制危害。

（3）制定安全作业制度，包括制定管理性的控制措施来降低危害的影响。

（4）上述方法仍然不能完全控制或降低危害时，应按国家规定提供相应的个人防护用品或设施，并确保这些个人防护用品或设施得到正确使用和维护。

三、危害识别工作应考虑的主要内容

危害识别工作应考虑的主要内容如下：

（1）适合本企业的有关职业安全健康的法律、法规及其他要求。

（2）企业 HSE 方针和工作目标；事故、事件和不符合记录；HSE 管理体系审核结果；员工及其代表、HSE 委员会参与生产作业场所职业安全健康评审和持续改进活动的信息；与其他相关方的信息交流；生产运行、施工作业等方面的经验、典型危害类型、已发生的事故和事件的信息。

（3）油气生产设施、工艺过程和生产活动的信息。主要包括：

体系或体系文件变更的详细资料；场地规划和平面布置；工艺流程图；危险物料清单（原材料、化学品、废料、产品、中间产品、副产品等）；毒理学和其他职业安全健康资料；监测数据；作业场所环境数据等。

四、危害识别和控制工作的范围及注意事项

油气生产企业应确定将要开展的危害识别和控制工作的范围，确保其过程完整、合理和充分，重点满足如下要求：

（1）危害识别和风险控制工作的开展，必须全面考虑常规和非常规活动对系统的影响。这种活动不仅针对正常的油气生产及其作业，还应针对周期性或临时性的活动，如装置清洗、检修和维护、装置启动或关停、施工抢险作业等。

（2）除考虑企业员工生产活动所带来的危害外，还应考虑承包方人员和访问、参观人员等相关方的活动，以及使用外部提供的产品或服务对油气生产系统的不利影响。

（3）识别及评价工作应考虑作业场所内所有的物料、装置和设备可能造成职业安全健康危害，包括过期老化以及库存的物料、装置和设备。

（4）进行危害识别时，应考虑危害因素的不同表现形式。

（5）危害识别和控制工作的时限、范围和方法。

（6）评价人员的作用和权限；充分考虑人为失误这一重要因素；发动全员参与，使他们能够识别出与自己相关的危害因素，找出隐患，这也是企业 HSE 管理的基础。

第二节　油气田生产岗位危害识别及控制程序

　　系统内在危险性和社会环境、自然环境以及周边物理环境与系统之间的相互影响共同构成了油气生产系统的安全风险。油气生产安全管理是指将油气生产安全风险减至最低的管理过程，它的实现主要依靠的工具就是危害识别及控制。油气田生产岗位危害识别及控制涉及多方面因素，其基本过程包括危害识别、评价和控制，整个程序如图 2-1 所示。

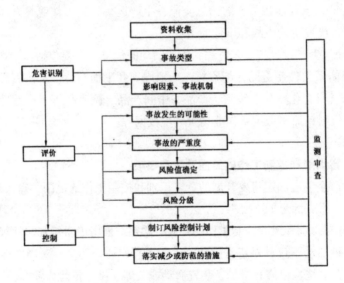

图 2-1　油气田生产岗位危害识别及控制程序框图

　　油气田生产岗位危害识别应根据油气生产的特点，对油气田生产岗位进行全面地危害识别分析。根据油气田生产岗位的具体情况，选用具有针对性的危害识别计算方法，进行分析并确定风险等级。

　　油气田生产岗位危害识别是针对油气生产过程的各个生产岗位进行全面、系统地危害辨识、评价与控制的过程。其主要手段是通过调查、分析油气生产过程中存在的危害因素和危险程度，评价系统设备、设施、装置的安全状况和安全管理水平以及生产过程中管理因素的影响，提出合理可行的安全对策和措施，从而降低安全风险，有效预防事故发生，切实保障岗位人员的健康和生命安全。其具体步骤如图 2-2 所示。

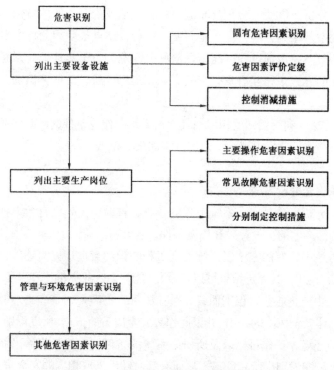

图 2-2　油气田生产岗位危害识别步骤

第三节　岗位危害识别方法

　　危害识别方法有很多种，油气生产企业应根据危害识别的工作目标，针对识别对象的性质、特点、不同寿命阶段来确定。方法的选择还应充分考虑危害识别与生产人员的知识、经验和工作习惯等方面的情况。常用的危害辨识方法有直观经验分析方法和系统安全分析方法。

一、直观经验分析方法

　　直观经验分析方法适用于有可参考的先例，有以往经验可以借鉴的系统。可根据油气生产企业的安全生产状况、系统的自然条件、工艺条件、人员素质等进行类推，查找系统危险因素并识别其危险程度。直观经验分析方法包括两种：

　　（1）对照、经验法。通过对照有关法律、法规、标准或检查表以及依靠相关技术专家的观察分析，借助经验和判断能力，直观地评价对象的危险性。对照、经验法是危害识别中常用的方法，优点是简便、易行，缺点是受相关技术专家知识、经验和信息等的限制，识别过程可能出现遗漏等问题。为了弥补个人判断的不足，常采用专家会议的方式来相互启发、交换意见、集思广益，使危害识别更加细致、具体和全面。

（2）类比法。利用相同或相似油气生产系统、作业条件的经验和职业安全卫生的统计资料来类推、分析识别系统中的危害因素。

二、系统安全分析方法

系统安全分析方法是安全系统工程的核心，目前国内外已有数十种方法，每一种方法都有自己产生的历史背景和环境条件，各有特点。

在这些方法中，有的方法以系统安全工程知识和数理理论为基础，一般仅适用于专业研究机构使用，其评价结果可以定量化，能够为企业提供比较专业的决策意见。

但就油气生产企业危害识别而言，企业决策者更需要的是准确掌握系统存在的事故隐患和总体安全风险的大小，并以此作为安全决策的依据。所以识别方法的选择，应根据特定的环境、工作目标以及所研究系统的条件，选择最为恰当而简捷的分析方法，尽最大可能识别出所有危害，从而有针对性地采取相应的安全防范措施。

常用的系统安全分析方法主要有以下几种：安全检查表法（SCL）；预先危险性分析（PHA）；事故树分析（FTA）；危险和可操作性分析（HAZOP）；工作安全分析（JSA）；作业条件危险性分析（LEC）；道化学火灾、爆炸指数法（DOW）。

常用系统安全分析方法比较见表2-1。

表2-1　常用系统安全分析方法比较

序号	分析方法	适用性	特点
1	安全检查表法（SCL）	定性分析危害	安全检查表是组织熟悉检查对象的人员经过充分讨论后编制出来的。相对系统、全面，不易漏掉能导致危险的关键因素，克服了盲目性
2	预先危险性分析（PHA）	定性分析危害类别、产生条件、事故后果等	是在每项生产活动之前，特别是在设计的开始阶段，对系统存在的危险类别、出现条件、事故后果等进行概略地分析，尽可能评价出潜在的危险性，是一种应用范围较广的分析方法。能够针对危害因素提出消除或控制的对策措施

序号	分析方法	适用性	特点
3	事故树分析（FTA）	进行定性或定量分析识别主次危险因素	又叫故障树分析法，是从要分析的特定事故或故障（顶上事件）开始，层层分析其发生原因，直到找出事故的基本原因（底事件）为止。采用逻辑的方法，形象地进行危险的分析工作，直观、明了，思路清晰，逻辑性强，可以做定性分析，也可以做定量分析。体现了以系统工程方法研究安全问题的系统性、准确性和预测性，是安全系统工程的主要分析方法之一
4	危险和可操作性分析（HAZOP）	定性工艺安全分析	评价由于装置、设备的个别部分的误操作或机械故障引起的潜在危险，并评价其对整个系统的影响
5	工作安全分析（JSA）	定性分析研究工作每个步骤的潜在危害识别	生产活动有很多不可预见因素，经常有临时性的作业，原来的针对固定作业过程的危害识别和风险控制活动并不能完全涵盖此类作业的风险，工作安全分析可识别临时性作业危害因素
6	作业条件危险性分析（LEC）	半定量确定危险程度	全面考虑作业过程中的危险因素，提出事故发生的可能性和可能导致的后果，分析确定危险性等级
7	道化学火灾、爆炸指数法（DOW）	定量确定事故的破坏程度分析	利用系统工艺过程中的物质、设备、物量等数据，通过逐步推算的公式，对系统工艺装置及所含物料的实际潜在火灾、爆炸危险及反应性危险进行评价

第四节　设备设施固有危害因素识别

　　油气生产过程中，涉及多种设备设施及装置，由于输送及处理的介质为原油及天然气等易燃易爆物质，同时伴随着高温高压等处理方式，属于高危生产过程，设备本身存在着较高的固有危险性，而由于设备自身缺陷造成故障对操作、巡检及维护作业人员有着较大的威胁，充分认识到设备设施的固有危险，是避免事故发生并造成人员伤害的前提之一。

　　本节主要从物的不安全状态角度对油气生产站场的设备设施及装置的固有危害

进行具体分析，同时考虑设备正常运行中存在的故障（带病运转、超负荷运转），按表1-1中"物的因素"给出的危害因素分类和项目逐项进行检查分析，并给出防范消减措施。同时，可利用预先危险性分析方法、作业条件危险性分析方法等对设备设施的危险等级进行确定。对于识别出的高度危险可采用其他定量分析方法进行评价，分析其危害消减措施的有效性。设备设施固有危害因素识别举例见表2-2和表2-3。

表 2-2　抽油机井固有危害或故障及防范措施

危害或故障	原因分析	相应防范消减措施
设备缺陷（稳定性差）	（1）基础不牢固，支架与底座连接不牢固，抽油机严重不平衡，地脚螺栓松动，抽油机未对准井口可导致底座和支架振动。 （2）曲柄销锁紧螺母松动，曲柄孔内脏，曲柄销圆锥面磨损可导致曲柄振动	（1）按设计要求建筑基础，加金属片并紧固螺栓，调整抽油机平衡，拧紧地脚螺栓，对准井口。 （2）上紧锁紧螺母，擦净锁孔，更换曲柄销
设施缺陷（密封不良）	（1）润滑油过多。 （2）箱体结合不良。 （3）放油丝堵未上紧。 （4）回油孔及回油槽堵塞。 （5）油封失效或唇口磨损严重可导致减速箱体与箱盖结合面或轴承盖处漏油	（1）放出多余油。 （2）均匀上紧箱体螺栓。 （3）拧紧放油丝堵。 （4）疏通回油孔，清理回油槽中的脏物使之畅通。 （5）油封在运转一段时间后，应在二级保养时更换，不能更换造成油封的唇口磨损严重而漏油，应更新油封
设备故障（设备过热）	（1）润滑油过多或过少。 （2）润滑油牌号不对或变质都可导致减速箱油池温度过热。 （3）润滑油不足。 （4）轴承或密封部分摩擦。 （5）轴承损害或磨损。 （6）轴承间隙过大或过小可导致轴承部分过热	（1）按液面规定位置加油。 （2）检查更换已变质的润滑油。 （3）检查液位，并加入润滑油。 （4）拧紧轴承盖及连接部位螺栓，检查密封件。 （5）检查轴承，损坏者更换。 （6）调整轴承间隙
附件缺陷（制动器缺陷）	（1）刹车片未调整好。 （2）刹车片磨损。 （3）刹车片或刹车鼓有油污导致刹车系统失灵	（1）调整刹车片间隙。 （2）更换刹车片。 （3）擦净污油

续表

危害或故障	原因分析	相应防范消减措施
振动（噪声）	（1）钢丝绳缺油发干。 （2）钢丝绳断股导致驴头部位振动。 （3）连杆销被卡住。 （4）曲柄销负担的不平衡力矩太大。 （5）连杆上下接头焊接质量差导致连杆振动（并可能导致连杆断裂）。 （6）连杆未成对更换	（1）给钢丝绳加油。 （2）更换钢丝绳。 （3）正确安装连杆销。 （4）消除不平衡现象，重新找正抽油机。 （5）检查焊接质量。 （6）连杆成对更换
电机振动	（1）电机基础不平，安装不当。 （2）电机固定螺栓松动。 （3）转子和定子摩擦。 （4）轴承损坏导致电机振动	（1）调整皮带轮至同心位置，紧固皮带轮。 （2）紧固电机固定螺栓。 （3）转子与定子产生摩擦应维修。 （4）更换轴承
电机故障	（1）一相无电或三相电流不稳。 （2）抽油机载荷过重。 （3）抽油机刹车未松开或抽油泵卡泵。 （4）磁力启动触点接触不良或被烧坏。 （5）电机接线盒螺钉松动导致电机启动故障	（1）检查并接通缺相电源，待电压平稳后启动抽油机。 （2）解除抽油机超载。 （3）松开刹车，进行井下解卡。 （4）调整好触点弹簧或更换磁力启动器。 （5）上紧电机接线盒内接线螺钉

表 2-3　单井管道固有危害或故障及防范措施

危害或故障	原因分析	相应防范消减措施
设备缺陷（强度不够）	系统压力骤然升高导致管道承压超过其屈服强度并发生管道开裂，引发物理性爆炸事故	（1）加强管道维护管理（尤其对运行时间长且腐蚀严重的管道），确保系统处于良好的运行状态。 （2）定期进行管道安全检查和压力管道检验
设备缺陷（耐腐蚀性差）	管道腐蚀导致壁厚减薄，应力腐蚀导致管道脆性破裂	加注缓蚀剂，减缓管道腐蚀
设备缺陷（应力集中）	外力冲击或自然灾害破坏导致管道产生应力集中	对管堤进行维护，保证其覆土厚度及埋深，管道敷设采取弹性敷设增强抗震性能
防护缺陷（泄压装置缺陷）	自动泄压保护装置缺陷可导致工作态不稳，管道剧烈振动	设置自动泄压保护装置，防止液击和超压运行

续表

危害或故障	原因分析	相应防范消减措施
附件缺陷（密封缺陷、运动物伤害）	（1）一次仪表或连接件密封损坏。 （2）阀门、法兰及其他连接件密封失效导致泄漏。 （3）阀门质量缺陷，阀芯、阀杆、卡箍损坏飞出带压紧固连接件突然破裂；带压紧固压力表的连接螺纹有缺陷导致压力表飞出	（1）加强管子、管件、连接件及检测仪表的检查、维护和保养。 （2）确保投用的阀门质量（此项工作属于建设期问题）。巡检过程中严格检查压力表、阀门及其他连接件的工作情况，发现异常及时处理
故障（管道腐蚀穿孔）	防腐缺陷，导致管道腐蚀穿孔或破裂	严格执行压力管道定期检验
故障（液击）	阀门关闭、开启过快或突然停电产生液击，导致管道损坏	加强巡回检查，严密监视各项工艺参数，及时发现事故隐患并及时处理

第五节　生产岗位常见操作或故障危害因素识别

由于油气田生产岗位操作过程复杂多样，对常见的操作进行危害识别分析主要从人的不安全行为角度对操作危险性进行具体分析，同时考虑由于操作等原因可能造成的设备故障等异常状态因素。按表1-2给出的危害因素并结合操作对设备的影响进行全面识别分析，可采用工作安全分析方法分析操作的危害因素并给出防范消减措施。对于危险程度较高的危害因素可进一步采用事故树的分析方法，找出能控制或减少顶上事件发生的基本事件，便于在操作中予以控制。

油气田生产全面负责现场设备的运行操作、巡检，常见的危害因素举例见表2-4至表2-16。

表2-4　抽油机井启机过程中常见危害因素

序号	危害	相应防范消减措施
1	检查抽油机时，电气设备漏电，手臂接触电气设备裸露部位，易发生触电事故	启停机前，用试电笔验电
2	切断电源时易造成触电事故	应侧身切断电源
3	启机时，抽油机周围有人或障碍物，易造成机械伤害或其他事故	启机前，应确认抽油机周围无人或障碍物

续表

序号	危害	相应防范消减措施
4	启机时，未检查井口流程，易造成油气泄漏、火灾、爆炸等	启机前，确认井口流程通畅
5	启机时，未松开刹车，易造成电气设备烧毁	启机时，确认刹车松开

表 2-5　抽油机井口憋压常见危害因素

序号	危害	相应防范消减措施
1	没有检查井口生产状况使其具备憋压条件，易造成油气泄漏、火灾、爆炸等事故	认真检查井口流程，确认不具备憋压条件，避免发生油气泄漏事故
2	停机时，没有验电，没有切断电源，配电箱等电气设备漏电，易发生触电事故	停机时，先验电并切断电源
3	开关井口回油阀门时没有侧身，易造成物体打击事故	开关井口回油阀门时应侧身
4	憋压值超过压力表的量程，易造成物体打击等人身伤害事故	憋压值不超过压力表的有效量程

表 2-6　抽油机井调平衡过程中常见危害因素

序号	危害	相应防范消减措施
1	启停机、测量电流时，配电箱等电气设备漏电，易发生触电事故	启停机时，应在配电箱上用试电笔验电
2	停机作业时，由于死刹（安全制动）没有锁死，易造成机械伤害事故	抽油机刹车要刹紧，死刹（安全制动）要锁死
3	登高作业时，易发生高处坠落事故	高处作业时应正确使用安全带
4	紧固平衡块螺钉使用大锤时戴手套、用力过猛、落物易造成物体打击事故	高处作业时禁止抛送物件，以防落物伤人。平衡块下方严禁站人，移动平衡块时不要用力过猛。严禁戴手套使用大锤

表 2-7　抽油机井巡检过程中常见危害因素

序号	危害	相应防范消减措施
1	在检查并调整密封填料压帽松紧度时，用手抓光杆或光杆下行时检查光杆，易发生机械伤害事故	严禁手抓光杆
2	检查抽油机运行状况时，人与抽油机间距离不符合安全距离要求，易发生机械伤害事故	检查抽油机时，应保持安全距离

序号	危害	相应防范消减措施
3	检查变压器、配电箱等电气设备时，易发生触电事故	检查电气设备前，应用试电笔验电

表2-8　注水井巡检过程中常见危害因素

序号	危害	相应防范消减措施
1	调水量时，开关阀门未侧身，管钳开口未向外，易造成物体打击事故	侧身、平稳开关阀门；管钳或F扳手开口向外
2	录取压力等资料时，带压拆卸压力表，易造成物体打击等人身伤害事故	拆卸压力表时放净压力

表2-9　注水泵巡检过程中常见危害因素

序号	危害	相应防范消减措施
1	启泵前未检查相关工艺流程，易造成工艺流程倒错或管线憋压	倒通相关工艺流程
2	启泵前未排空气体，产生气蚀，易损坏设备	打开泵进出口阀门，排空泵内气体
3	工频泵出口阀门未关闭或启动电流未回落时开出口阀门，易烧毁电机	确认泵出口阀门处于关闭状态，启动注水泵，缓慢开启出口阀门
4	运行过程中超负荷运行、振动过大或轴承温度过高会引发设备事故	运行正常后，检查运行压力、振动、轴承温度等参数，确保在规定范围内运行
5	连续两次以上热启动，易引发电路故障	不能连续两次热启动

表2-10　加药泵启泵准备（井口）过程中常见危害因素

序号	危害	相应防范消减措施
1	仪表显示不正常，设备超载运行，损坏电动机	检查泵的各阀门及压力表是否灵活好用
2	各连接部位松动，运行时脱落发生设备事故	检查各连接部分是否堵塞或松动
3	缺润滑油或油质不合格，长期运行轴承温度高于限值，引发设备事故	检查油质、油位是否合格及正常
4	不盘泵、转动不灵活或有卡阻，启泵时烧毁电动机	盘泵转动使柱塞泵往复两次以上，检查各转动部件是否转动灵活
5	保护接地松动、断裂，引发触电事故	检查电路接头是否紧固，电动机接地线是否合格

续表

序号	危害	相应防范消减措施
6	未检查电压表读数，电压过高、过低或缺相，易造成配电系统故障，严重的会烧毁电动机	检查电压是否正常且在规定范围内，系统是否处于正常供电状态，电动机转动部位防护罩是否牢固，漏电保护器是否动作灵活
7	药缸渗漏造成药液流失，污染环境，液位过低泵抽空，损坏设备	检查药缸是否完好，药液是否按规定浓度配制，液位是否符合生产要求

表 2-11　真空加热炉启炉过程中常见危害因素

序号	危害	相应防范消减措施
1	启炉前未进行强制通风或通风时间不够，炉内有余气，引发火灾、爆炸及人身伤害事故	进行强制通风，检查炉内无余气后按启动按钮倒通相关工艺流程
2	未进行有效排气，达不到真空度，进液介质温度达不到生产要求	待锅筒温度达到 90℃后，打开上部排气阀，排气 5~10min 后关闭排气阀，加热炉进行正常生产操作
3	开关阀门时未侧身，发生物体打击，引发人身伤害事故	开关阀门时侧身操作
4	检测不正常时，未根据指示做好检查与整改，擅自更改程序设置，违章点火，引发火灾、爆炸事故	启运后，要及时检查加热炉运行状况，并做好上下游相关岗位信息沟通
5	运行时未进行严格生产监控、巡检和维护，以至于不能及时发现和处理异常，引发火灾、爆炸或污染事故	启运后，要及时检查加热炉运行状况，并做好上下游相关岗位信息沟通
6	相关岗位信息沟通不及时、不准确，发生设备事故	启运后，要及时检查加热炉运行状况，并做好上下游相关岗位信息沟通

表 2-12　压力表指针不转常见危害因素

序号	危害	相应防范消减措施
1	压力引入接头或导压管堵塞	卸表检查，清除污物
2	指针和盖子玻璃相接触，阻力大	增加玻璃与扼圈内的垫片，脱离接触
3	截止阀未开或堵塞	检查截止阀
4	内部转动机构安装不正确，缺少零件或零件松动，阻力过大	拆开检查，配齐配件或加润滑油，紧固连接处

表 2-13　压力表指针跳跃不稳常见危害因素

序号	危害	相应防范消减措施
1	弹簧管自由端与拉杆结合螺纹处不活动，弹簧管扩张时，使扇形齿轮有续动现象	矫正自由端与拉杆和扇形齿轮的传动
2	拉杆与扇形齿轮结合螺纹不活动	修正拉杆与扇形齿轮结合部
3	轴的两端弯曲不同心	校正或更换新轴

表 2-14　阀门密封填料渗漏常见危害因素

序号	危害	相应防范消减措施
1	密封填料未压紧	均匀拧紧压盖螺栓
2	密封填料圈数不够	增加密封填料至需要量
3	密封填料未压平	均匀压平整
4	密封填料使用太久失效	换密封填料
5	阀门丝杆磨损或腐蚀	修理或更换丝杆

表 2-15　阀门的阀杆转动不灵活常见危害因素

序号	危害	相应防范消减措施
1	密封填料压得太紧	将密封填料压紧程度进行调整
2	螺杆螺纹与螺母无润滑油，弹子盘黄油干涸变质，有锈蚀	涂加润滑油
3	与阀杆螺母或与弹子盘间有杂物	拆开清洗
4	阀杆弯曲或阀杆、螺母螺纹有损伤	校直、清洗或更换阀杆
5	密封填料压盖位置不正卡阀杆	调整密封填料压盖

表 2-16　塔设备（脱乙烷塔、脱丁烷塔、脱戊烷塔、凝析油稳定塔等）
开工时超压常见危害因素

序号	危害	相应防范消减措施
1	升温太快	可适当降低升温速度，并调节压控阀降低压力
2	空冷风机未打开或未打开喷淋水	应立即启动空冷，启动水泵打喷淋
3	塔顶采出系统未改通流程	要认真检查改通流程
4	串入瓦斯、C_2、不凝气等组分	打开水泵；高瓦或低瓦，将轻组分排除

表 2-17　塔设备（脱乙烷塔、脱丁烷塔、脱戊烷塔、凝析油稳定塔等）
生产中超压常见危害因素

序号	危害	相应防范消减措施
1	塔底升温速度太快	降低塔底温度
2	塔底温控失灵，塔压控失灵	温控改用副线控制，联系仪表维护人员处理，必要时可先关掉重沸器蒸汽，降温放压，当温度、压力降低后再恢复正常生产
3	塔顶回流控制阀失灵	可改副线控制，联系仪表维护人员处理
4	进料量增大、组分变轻或乙烷含量高	降低进料量，调整前部操作，不凝气排空
5	回流罐压控失灵	改副线控制，联系仪表维护人员处理
6	冷后温度高	加大冷却能力，冷却能力不足时降量生产

表 2-18　发生满塔或空塔常见危害因素

序号	危害	相应防范消减措施
1	因为指示液位偏差或较长时间没有检查引起的满塔	满塔后，在操作中明显的特点是提不起塔底温度。如果是整个塔系统（包括回流罐）全部装满，会引起系统压力突然上升，这种情况是非常危险的。所以，当发现塔底液面满后要及时处理，停止进料或降量并开大塔底排量及塔顶产品外甩量
2	空塔	减少塔底排出量或关死排出阀，待液面正常后，操作即可转入正常

第六节　管理及环境危害因素识别

对油气生产站场的安全管理及环境危害因素进行具体分析，参考表 1-1。对导致事故、危害的直接原因中管理因素、人的因素和环境因素利用安全检查表法，对每个油气生产站、队生产过程中的职业安全卫生管理体系、规章制度、培训、任务设计和组织、人的因素、控制系统等方面进行全面识别分析并提出有针对性的改进措施。下列列举了某站的管理、环境危害因素识别检查内容，由于各个生产单位的自身特点不同，检查项目可参考下面内容，也可以根据各生产单位的具体情况对检查项目进行修订。

一、职业安全卫生管理体系

检查内容：生产、经营单位应当设置安全生产管理机构或者配备专职安全生产管理人员，安全生产管理机构定期研究、讨论、检查安全工作，并有记录。

实际情况：最高管理者对安全全面负责并设有专职 HSE 工程师负责日常安全管理工作。

检查内容：生产经营单位必须建立、健全安全生产责任制，单位主要负责人对本单位安全生产工作全面负责。安全生产责任制具体、可操作性强并应有监督、检查机制和考核办法。

实际情况：有安全生产责任制，有考核办法。

检查内容：生产经营单位必须依法加强安全生产管理，组织制定本单位安全生产管理制度。管理制度应结合实际，可操作性强，并应根据实际情况不断完善改进。操作人员充分了解安全的重要性和违反程序的纪律处分。

实际情况：所有操作人员均很了解管理制度，每位操作人员都负有责任，而且充分了解安全的重要性和所有相关处分。

检查内容：应建立应急救援组织，落实应急救援队伍，配备应急救援物资、设备和器材并维护保养良好，有本单位事故应急救援预案演练计划及演练记录。建立生产事故的相应制度。

实际情况：具备应急救援组织，预案定期演练并建立事故报告、登记等制度。

检查内容：对操作人员的违章行为或违背操作规程有监督检查机制，而不是以随意的口头指令来指导操作人员的操作。

实际情况：没有口头指令这种情况的发生。

检查内容：工作环境（包括室内作业场所、室内作业场地、地下作业环境），如设备设施总体的整洁和拥挤情况等是否维持在一个可接受的程度，情况没有恶化的趋势。

实际情况：工作环境，如设备设施总体的整洁和拥挤情况均维持在一个可接受的程度，一旦发现不正常的情况，会马上向上级报告。

检查内容：所有意外事件都应被确认，应建立事故报告、登记制度和事故调查、处理制度。事故调查报告找出根本的原因，提出随后的改进措施。

实际情况：所有意外事件均被确认，调查仔细，认真分析原因和解决办法。

检查内容：有有效的方法来发现和改正由于酗酒或药物滥用等造成操作人员辨识功能缺陷（感知延时、辨识错误等）的现象。

实际情况：有这样的方法。

检查内容：有有效的方法来发现操作人员的健康状况不良和心理异常（情绪紧

张等），使操作人员能满足生产任务的需要。

实际情况：有这样的方法。

检查内容：当操作人员感觉到他们的工作可能受负荷超限影响时，管理层有有效的方法来减轻他们的疲劳。

实际情况：有，如组织活动或强制休假等。

检查内容：能识别在某一方面是否存在容易诱发人为失误（指挥错误、操作错误、监护失误）的情形。

实际情况：管理层会很重视这种因素的存在。

检查内容：操作人员有清晰的、成文的指南判断何时采取措施来关闭一个单元或中断一项行为，以免因为担心事后被质疑决定的正确性而干扰其决策过程。

实际情况：有这样的操作程序。

检查内容：单位的安全生产投入应包括劳动教育培训、劳动防护用品、重大隐患治理、安全检查工作、有关安全防护器材配置及工伤保险等。

实际情况：有安全投入专项资金保障。

检查内容：应制定有突发公共卫生（传染病）事件应急预案和工作方案，传染病防治工作应纳入年度工作计划。

实际情况：具备相应的应急救援预案。

检查内容：操作人员变动频率应维持在可接受的水平，由程序控制操作人员变更，来保持管理和技术队伍的稳定性。

实际情况：有这样的程序。

检查内容：对相关方（供应商、承包商等）的风险管理，应在合同签订、采购等活动中明确相应责任。

实际情况：有相关的管理程序。

二、规章制度

检查内容：生产经营单位应组织制定本单位安全生产操作规程，安全生产操作规程应内容全面，可操作性强，涵盖本单位各工种、岗位，如开车、停车、闲置、正常运行和紧急情况等。

实际情况：存在。

检查内容：规程应明确主要的紧急情形，有相应的操作规程用于这些事故的控制。与现场操作人员协调，并将人员和财产的损失降到最小程度。员工能方便地获取并理解使用这些操作规程。

实际情况：该部分确定了主要的紧急情况，有相应的操作规程，每位操作人员都能很方便地得到操作规程。

检查内容：操作规程应清晰和完整。术语的使用统一并与使用者的理解水平相匹配。

实际情况：是。

检查内容：操作规程应保持更新。对操作规程审查，与使用者的行为进行对照，并进行适当地修正。

实际情况：操作规程严格按照作业区相应的管理程序进行定期与不定期的更新或修正。

检查内容：操作规程的审核和编写工作应有操作规程使用者的参与。

实际情况：使用者参与了操作规程的审核和编写。

检查内容：岗位配备的操作规程应保持最新修订版本，操作规程作为受控制的文件得到维护，并且严禁未经授权的复制而导致混乱。

实际情况：岗位配备的操作规程是最新的版本，操作规程的管理按照作业区的管理程序严格地受到控制。

检查内容：操作人员能容易和快速获取操作规程，操作规程编有合适的索引。

实际情况：操作人员获取操作规程容易、快速，便于索引。

检查内容：有用于核对关键或复杂操作的检查表，检查表与操作规程上的指导保持一致。

实际情况：操作检查表与操作规程指导保持一致。

检查内容：如果程序文件中某些章节的页面带有颜色，纸张的颜色编码应统一，并被使用者理解。患有色盲的操作人员也能辨认这些颜色编码。

实际情况：没有使用颜色来区分。

检查内容：操作规程应指出"为什么这么做"而不仅是"怎么做"，操作规程里包含关于危险源的警告、注意事项或解释。

实际情况：操作规程中有这样的相关说明。

检查内容：不应有"程序陷阱"（也就是说操作应按照合适的顺序描述，例如，在要求的操作步骤前先给予解释性的警告，而不是在这之后）。

实际情况：没有。

检查内容：如果同样的工艺或设备有不同的配方或配置，操作规程应清晰地表述什么时候和如何使用这些操作指导，有检查方法来确保所使用的程序是对应某配方或配置的正确程序。

实际情况：同样的工艺设备均有相同的配方与配置。

检查内容：故障排查、工艺异常的响应或应急程序中留给诊断和更正问题的时间应实际可行（情况不会在组织起有效的响应之前失去控制）。

实际情况：有这样的时间余地。

检查内容：没有太多的变更文件（例如，检验授权、临时程序）以便操作人员都能够充分掌握每个文件的情况。

实际情况：变更文件及程序的复杂程度均能保持在容易接受的水平。

检查内容：关于操作规程改动的信息，其交流的质量和效果良好。

实际情况：任何改动会有开会议与操作人员深入地讨论，并且讨论的质量很好。

三、培训

检查内容：应对安全管理人员和从业人员进行安全教育和培训，保证其具备必要的安全生产知识、熟悉安全操作规程，掌握安全操作技能，未经教育和培训合格者不得上岗。操作人员应当掌握：①应具备与本单位所从事的生产经营活动相应的安全生产知识和管理能力，掌握工艺的潜在危险源和危害，采用新工艺、新技术、新材料或者使用新设备的危害因素。②对危险源和危害的防护措施。③哪些是关键的安全装置、联锁、事故控制设备和管理控制措施？④为什么设置这些控制措施，以及如何实现控制作用？

实际情况：理解。

检查内容：进入一个区域的操作人员（包括临时用工），他们的培训内容应同时包括通用的和针对具体区域的安全规章，以及关键的应急程序。

实际情况：包括。

检查内容：对各操作工种进行相应的岗位培训并对使用各工种专门的应急装备进行培训。

实际情况：提供了这样的培训。

检查内容：纠错程序（在操作失误后使用）应包含在综合培训内容内。

实际情况：包含这些内容。

检查内容：信息交流和交接责任方面的培训应组织操作小组一起接受培训。

实际情况：是的。

检查内容：培训内容中应包括不经常使用但是非常重要的技能和知识。

实际情况：是的。

检查内容：故障排查技巧应包括在培训内容中。

实际情况：是的。

检查内容：操作者应就如何发现紧急情况得到相关培训，并应组织符合实际情况的演习以检测操作人员对这类事件的反应。

实际情况：是的，有定期的演习。

检查内容：岗位操作人员的培训需求（或应掌握技能）应涵盖包括例行的和非例行的操作要求。

实际情况：能够反映这样的要求。

检查内容：操作人员应根据岗位所需的技能进行工作分配。

实际情况：是的。

检查内容：对于在职培训的操作人员应有一个有效的监督和导师计划。

实际情况：每位操作人员每年都会有相应的培训计划。

检查内容：应确定哪些是关键的维修保养程序，这些程序内容准确易懂。

实际情况：是的。

四、任务设计和组织

检查内容：操作人员的工作描述应清晰明确（例如，是否存在责任的交选或缝隙，由于相关责任的模糊不清而出现重要任务被遗漏的可能性）。

实际情况：操作人员的工作描述很清晰。

检查内容：应明确是否有部分工艺流程存在界面不清的情况进而可能导致责任不清。

实际情况：没有这样的情况发生。

检查内容：当几个不同的任务分配给同一个人时，这些任务应能在一段有限的时间内无人照顾自行运行，以便操作人员将注意力分配给其中的一个任务。

实际情况：是的。

检查内容：操作人员精神和身体上的工作负担应在合理的水平上（就是说在一个持续几个小时工作而不会感到过度疲劳的水平上），如果有高强度工作负担的话，应局限于较短的时间内，并在两次之间给操作人员留有充足的恢复时间。

实际情况：操作人员的各种负担都能维持在合理的水平上，并且对于比较繁重的工作，会留有余地让操作人员休息等。

检查内容：工作环境不会出现持续长时间的精神、身体上的无动作状态或个人独处情况（例如，在需要时得不到帮助，长时间平静无事造成的感觉迟钝）。

实际情况：不会有这样的情况。

检查内容：对于需要持续监看的"系统"（例如，面板、DCS、容器内操作的守望员、动火作业），应有一个强制执行的制度，确保该系统在运行时一直被照顾到。

实际情况：是的。

检查内容：如有一些高速、高精度的或高度重复的工作由手动完成，应有相应的控制程序减少发生误操作的情况。

实际情况：有这样的工作，但凡是从事这种工作的不会是一个操作人员，通常是由一个小组来从事的。

检查内容：手工操作的配料工作（例如，给一个反应器加料），应设计方法避免加料数量错误或多次重复加料。

实际情况：无此项工作。

检查内容：手工操作的配料工作，应对原料的称量和计量装置进行控制。

实际情况：无此项工作。

检查内容：当操作顺序被打断时，应有辅助手段帮助操作人员找到进行工序中的具体步骤，说明工序一旦混淆的后果。

实际情况：一旦操作程序被打断，会重新制定或修改操作程序。

五、人的因素

检查内容：明确是否有的操作人员身体状况或能力不能操作或者佩戴应急装备。

实际情况：没有这样的操作人员，如果有，此操作人员不会被安排参加应急任务。

检查内容：在设施的设计时是否考虑到环境条件（温度、照明和气候），它们会影响应急程序的成功启动。

实际情况：考虑到环境条件，有过这样的评价。

检查内容：是否有任何操作需要长时间穿戴过量的或繁重的个人保护装备，造成身体上的束缚或精神无法集中，以至于妨碍操作人员在适当的时间内安全地完成一项操作。

实际情况：没有这样的工作。

检查内容：对于完成速度是关键因素的任务，是否存在空间拥挤的情况（如到关断装置的应急通道、撤退路线等）。

实际情况：在应急通道、消防通道这样的问题上，均严格遵守国家相应的法律和标准，均能保证畅通。

检查内容：在设备的周围是否预留了足够的空间以便进行需要的维修任务（如拧紧某个法兰上的一个螺栓是否因为周围的空间太拥挤而变得很困难）。

实际情况：有足够的空间。

检查内容：是否为要求的任务提供了合适的工具（如在某个工段，因为没有人力气够大可以拧紧螺栓，易燃性气体经常性地从高压热交换器里泄漏出来，购买一个液压螺栓紧固器就能解决这个问题）。

实际情况：站队均配有这样的工具。

检查内容：相同或相似的设备会不会容易引发误操作（两个例子：应在 A 单元进行的工作放在 B 单元上进行；把槽车卸车管线误接到错误的位置）。

实际情况：不会，管线、设备均有标识。

检查内容：对于关键的管道、阀门、罐和现场指示灯这类设备，应有清晰明确的标识，有专人对这些标识的维护工作负责。

实际情况：有明确的标识，有专人负责，责任明确。

检查内容：是否有背景噪声或其他分散或打断注意力的因素，听力保护装备不能妨碍交流。

实际情况：有这样的因素，操作人员均能配备耳塞，对交流的妨碍不大。

检查内容：操作人员是否对现有系统自行做出一些改动，这说明设计中有管理因素方面的缺陷（例如，把一块纸板盖在显示屏上减轻屏幕反光，或者在不必要的警报喇叭上贴上封带）。

实际情况：对系统的改动均要征求设计单位的同意，并且目前还没这样的改动。

六、控制系统

检查内容：控制方案要进行适当地记录归档。

实际情况：是的，并且能够理解。

检查内容：控制系统的标识用语应统一并清晰易懂（如 "0% 阀门负载" 是否总是代表阀门关闭）。

实际情况：这样的标识能够清晰易懂。

检查内容：对于警报、警示灯和警报喇叭这样的装置，其外观（声音）在流程的不同区域应保持统一。

实际情况：是的。

检查内容：关键的控制器和手动干涉之类的装置不应与普通的控制器相混淆（控制器的布置合理，易分辨）。

实际情况：没有这样的情况出现。

检查内容：控制器的设计不能与人的直觉相反或违反了大多数人的习惯（大多数人的习惯指的是在人群中一种根深蒂固的行为风格，如习惯将顺时针方向认为是关闭阀门的方向）。

实际情况：没有这样的情况发生。

检查内容：是否存在有的区域过程控制 / 警报的颜色或声音类型与其他工段的相反，这对调入或调出该区域的操作人员将是一个很大的问题。

实际情况：没有这样的情况发生。

检查内容：用手动控制取代自动控制的判断指南应清晰和明确。系统能被设置为自动或手动控制模式的条件应被使用者所理解。

实际情况：这样的判断很明确，并且能够很容易被理解。

检查内容：应提供在正常和异常的情况下正确操作所需的相关信息。

实际情况：提供了这样的信息。

检查内容：当选择警报设置时，应考虑到反应时间（仪器/DCS系统的延迟时间和操作人员的反应时间）。

实际情况：考虑到了。

检查内容：仪器（或视频显示终端）延迟/刷新时间不应太长，以至于操作人员有可能出现过度调节的问题。

实际情况：没有这样的问题。

检查内容：应有有效的方法发现仪器的故障，分析如果关键仪器给出错误的读数，可能会造成什么样的操作失误。

实际情况：有效的方法，可能会有比较严重的后果，但是有防止这样的情况发生的措施。

检查内容：是否存在指示器（例如，条形图表制图笔、刻度盘、视频显示）卡住，从而导致不能显示工艺的实际参数值的情况。

实际情况：有这样的情况，但是自动化系统会很及时地恢复正常。

检查内容：控制系统设计中应考虑在工艺条件异常的情况下可能出现错误的情况（例如，当流体密度发生变化时液位信号出现失真）。

实际情况：没有这样的情况出现。

检查内容：如果控制设置或显示有改动，操作人员应总能及时得到通知。

实际情况：是的。

检查内容：有权限调节控制设置的操作人员应得到有效的培训。

实际情况：均得到了有效的培训。

检查内容：系统设计应避免过度敏感的过程控制。控制器应有一个合理的动作范围（如试图用每半转流量值就变化了1000GPM的控制旋钮将流量控制在50GPM，操作失误就很可能会发生）。

实际情况：考虑到了过度敏感的过程控制，会有一个合理的操作范围。

检查内容：仪器应定期校准或检查。

实际情况：是的。

检查内容：仪器检查应校验整个仪器回路[如测试警报时，要从现场传感器发送信号，而不是从同在控制室（CCR）里的压力开关发送信号]。

实际情况：是的。

检查内容：仪器故障应得到及时修复，不能有长期将联锁／警报旁路的迹象。

实际情况：是的，没有这样的迹象。

检查内容：控制系统中如有自动的联锁旁路或警报抑制设计，应有控制措施防止这些设计被滥用。

实际情况：对这些控制用操作权限限制来防止。

检查内容：控制器应清晰而不杂乱拥挤，应对其进行维护。

实际情况：控制器比较清晰，定期对其进行维护。

检查内容：需要的地方应实行颜色编码，颜色编码应统一（色盲会引发问题吗）。

实际情况：有颜色区分报警级别，没有考虑色盲，但是上岗时会考虑不将色盲放在相关岗位。

检查内容：对相似的设备布置是否也是相似的（类似设备之间应有相当的区别以避免混淆）。

实际情况：布置比较相似，但是都有比较容易区分的标识。

检查内容：控制和显示应读取容易。

实际情况：容易读。

检查内容：警报声调／信号应可区分。

实际情况：可以区分。

关于视频界面：

检查内容：如果显示屏出现故障，有冗余渠道可以获取信息。

实际情况：有冗余的显示屏。

检查内容：同一个控制面板可以控制多个控制屏幕时，是否可能出现一面看着错误的屏幕一面进行控制调节的情况？不同的（但看起来是一模一样的）单元是否有相似的控制屏幕。

实际情况：不会有这样的情况发生。

检查内容：如果屏幕停止刷新信息，操作人员应能很快地意识到。

实际情况：能够。

检查内容：操作人员应有时间来确定警报的来源，在屏幕上查找相应的警报信息。

实际情况：有足够的时间。

检查内容：屏幕显示的信息不宜太多。

实际情况：显示的信息能够接受。

检查内容：视频显示器的数量足够用来同时显示需要显示的工艺过程。

实际情况：能够满足这样的要求。

关于可编程电子系统：

检查内容：有适当的检查来避免计算机编程错误。

实际情况：有自检。

检查内容：有程序在安装商业软件或更新软件版本后负责相关的介绍和后续工作。

实际情况：有这样的程序。

检查内容：有适当的控制措施来确保软件修改工作只能由有资格的和有能力的操作人员进行。

实际情况：有这样的控制措施。

检查内容：如果可编程电子系统里包括安全联锁，应实行不同的冗余逻辑方案。

实际情况：有这样的方案。

检查内容：如果有旧的手动（或低级的半自动）控制系统被保留作为主系统的后备系统，应进行关于如何使用这些旧设备/控制的复习培训和操作人员技能展示。

实际情况：没有这样的系统。

检查内容：软件安全联锁有完善的记录存档。

实际情况：有。

检查内容：可编程电子系统的故障是否会产生随机的输出信号？发生这种情况后操作人员如何才能发觉？应有相应的修复程序。

实际情况：有这样的信号，查看报警，人为修复。

检查内容：系统可避免数据输入错误。

实际情况：数据输入有一定的范围。

第七节　其他危害因素识别

利用安全检查表的问答形式，对每个油气生产站、队生产过程中的其他危害进行识别分析，其中包括紧急状态、检修状态、外部环境影响、职业危害等其他因素的检查分析。某站其他危害因素识别检查内容如下。

一、紧急状态下的危害因素

检查内容：紧急状态下操作人员的人身安全受到严重威胁，应有效地保障人身安全，配备相应的个体防护用具。

可能存在的危害因素：火灾、爆炸等。

实际情况：配备了 8 套正压空气呼吸器等个体防护用具。

检查内容：紧急状态设备可能由于停工或设备的不可使用而造成重大的财产损失风险。

可能存在的危害因素：财产损失等。

实际情况：存在火灾等财产损失风险。

检查内容：泄漏的介质是否具有毒性，燃烧产物是否具有毒性，泄漏物扩散的区域对操作人员和周边环境的影响要进行分析。一旦排放，是否有收集措施使其对外部环境的影响降到最低。

可能存在的危害因素：中毒。

实际情况：泄漏的天然气具有一定的毒性，操作人员依据应急预案程序进行疏散，周边 5km 内无其他设施和居民。

检查内容：爆炸冲击波对关键设备的破坏力极大，中心控制室临油气处理装置一侧，应设置防爆墙，且不宜开窗。

可能存在的危害因素：物理、化学性爆炸。

实际情况：设置了防爆墙，控制室面对生产装置一侧无窗。

检查内容：事故状态下存在某些对操作人员、周边区域、设备等特别危险的热源（如火焰），应对周边环境、邻近设备和操作人员采取冷却和防护措施。

可能存在的危害因素：火灾等。

实际情况：存在，并根据相关标准规定来界定危险的界限。

检查内容：是否存在大气、水环境等重大的污染问题，应有处理这些问题的信息。

可能存在的危害因素：环境污染。

实际情况：不存在重大污染问题，通过查阅相关资料获得处理问题的信息。

检查内容：应在装置的边缘（界区）设置自动或手动的紧急切断装置。关键性的设备控制件（例如，停车开关、阀门）应设置在发生紧急情况时能顺利触到的地方（例如，操作人员是否需要穿过泄漏物料或火场，才能够到紧急切断部件）。

可能存在的危害因素：火灾、爆炸等。

实际情况：满足。

检查内容：操作人员在不误动操作面板的前提下能否方便顺利地跨越、经过操作面板（例如，紧急停车按钮上是否有罩板？如果有，还应保证在紧急情况下，罩板不会限制按钮的使用）。

可能存在的危害因素：火灾、爆炸等。

实际情况：能够保证。

　　检查内容：不应有不必要的警报分散操作人员的注意力而使得更重要的警报被忽视。

　　可能存在的危害因素：火灾、爆炸等。

　　实际情况：没有这样的情况。

　　检查内容：在紧急情况下，当很多警报声同时响起时，操作人员能有效地判断，并有方法区分出最重要的警报。

　　可能存在的危害因素：火灾、爆炸等。

　　实际情况：操作人员能够有效地判断。

　　检查内容：在紧急情况下，采取的相应对策应简单并容易执行。在紧急状态下，一个过于复杂的响应计划不易被成功地执行。

　　可能存在的危害因素：火灾、爆炸等。

　　实际情况：相应计划会有简单的执行动作。

　　检查内容：紧急状态下其他的潜在危害分析。

　　可能存在的危害因素：物体打击、车辆伤害、触电、灼烫、高处坠落、坍塌等。

　　实际情况：有物体打击、灼烫危害存在。

二、检修风险分析

　　检查内容：设备检修期间施工作业中因工程地质问题可能造成坍塌事故。

　　可能存在的危害因素：坍塌。

　　实际情况：制定有相应的操作规程。

　　检查内容：应有防止因打开、盲堵、吹扫、置换、检测等安全技术措施执行不力导致介质泄漏、火灾、爆炸、中毒事故发生的措施。

　　可能存在的危害因素：火灾、爆炸、中毒。

　　实际情况：制定有效的安全技术措施。

　　检查内容：进入受限空间、临时用电、吊装、高处等作业应进行危害分析。

　　可能存在的危害因素：分别有中毒窒息、触电、起重伤害、高处坠落等危害。

　　实际情况：实行作业许可制度确保施工安全。

三、职业病——粉尘类

　　检查内容：油田生产岗位可能接触到电焊烟尘，是否有相应的控制措施防控电焊工尘肺。

　　可能存在的危害因素：粉尘危害。

　　实际情况：有相应的控制措施防控电焊工尘肺。

四、职业病——放射性物质类

检查内容：是否存在电离辐射？是否有能明显识别的预防措施？需要界定危险的界限，并且能得到这些信息。

可能存在的危害因素：电离辐射。

实际情况：根据相关标准规定来界定危险的界限。

五、职业病——化学物质类

检查内容：油田生产过程接触到的化学物质多属易燃易爆且有一定毒性，哪些释放的毒性气体会对员工造成伤害？是否拥有足够的毒性数据以界定危险的程度。

可能存在的危害因素：化学物质危害。

实际情况：甲烷、乙烷、硫化氢等，具备相关危险物质的安全技术说明书。

六、职业病——物理因素

检查内容：高温可能导致中暑，局部振动可能发生手臂振动病，应有相应的控制措施。

可能存在的危害因素：高温、振动。

实际情况：有相应控制措施。

七、职业病——职业性皮肤病

检查内容：接触硫酸、硝酸、盐酸、氢氧化钠、柴油等，应有措施预防接触性皮炎、眼部和皮肤化学性灼伤、痤疮等。

可能存在的危害因素：职业性皮肤病。

实际情况：对于接触危险物质的岗位配备抗酸碱工作服等个体防护用具。

八、职业病——噪声

检查内容：采油、转油、气体净化装置通常存在噪声危害，应防止职业噪声聋。

可能存在的危害因素：噪声。

实际情况：大型设备接触噪声岗位配备耳塞。

九、职业病——职业性肿瘤

检查内容：苯可致白血病，应有控制措施。

可能存在的危害因素：职业性肿瘤。

实际情况：定期组织接触有毒有害岗位操作人员体检，学习保健知识。

十、外部环境因素

检查内容：外部环境发生变化会对系统产生影响（如分析季节性风沙对控制系统，洪水等对设备、建筑物，环境低温、雷电、地震等异常情况对设备的影响因素）。

实际情况：定期对控制系统的探头进行检查维护。

第三章　常用危害识别与评价方法

第一节　安全检查表法

一、方法简介

安全检查表是进行安全检查、发现潜在危险、督促各项安全法规、制度、标准实施的一个较为有效的工具。它是安全系统中最基本、最初步的一种形式。运用系统安全工程的方法，发现系统以及设备、装置和操作管理、工艺、组织措施中的各种不安全因素，按照层次确定检查项目，以提问的方式把检查项目按系统的组成顺序编制成表，以便进行检查或评审，这种表就叫作安全检查表。安全检查表是进行安全检查、发现和查明各种危险和隐患、监督各项安全规章制度的实施、及时发现并制止违章行为的一个有力工具。由于这种检查表可以事先编制并组织实施，自 20世纪 30 年代开始应用以来，已发展成为预测和预防事故的重要手段。安全检查表法是一种最通用的定性安全评价方法，可适用于各类系统的设计、验收、运行、管理阶段以及事故调查过程，应用十分广泛。安全检查表具有以下特点：

检查表的编制系统全面，可全面查找危险、有害因素；检查表中体现了法规、标准的要求，使检查工作法规化、规范化；针对不同的检查对象和检查目的，可编制不同的检查表，应用灵活广泛；检查表简明易懂，易于掌握，检查人员按表逐项检查，操作方便可用，能弥补其知识和经验的不足；编制安全检查表的工作量及难度较大，检查表的质量受限于编制者的知识水平及经验积累。

安全检查表分析法主要包括四个操作步骤：收集评价对象的有关数据资料，选择或编制安全检查表，现场检查评价，编写评价结果分析。

编制安全检查表应收集研究的主要资料：有关编制、规程、规范及规定、同类企业的安全管理经验及国内外事故案例、通过系统安全分析已确定的危险部位及其防范措施、装置的有关技术资料等。

编制时应注意以下问题：检查表的项目内容应繁简适当，重点突出；检查表的项目内容应针对不同评价对象有侧重点，尽量避免重复；检查表的项目内容应有明确的定义, 可操作性强; 检查表的项目内容应包括可能导致事故的一切不安全因素, 确保能及时发现并消除各种安全隐患。

　　安全检查表评价单元的确定是按照评价对象的特征进行选择的, 如编制生产企业的安全生产条件安全检查表时, 评价单元可分为安全管理单元、厂址与平面布置单元、生产储存场所建筑单元、生产储存工艺技术与装备单元、电气与配电设施单元、防火防爆及防雷防静电单元、公用工程与安全卫生单元、消防设施单元、安全操作与检修作业单元、事故预防与救援处理单元和危险物品安全管理单元等。

　　可将安全检查表分为不同的类型。为了使安全检查表法的评价能得到系统安全程度的量化结果, 有关人员开发了许多行之有效的评价计值方法。根据评价计值方法的不同, 常见的安全检查表有否决型检查表、半定量检查表和定性检查表三种类型。否决型检查表是给定一些特别重要的检查项目作为否决项, 只要这些检查项目不符合, 则将该系统总体安全状况视为不合格, 检查结果就为 "不合格", 这种检查表的特点就是重点突出。半定量检查表是给每个检查项目设定分值, 检查结果以总分表示, 根据分值划分评价等级, 这种检查表的特点是可以对检查对象进行比较, 但对检查项目准确赋值比较困难。定性检查表是罗列检查项目并逐项检查, 检查结果以 "是" "否" 或 "不适用" 表示, 检查结果不能量化, 但应作出与法律、法规、标准、规范中具体条款是否一致的结论, 这种检查表的特点是编制相对简单, 通常作为企业安全综合评价或定量评价以外的补充性评价。

二、油气生产站场安全检查表

　　本节对油气生产站场的安全管理及环境危害因素进行了定性的安全检查, 检查表见表 2-1 ~ 表 2-18, 此处不再举例说明。

第二节　预先危险性分析

一、方法简介

　　预先危险性分析是一种应用范围较广 (人、机、物、环境等方面的危险因素对系统的影响) 的定性分析方法。预先危险性分析是在进行设计、施工之前, 对系统存在的各种危险、危害因素进行宏观、概略分析的系统安全分析方法, 估算危险、危害事故的发生频率和后果程度, 确定危险、危害事故的大小和级别, 以早期发现系统中潜在的各种危险、危害因素和严重度, 并加以相应的重点防范措施, 防止这些危害因素发展成为事故。

预先危险性分析的步骤为确定系统—调查收集资料—系统功能分解。根据系统工程原理,可以将系统进行功能分解,绘出功能框图,表示它们之间的输入、输出关系,如图 3-1 所示。

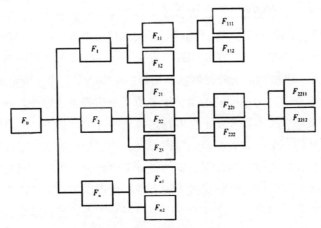

图 3-1 系统功能分解示意图

预先危险性分析一般程序如图 3-2 所示。

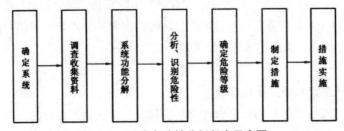

图 3-2 预先危险性分析程序示意图

为了衡量危害事件危险性大小及其对系统的破坏程度,结合风险评价指数矩阵法的分类要求,可以将危险严重程度划分为四个等级,见表 3-1。

表 3-1 危险性等级划分表

级别	危险的类别	可能导致的后果
I	安全的	不会造成人员伤亡及系统损坏
II	临界的	处于事故的边缘状态,暂时还不至于造成人员伤亡、系统损坏或降低系统性能,但应予以排除或采取控制措施
III	危险的	会造成人员伤亡和系统损坏,要立即采取防范对策措施
IV	灾难性的	造成人员重大伤亡及系统严重破坏的灾难性事故,必须予以果断排除并进行重点防范

二、集气站泄漏预先危险性分析

潜在事故：

触发事件1。

（1）设备泄漏：

①管汇、阀门、流量计等设备仪表连接处泄漏。

②清管器收发装置泄漏。

③误操作引起设备泄漏。

④设备腐蚀泄漏。

（2）站内管道泄漏：

①施工质量差，伪劣产品进入现场，焊接质量、机械性能不符合要求，在应力作用下产生裂纹，焊缝开裂泄漏。

②工程施工误将管道铲破、推断。

③阀门失控或关闭不及时。

④管道腐蚀泄漏。

⑤受地震等自然灾害影响，管道发生泄漏

发生条件：（1）气体浓度达到爆炸极限；（2）点火源。

触发事件2。

（1）明火源：

①点火吸烟。

②违章动火。

③外来人员带来火种。

④其他火源。

（2）火花：

①穿带钉子皮鞋。

②使用非防爆工具。

③静电。

④雷击。

⑤电火化。

事故后果：设备损坏、操作人员伤亡、停产造成严重经济损失。

危险等级：Ⅳ。

防范措施：

（1）控制与消除火源：

①站内严禁用手机等非防爆通信设备。

②火灾、爆炸危险装置区装设防爆电气仪表。

③穿着防静电服，设置防雷防静电装置，并确保其可靠。

④使用防爆工具进行生产操作和生产作业。

（2）严格订货把关和现场安装检验：

①严格控制管材质量和焊接质量，严格控制设备质量，选用合格的流量、压力、温度等检测仪表。

②按规定开展总体试验，管道投产前按要求进行试压。

（3）加强管理、严格纪律：

①站内建立禁火区，作业现场设危险标志。

②制定规章制度和安全操作规程，严守工艺要求，防止误操作。

③按时巡回检查，发现问题及时处理。

④检修动火时，应办理动火票，并安排专人现场监护。

（4）配齐安全设施：

①配齐消防设施、消防器材。

②可能散发可燃气体的场所安装可燃气体报警装置。

（5）对设备、仪表定期进行检查、维护和保养

第三节　作业条件危险性分析

一、方法简介

作业条件危险性分析法评价人们在某些具有潜在危险的作业环境中进行作业的危险程度，该法简单易行。危险程度的级别划分比较清楚、醒目。它主要是根据经验来确定影响危险性的三个主要因素（发生事故或危险事件的可能性、暴露于危险环境的频率和一旦发生事故的严重程度）的分值，按下面公式计算出危险性的数值，据此数值评定该作业条件。

$$D = L \cdot E \cdot C$$

式中 D——作业条件的危险性；

　　L——事故或危险事件发生的可能性；

　　E——暴露于危险环境的频率；

　　C——发生事故或危险事件的可能结果。

1. 事故或危险事件发生的可能性 L

在实际生产条件中，事故或危险发生的可能性范围非常广泛。人为地将完全出乎意料之外、极少可能发生的情况规定为 1，能预料将来某个时候会发生事故的分值规定为 10，再根据可能性的大小相应地确定几个分值，具体见表 3-2。

表 3-2　事故或危险事件发生可能性的分值

分值	事故或危险事件发生的可能性
10	完全会被预料到
6	相当可能
3	不经常，但可能
1	完全意外，极少可能
0.5	可以设想，但高度不可能
0.2	极不可能
0.1	实际上不可能

2. 暴露于危险环境的频率 E

作业人员暴露于危险作业条件的次数越多，时间越长，则受到伤害的可能性就越大。K·J·格雷厄姆和 G·F·金尼规定了连续出现潜在危险环境的暴露频率值为 10，一年仅出现几次，非常稀少的暴露频率值为 1。以 10 和 1 为参考点，再在其区间根据潜在危险环境的暴露情况进行划分，并对应地确定其分值，具体见表 3-3。

表 3-3　暴露于潜在危险环境的分值

分值	出现于危险环境的情况
10	连续暴露于潜在危险环境
6	逐日在工作时间内暴露
3	每周一次或偶然地暴露
2	每月暴露一次
1	每年几次出现在潜在危险环境
0.5	非常罕见地暴露

3. 发生事故或危险事件的可能结果 C

造成事故或危险事件的人身伤害或物质损失可在很大范围内变化，就工伤事故而言，可以从轻微伤害到许多人死亡，其范围非常广阔。K·J·格雷厄姆和 G·F·金尼对需要救护的轻微伤害的可能结果，分值规定为 1，以此为一个基准点；而将造成许多人死亡的可能结果，分值规定为 100，作为另一个参考点。在两个参考点

1 ~ 100 之间，插入相应的中间值，具体见表 3-4。

表 3-4 发生事故或危险事件可能结果的分值

分值	可能结果
100	大灾难，许多人死亡
40	灾难，数人死亡
15	非常严重，一人死亡
7	严重，严重伤害
3	重大，致残
1	引人注目，需要救护

4. 危险性 D

确定了上述三个具有潜在危险性的作业条件的分值，利用计算公式即可得出危险性分值，依据表 3-5 的标准确定各个生产设施发生各种故障的危险等级。

表 3-5 危险性分值

分值	可能结果
>320	极其危险，不能继续作业
160 ~ 320	高度危险，需要立即整改
70 ~ 160	显著危险，需要整改
20 ~ 70	可能危险，需要注意
<20	稍有危险，或许可以接受

二、抽油机作业条件危险性分析

1. 抽油机的危害及防范措施

位置：采油井场。

设备设施名称：游梁式抽油机。

故障：底座和支架振动，电动机发出不均匀响声。

原因分析：

（1）基础建筑不牢固。

（2）支架与底座连接不牢固。

（3）抽油机严重不平衡。

（4）地脚螺栓松动。

（5）抽油机未对准井口

防范措施：

（1）按设计要求建筑基础。

（2）加金属片，紧固螺栓。

（3）调整抽油机平衡。

（4）拧紧地脚螺栓。

（5）抽油机光杆对准井口。

故障：曲柄发生周期性响声。

原因分析：

（1）曲柄销锁紧螺母松动。

（2）曲柄孔内脏。

（3）曲柄销圆锥面磨损。

防范措施：

（1）上紧锁紧螺母。

（2）擦净锁孔。

（3）更换曲柄销。

故障：从减速箱体与箱盖结合面或轴承盖处漏油。

原因分析：

（1）润滑油过多。

（2）箱体结合不良。

（3）放油丝堵未上紧。

（4）回油孔及回油槽堵塞。

（5）油封失效或唇口磨损严重。

防范措施：

（1）放出多余油。

（2）均匀上紧箱体螺栓。

（3）拧紧放油丝堵。

（4）疏通回油孔，清理回油槽中的脏物使之畅通。

（5）油封应在二级保养时更换，如油封唇口磨损严重而漏油，应更新油封。

故障：减速箱发热（油池温度高于60℃）。

原因分析：

（1）润滑油过多或过少。

（2）润滑油牌号不对或变质。

防范措施：

（1）按液面规定位置加油。

（2）检查更换已变质的润滑油。

故障：轴承部分发热或有噪声。

原因分析：

（1）润滑油不足。

（2）轴承盖或密封部分摩擦。

（3）轴承损害或磨损。

（4）轴承间隙过大或过小。

防范措施：

（1）检查液位并加入润滑油。

（2）拧紧轴承盖及连接部位螺栓，检查密封件。

（3）检查轴承，损坏者更换。

（4）调整轴承间隙。

故障：刹不住车或自动刹车。

原因分析：

（1）刹车片未调整好。

（2）刹车片磨损。

（3）刹车片或刹车鼓有油污。

防范措施：

（1）调整刹车片间隙。

（2）更换刹车片。

（3）擦净污油。

故障：驴头部位有吱吱响声。

原因分析：

（1）钢丝绳缺油发干。

（2）钢丝绳断股。

防范措施：

（1）给钢丝绳加油。

（2）更换钢丝绳。

故障：连杆运动过程中发生振动（可能导致连杆拉断）。

原因分析：

（1）连杆销被卡住。

（2）曲柄销负担的不平衡力矩太大。

（3）连杆上下接头焊接质量差。

（4）连杆未成对更换。

防范措施：

（1）正确安装连杆销。

（2）消除不平衡现象，重新找正抽油机。

（3）检查焊接质量。

（4）连杆成对更换。

故障：电机在运转时振动。

原因分析：

（1）电机基础不平，安装不当。

（2）电机固定螺栓松动。

（3）转子和定子摩擦。

（4）轴承损坏。

防范措施：

（1）调整电机基础，调整皮带轮至同心位置，紧固皮带轮；检查转子铁芯，校正转子轴承。

（2）紧固电机固定螺栓。

（3）转子与定子产生摩擦应维修。

（4）更换轴承

位置：采油井场。

设备设施名称：电潜泵抽油机。

故障：启动电机时发出嗡嗡声响，不能转动。

原因分析：

（1）一相无电或三相电流不稳。

（2）抽油机载荷过重。

（3）抽油机刹车未松开或抽油泵卡泵。

（4）磁力启动触电接触不良或被烧坏。

（5）电机接线盒螺钉松动

防范措施：

（1）检查并接通缺相电源，待电压平稳后启动抽油机。

（2）解除抽油机超载。

（3）松开刹车，进行井下解卡。

（4）调整好触点弹簧或更换磁力启动器。

（5）上紧电机接线盒内接线螺钉。

故障：电流卡片上显示：①电流下降。②电流值既低又不稳定。

原因分析：

（1）由于液面下降而使泵吸入口压力降低，气体开始进泵。

（2）由于液面接近泵的吸入口，气体进泵量增加并且不稳定，导致电泵欠载且波动，最终机组欠载停机。

防范措施：

（1）增加下泵深度。

（2）如不能增加下泵深度，可以装油嘴限产使液面提高。

（3）如上述两种办法都不能奏效，可实行间歇生产方式。对于这样的井，下次起泵时应重新选泵。

2．抽油机发生振动的危险等级的确定

例如，发生"底座和支架振动，电动机发出不均匀响声"故障的危险等级确定如下：

（1）发生事故或危险事件可能性 L 的取值。

根据具体生产过程中的情况，对照表 3-2 中的分值，L 取值 1，属于"完全意外，极少可能"。

（2）暴露于危险环境的频率 E 的取值。

采油工每天巡检一次，根据表 3-3 中的分值，E 取值 6，即"逐日在工作时间内暴露"。

（3）发生事故或危险事件的可能结果 C 的取值。

发生"底座和支架振动，电动机发出不均匀响声"危害可能是"基础建筑不牢固；支架与底座连接不牢固；抽油机严重不平衡；地脚螺栓松动；抽油机未对准井口等"，如果发现、维修处理不及时，造成的后果属于"严重，严重伤害"，对应于表 3-4 中的分值，C 的取值为 T。

（4）危险性 D 的取值。

根据公式计算出取值：$D=1 \times 6 \times 7=42$，对应表 3-5 中的分值，发生"底座和支架振动，电动机发出不均匀响声"故障的危险等级为"可能危险，需要注意"。

第四节　危险和可操作性研究

一、方法简介

危险和可操作性研究运用系统审查方法来分析新设计或已有工厂的生产工艺和

工程意图，以评价由于装置、设备的个别部分的误操作或机械故障引起的潜在危险，并评价其对整个工厂的影响。

1. 准备工作

（1）确定分析的目的、对象和范围

首先必须明确进行危险与可操作性研究的目的，确定研究系统或装置，明确问题的边界、研究的深入程度等。

（2）成立研究小组

开展危险和可操作性研究需要利用集体的智慧和经验。小组成员以 5 ~ 7 人为佳，小组成员应包括有关的各领域专家、对象系统的设计者等。

（3）获得必要的资料

危险和可操作性研究资料包括各种设计图纸、流程图、工厂平面图、等比例图和装配图，以及操作指令、设备控制顺序图、逻辑图和计算机程序，有时还需要工厂或设备的操作规程和说明书等。

（4）制订研究计划

首先要估计研究工作需要的时间，根据经验估计每个工艺部分或操作步骤的分析花费的时间，再估计全部研究需花费的时间。然后安排会议和每次会议研究的内容。

2. 开展审查

危险和可操作性研究小组组长和小组成员采用会议的形式一起将接受分析的工艺系统划分成若干个节点。以节点为单位，运用一系列引导词来辨别工艺系统潜在的偏离设计原有意图的情形，并针对每一种偏离设计原有意图的情形讨论其原因和后果，并且评估在现有的安全保障措施下，该情形可能带来的风险，如果认为现有的安全保障措施不足以将风险降低到可以接受的水平，则需要提出更多的危害控制措施，即改进意见。

具体做法：危险和可操作性研究小组选定一个节点，由现场工程师解释该节点的工艺特点，然后运用引导词，得出对应的偏离正常工况的可信的假想情形。对于每种假想情形，小组成员共同讨论提出造成这种情形的原因和潜在的后果（设想后果时不应考虑现有的安全保障措施）。然后，找出当前设计和生产管理上已有的安全保障措施，如果小组成员认为这些措施还不足够，则提出必要的改进措施。在讨论过程中提出的危害或与操作相关的问题，都记录在危险和可操作性研究工作表中。

危险和可操作性研究工作程序如图 3-3 所示，其工作表项目说明见表 3-6，引导词说明见表 3-7，常用的工艺参数见表 3-8。

表 3-6　危险和可操作性研究工作表项目说明

栏目标题	说明
引导词（guideword）	某些词汇，危险和可操作性研究小组据此识别工艺危害
偏差（deviation）	背离正常生产操作的假想情形，由危险和可操作性研究小组依据引导词识别
原因（causes）	导致偏离正常状态的原因或事件
可能的后果（consequences）	当假想的偏离情形发生时，可能导致的后果的描述
现有安全保障（safeguards）	当前设计、安装的设施或管理实践中已经存在的消除或控制危害的措施
建议编号（rec#）	建议措施的编号
建议类别（type）	建议措施的类别。体现建议措施的目的，例如，"安全"类别说明该建议措施是为了防止人员伤害，"生产"类别说明该建议措施是为了避免生产问题，与安全无关。相关的类别有"安全""生产""健康""环保"和"图纸"等
建议措施（recommendations）	所建议的消除或控制危害的措施

表 3-7　危险和可操作性研究引导词说明

引导词	含义
空白（none）	设计或操作要求的指标和事件完全不发生，如无流量
低（少）（less）	同标准值相比，数值偏小，如温度、压力偏低
高（多）（more）	同标准值相比，数值偏大，如温度、压力偏高
部分（partof）	只完成既定功能的一部分，如组分的比例发生变化
伴随（aswellas）	在完成既定功能的同时，伴随多余事件发生
相逆（reverse）	出现和设计要求完全相反的事或物，如流体反向流动
异常（otherthan）	出现和设计要求不相同的事或物

表 3-8　常用的危险和可操作性研究工艺参数

流量	时间	次数	混合
压力	组分	黏度	副产品（副反应）
温度	pH 值	电压	分离
液位	速率	数据	反应

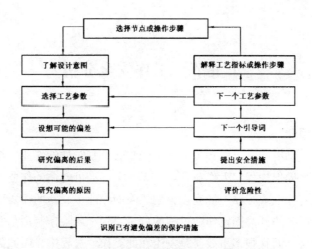

图 3-3　危险和可操作性研究工作程序

二、油气集输站的工艺安全分析

通过下列某油气集输站的危险和可操作性研究的简要分析过程介绍，说明危险和可操作性研究特别适用于分析工艺要求严格的建设项目及在役装置存在的危害。

油气集输站各单元工艺流程情况如下：

1. 东轮进站阀组流程

正常流程由东河塘一轮西来的原油（0.04MPa ~ 0.5MPa，12 ~ 35℃）经过3001# 阀进入阀组区，通过 3002# 电动阀，经换热器加热后（0.04MPa ~ 0.5MPa，25 ~ 55℃），进入开发总外输间。收球流程由清管球经过 3010# 电动阀进入收球筒，原油经过 3011# 电动阀进入开发总外输，收球流程结束后，切换到正常流程。

2. 塔轮进站阀组流程

正常流程由塔中、哈得来的原油（0.6MPa ~ 1.3MPa，12 ~ 35℃）进入阀组，经过 1001# 电动阀进入原油稳定装置。收球流程由清管球经过 1010# 电动阀进入收球筒，原油经过 1011# 电动阀进入原油稳定装置，收球结束后，切换到正常流程。

3. 收油流程

开发总外输塔北、塔中来油（0.02MPa ~ 0.15MPa，25 ~ 60℃），分别经过2086# 和 2087# 阀进入罐前阀组 3# 和 4# 收油线，进入储油罐。特殊情况下，也可经过 01# 和 10# 阀进入泵房。

4. 付油流程

原油（0.02MPa ~ 0.15MPa，15 ~ 60℃）由储油罐经罐前阀组进入 1# 和 2#付油线，经过 02# 和 09# 阀后进入泵房（0.02MPa ~ 0.15MPa，15 ~ 60℃）经流量计外付。

第五节　工作安全分析

一、方法简介

油气生产活动有很多不可预见因素，经常会有临时性的作业，如无程序控制的临时性作业（无操作规程、无作业程序、无安全标准可遵循的作业）、偏离标准的作业（包括现有标准或程序不能完全控制风险的作业）、新的需要确定操作规程的作业等。通常原来的针对固定作业过程的危害识别和风险控制活动并不能完全涵盖此类作业的危害，而且很多事故又是发生在此类作业过程中，因此需要采取必要的措施控制危害，工作安全分析就是很好的方法。

工作安全分析方法很简单但很实用，就是在此类临时作业前，相关的作业人员共同识别作业风险，确保每个人都清楚风险及其控制措施，然后再进行作业。工作安全分析可以结合班前会、安全交底会等形式进行，可以是书面的，也可以是口头的，具体的方法有四步：

（1）明确作业内容并将作业活动分解为若干工作步骤。

（2）识别每一步骤中的危害及其风险程度。

（3）制定有针对性的风险消减、消除和控制措施以及突发情况下的应急处置措施。

（4）进行沟通，确保参与作业的每一个人都清楚这些危害及其风险控制及应急处置措施。

书面的工作安全分析用于编制施工方案或检修方案等复杂作业环境，口头的工作安全分析应用于日常工作或较简单的临时性作业。对于正常生产状态下的班前会或交接班会议，也可利用工作安全分析的方法，作为对员工危害识别和控制能力培训的方式，采取操作人员轮流做的办法对当日或当班要进行的作业、曾经发生过事故/事件的工作进行口头工作安全分析。实践证明，工作安全分析方法的普及是对动态风险进行控制的有效工具。

二、清罐作业工作安全分析

以清罐作业为例，将作业活动分为八个步骤进行分析，见表3-9。

表 3-9　清罐作业安全分析

序号	作业步骤	危害辨识	对策
1	确定罐内作业存在的危险	（1）爆炸性气体造成物理性爆炸。（2）氧含量不足造成窒息。（3）化学物质暴露，蒸汽造成中毒。（4）运动的部件、设备造成物体打击	（1）按规定办理进入受限空间作业票。（2）具资格人员对有毒气体进行检测。（3）通风至含氧量19% ~ 21%。（4）提供适宜的呼吸器材和防护服。（5）提供安全带或救生器具
2	选择和培训操作者	（1）操作人员呼吸系统或心脏有疾病或其他缺陷。（2）没有培训操作人员可能导致操作错误	（1）安全管理人员检查，能适应本项作业。（2）培训操作人员。（3）制定安全规程并对操作进行预演
3	设置操作用设备	（1）软管、绳索、器具如缺陷有物体打击危险。（2）触电（电压过高，电线裸露）。（3）机械伤害（电机未锁定且未做标记）	（1）按照位置设置器材确保安全。（2）设置接地故障断路器。（3）如果有搅拌电机，则加以锁定并做出标记
4	在罐内安装梯子	物体打击（梯子滑倒）	将梯子牢固固定在人孔顶部或其他固定部件上
5	准备入罐	中毒（罐内有液体或气体）	（1）通过现有管道清空储罐。（2）审查应急预案。（3）打开人孔等通风设施。（4）安全管理人员检查现场。（5）罐体接管法兰处设置盲板。（6）检测罐内有害气体及氧气的浓度
6	罐入口处安放设备	（1）高处坠落。（2）物体打击	（1）使用机械操作设备。（2）罐顶作业处设置防护护栏
7	人罐	（1）从梯子上坠落。（2）中毒	（1）按规定配各个体防护器具。（2）外部监护人员指导或营救操作人员撤离
8	清洗储罐	（1）中毒窒息（散发化学污染物）。（2）工具等造成物体打击	（1）为所有操作人员和监护人员配备个体防护器具。（2）保证罐内照明。（3）提供罐内通风并随时检测罐内空气。（4）轮换操作并制定应急预案

第六节　事故树分析

一、方法简介

在生产过程中，由于人的失误、机器设备故障及环境等因素，所发生的事故，必然造成一定的危险性，为了防止危险性因素导致灾害性后果，就需要分析判断，预测事故发生的可能性有多大，以利于采取消减危险的措施和手段，把事故损失减少到最低程度。事故树分析方法也称故障树，是预测事故和分析事故的一种科学方法。

事故树分析是从结果到原因找出与灾害有关的各种因素之间的因果关系和逻辑关系的分析法。这种方法是把系统可能发生的事故放在事故树图的最上面，称为顶上事件，按系统构成要素之间的关系，分析与灾害事故有关的原因。如果这些原因是其他一些原因的结果，则称为中间原因事件（中间事件），应继续往下分析，直到找出不能进一步往下分析的原因为止，这些原因称为基本原因事件（或基本事件）。图中各因果关系用不同的逻辑门符号连接起来，这样得到的图形像一棵倒置的树，即为事故树。通过事故树分析可以找出基本事件及其对顶上事件影响的程度，为采取安全措施、预防事故提供科学的依据。

事故树分析步骤如下：

（1）熟悉系统。要详细了解系统状态及各种参数，绘出工艺流程图或布置图。

（2）调查事故。收集事故案例，进行事故统计，设想给定系统可能要发生的事故。

（3）确定顶上事件。要分析的对象事件即为顶上事件。对所调查的事故进行全面分析，从中找出后果严重且较易发生的事故作为顶上事件。

（4）确定目标值。根据经验教训和事故案例，经统计分析后，求解事故发生的概率（频率），作为要控制的事故目标值。

（5）调查原因事件。调查与事故有关的所有原因事件和各种因素。

（6）构建事故树。从顶上事件起，一级一级找出直接原因事件，到所要分析的深度，按逻辑关系，画出事故树。

（7）定性、定量（可取舍）分析。按事故树结构进行简化，确定基本事件的结构重要度。

（8）求出事故发生概率。确定所有原因发生概率，标在事故树上，并进而求出顶上事件（事故）发生概率。

（9）进行比较。分可维修系统和不可维修系统进行讨论，前者要进行对比，后者求出顶上事件发生概率即可。

（10）制定安全措施。目前在我国，事故树分析一般都要考虑到第7步进行定性分析为止，才能取得较好效果。在本节中，采用事故树进行分析时，同样也考虑仅用其进行定性分析。事故树分析流程如图3-4所示。

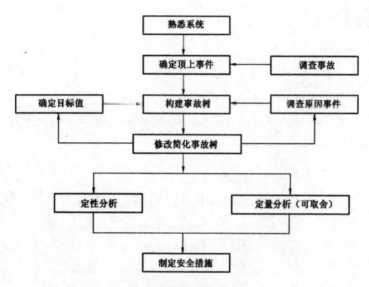

图 3-4　事故树分析流程

二、原油储罐的事故树分析

大容量的原油储罐发生火灾、爆炸事故的危害极大，下面以油罐发生火灾、爆炸事故为例，对其进行事故树分析。

1. 事故树图

原油储罐火灾、爆炸事故树如图 3-5 所示。

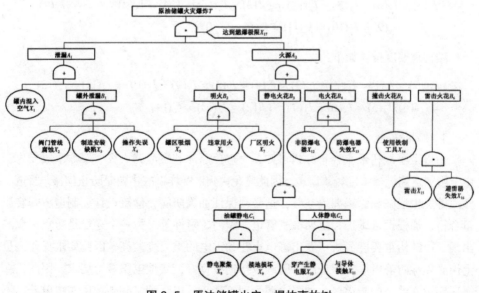

图 3-5　原油储罐火灾、爆炸事故树

2. 求最小径集

$$T' = A_1' + A_2' + X_{17}'$$
$$= X_1'B_1' + B_2'B_3'B_4'B_5'B_6' + X_{17}'$$
$$= X_1'X_2'X_3'X_4' + X_5'X_6'X_7'C_1'C_2'X_{12}'X_{13}'X_{14}'(X_{15}'X_{16}') + X_{17}'$$
$$= X_1'X_2'X_3'X_4' + X_5'X_6'X_7'(X_8'X_9')(X_{10}'X_{11}')X_{12}'X_{13}'X_{14}'(X_{15}'X_{16}') + X_{17}'$$

由此可得到 10 个最小径集：

$$P_1 = \{X_1, X_2, X_3, X_4\}$$
$$P_2 = \{X_5, X_6, X_7, X_8, X_{10}, X_{12}, X_{13}, X_{14}, X_{15}\}$$
$$P_3 = \{X_5, X_6, X_7, X_8, X_{11}, X_{12}, X_{13}, X_{14}, X_{15}\}$$
$$P_4 = \{X_5, X_6, X_7, X_9, X_{10}, X_{12}, X_{13}, X_{14}, X_{15}\}$$
$$P_5 = \{X_5, X_6, X_7, X_9, X_{11}, X_{12}, X_{13}, X_{14}, X_{15}\}$$
$$P_6 = \{X_5, X_6, X_7, X_8, X_{10}, X_{12}, X_{13}, X_{14}, X_{16}\}$$
$$P_7 = \{X_5, X_6, X_7, X_8, X_{11}, X_{12}, X_{13}, X_{14}, X_{16}\}$$
$$P_8 = \{X_5, X_6, X_7, X_9, X_{10}, X_{12}, X_{13}, X_{14}, X_{16}\}$$
$$P_9 = \{X_5, X_6, X_7, X_9, X_{11}, X_{12}, X_{13}, X_{14}, X_{16}\}$$
$$P_{10} = \{X_{17}\}$$

3. 结构重要度分析

$$I_\phi(5) = I_\phi(6) = I_\phi(7) = I_\phi(12) = I_\phi(13) = I_\phi(14) = I_\phi(1) = I_\phi(2) = I_\phi(3) = I_\phi(4)$$
$$I_\phi(8) = I_\phi(9) = I_\phi(10) = I_\phi(11) = I_\phi(15) = I_\phi(16)$$

结构重要度排序如下：

$$I_\phi(17) = I_\phi(1) = I_\phi(2) = I_\phi(3) = I_\phi(4) = I_\phi(8) = I_\phi(9) = I_\phi(10) = I_\phi(11) = I_\phi(15)$$
$$= I_\phi(16) \rangle I_\phi(5) = I_\phi(6) = I_\phi(7) = I_\phi(12) = I_\phi(13) = I_\phi(14)$$

4. 结果讨论

由以上事故树最小径集分析可知，为避免原油储罐泄漏火灾、爆炸事故发生，由于限制达到燃爆浓度较难防范，因此避免火灾、爆炸事故主要是防止储罐、管道、阀门等发生泄漏和储罐漏入空气，这必须保证油罐防腐，储罐设计、制造、安装质量合格，加强设备维护，定期检查管道、阀门、附件等。另一个途径是防止火源的出现，由结构重要度分析可看出静电火花和雷电的重要度较高，因此要求操作人员上岗必须穿防静电服，保证防雷防静电接地线良好，接地电阻符合要求。因此，在罐区应设立严格的防火区，加强火源管理，禁止厂内吸烟，必须选用防爆电器，不允许使用铁制工具。

第七节　道化学火灾、爆炸指数法

一、方法简介

道化学火灾、爆炸指数评价法是根据以往的事故统计资料、物质的潜在能量和现行的安全措施情况，利用系统工艺过程中的物质、设备、物量等数据，通过逐步推算的公式，对系统工艺装置及所含物料的实际潜在火灾、爆炸危险及反应性危险进行评价的方法。

1. 评价程序

道化学火灾、爆炸指数评价法评价程序如图 3-6 所示。

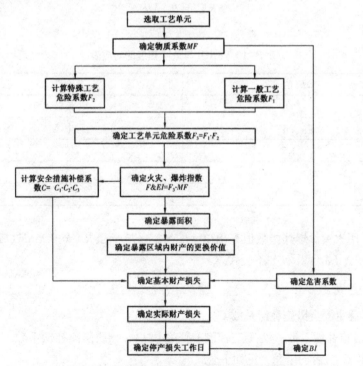

图 3-6　道化学火灾、爆炸指数分析计算程序

2. 评价过程

（1）确定评价单元，包括评价单元的确定和评价设备的选择。

（2）求取单元内重要物质的物质系数 MF。

重要物质是指单元中以较多数量（5% 以上）存在的危险性潜能较大的物质。

物质系数 MF 是表述物质由燃烧或其他化学反应引起的火灾、爆炸过程中释放能量大小的内在特性，它由物质可燃性 Nf 和化学活泼性（不稳定性）N_r 求得。

（3）根据单元的工艺条件，采用适当的危险系数，求得单元一般工艺危险系数 F_1 和特殊工艺危险系数 F_2。

一般工艺危险系数 F_1 是确定事故损害大小的主要因素。

特殊工艺危险系数 F_2 是影响事故发生概率的主要因素。

求工艺单元危险系数 F_3，见如下公式。

$$F_3 = F_1 \cdot F_2$$

（4）求火灾、爆炸指数 $F\&EI$，见如下公式。它可被用来估计生产过程中事故可能造成的破坏，见表 3-10。

$$F\&EI = F_3 \cdot MF$$

表 3-10　F&EI 与危险程度的对应表

$F\&EI$ 值	危险程度
1 ~ 60	最轻
61 ~ 96	中等
97 ~ 127	较轻
128 ~ 158	很大
>159	非常大

（5）用火灾、爆炸指数值查出单元的暴露区域半径 R（$R=0.256F\&EI$），并计算暴露面积 A（m^2），见如下公式。

$$A = \pi \cdot R^2$$

（6）确定安全措施补偿系数 C。

安全措施补偿系数 C 为工艺控制补偿系数 C_1、物质隔离补偿系数 C_2、防火措施补偿系数 C_3 三者的乘积，见如下公式。

$$C = C_1 . C_2 . C_3$$

（7）计算安全措施补偿后的火灾、爆炸指数 $F\&EI$。

二、道化学火灾、爆炸指数评价举例

针对某天然气管道生产场所火灾、爆炸危险性特点，对具有火灾、爆炸危险特性且适合做定量分析的单元进行定量评价。

1. 评价单元工艺参数如下：

管径：355.6mm。

长度 / 壁厚：313km/5.6mm，40km/6.3mm，48km/7.1mm。

管材：L360 钢管。

设计压力：6.4MPa。

输气压力：4.5MPa。

管道防腐：整个管道采用三层 PE 防腐。

2. 天然气管道道化学火灾、爆炸指数及安全措施补偿系数

工程管输天然气中主要成分为甲烷，物质系数 MF 取 21。

一般工艺危险系数中：基本系数取 1.00；单元中没有化学反应过程，放热化学反应系数取 0；没有吸热反应，系数取 0；管道输送天然气，其物料处理及输送的火灾、爆炸危险系数取 0.50；工艺装置为露天布置，有良好的通风性能，封闭单元或室内单元系数取 0；站为五级站库，具有救援车辆通道，通道系数取 0；工程输送天然气而非易燃可燃液体，排放和泄漏控制系数取 0；最终得到的一般工艺危险系数 F_1 等于 1.50。

特殊工艺危险系数中：基本系数取 1.00；根据道化学火灾、爆炸指数评价法（第 7 版）查得天然气毒性物质危险系数为 0.40；负压操作适用于空气泄入系统会引起危险的场合，本项不适用，系数取 0；只有当仪表或装置失灵时，工艺设备或储罐才处于燃烧范围内或其附近，因此爆炸范围或其附近的操作系数取 0.30；粉尘爆炸不存在，系数取 0；释放压力只针对易燃和可燃液体，系数取 0；低温主要考虑碳钢或其他金属在其展延或脆化转变温度以下可能存在的脆性问题，系数取 0；易燃或不稳定物质数量根据查图表得 1.50；腐蚀以腐蚀速率小于 0.127mm/ 年系数为 0.10；连接头和填料处可能产生轻微的泄漏，系数取 0.30；无明火设备的使用，系数取 0；无热油交换系统，系数取 0；无转动设备，系数取 0。

安全措施补偿系数中工艺控制安全补偿系数：工程的基本设施中若具有应急电源且能从正常状态自动切换到应急状态就取 0.98，本工程不具备则系数取 1；不具备冷却设施，系数取 1；对压力容器上的安全阀、紧急放空口之类常规超压装置不考虑补偿系数，抑爆系数取 1；控制系统在出现异常时能报警并实现联锁保护，系数取 0.99；自控系统实现集中数据采集、监控，系数取 0.97；不具备惰性气体保护，系数取 1；正常的操作指南和完整的操作规程是保证正常作业的重要因素，系数取

0.92；不具备活性化学物质检查，系数取 1；其他工艺危险分析补偿系数取 0.94，从而得到工艺控制补偿系数 C_1 等于 0.83。

物质隔离安全补偿系数中：由于不具备遥控阀取 1；备用卸料装置，具有放空火炬系统，系数取 0.98；不具备排放系统，系数取 1；不具备联锁系统，系数取 1，从而得到物质隔离安全补偿系数 C_2 等于 0.98。

防火设施安全补偿系数中：输气管线安装可燃气体浓度检测装置，系数取 0.95；钢质结构采用防火涂料，系数取 0.96；五级站场无消防水供应，系数取 1；不具备火焰探测器及防爆墙等特殊灭火系统，系数取 1；不具备洒水灭火系统，系数取 1；不具备点火源与可能泄漏的气体之间的自动喷水幕，系数取 1；不具备远距离泡沫灭火系统，系数取 1；配备与火灾危险性相适应的手提式灭火器，系数取 0.95；电缆埋设在地下电缆沟内，系数取 0.95，从而得到防火措施补偿系数 C_3 等于 0.82。

单元的安全补偿系数 $C=C_1 \cdot C_2 \cdot C_3 = 0.67$。

第四章　原油生产岗位危害识别

第一节　原油生产运行管理模式与岗位危害识别

一、原油生产运行管理模式

以塔里木油田分公司为例。塔里木油田执行四级生产管理模式：塔里木油田—事业部—作业区—站队。

各作业区根据本区块原油开采、处理的特点，设立了相应功能的室、站、队的管理模式。

以轮南作业区为例，下设四站（轮一联合站、轮二转油站、轮三联合站、天然气站）、一个采油队、四室（综合办公室、生产管理室、工程技术室、工艺安全室）。轮南作业区机构设置情况如图4-1所示。

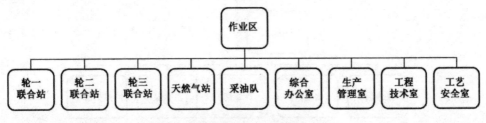

图 4-1　轮南作业区组织机构设置

二、原油生产岗位危害识别内容

对原油生产全过程的生产岗位进行危害识别，即对井口采油、中转计量、集中处理三个主要生产过程的主要生产岗位，从以下方面进行危害因素识别、分析，查找原因并给出相应的防范措施。

（1）设备设施固有危害因素分析。

通过对原油生产各岗位涉及的设备设施的固有危害因素进行识别，并给出防范措施。

（2）生产岗位常见的操作或故障危害因素分析。

（3）管理与环境危害因素分析。

管理与环境危害因素识别在表 2-19 中给出了相应的检查项目，并运用检查表的方式进行了分析，下文不再对特定站场进行分析。

（4）其他危害因素分析。

对站、队的各个岗位可能存在的其他危害，在表 2-20 中给出了相应的检查项目，并运用检查表的方式进行了分析，下文不再对特定站场进行分析。

第二节　采油队生产岗位危害识别

一、采油队简介

1. 采油队岗位设置

采油队岗位设置如图 4-2 所示。

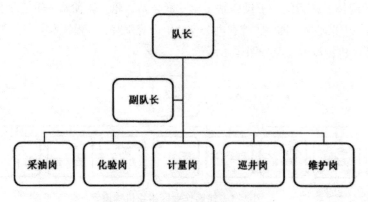

图 4-2　采油队岗位设置示意

2. 采油队生产流程

（1）单井采输流程如图 4-3 所示。

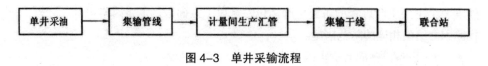

图 4-3　单井采输流程

（2）计量间集输流程如图 4-4 所示。

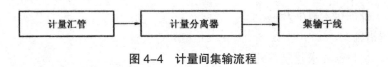

图 4-4 计量间集输流程

（3）计量间注水流程如图 4-5 所示。

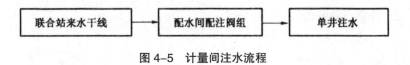

图 4-5 计量间注水流程

（4）计量间注气流程如图 4-6 所示。

图 4-6 计量间注气流程

（5）试采单井采输流程如图 4-7 所示。

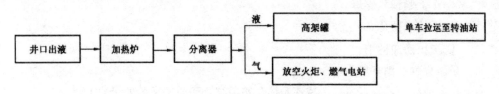

图 4-7 试采单井采输流程

二、生产岗位危害识别

采油队主要负责所辖井区的油气井生产、水井注水、气举配气以及油气集输。

采油队各生产岗位涉及的设备设施主要包括两部分：采油井场和计量间，其中井口部分包括生产井和试采井。主要设备设施有采油井场、集油管道、计量阀组、油气分离器、注水管道和配气阀组等。根据前面介绍的工艺流程，采油队主要设备设施的固有危害因素分析内容如下。

设备设施名称：游梁式抽油机。

危害或故障：底座和支架振动。

原因分析：

（1）基础建筑不牢固。

（2）支架与底座连接不牢固。

（3）抽油机严重不平衡。

（4）地脚螺栓松动。

（5）抽油机未对准井口。

处置措施：

（1）按设计要求建筑基础。

（2）连接处加金属片，紧固螺栓。

（3）调整抽油机平衡。

（4）拧紧地脚螺栓。

（5）抽油机光杆对准井口。

危险程度：可能危险。

危害或故障：曲柄振动。

原因分析：

（1）曲柄销锁紧螺母松动。

（2）曲柄孔内脏。

（3）曲柄销圆锥面磨损

处置措施：

（1）上紧锁紧螺母。

（2）擦净锁孔。

（3）更换曲柄销。

危险程度：稍有危险。

危害或故障：密封不良（减速箱体与箱盖结合面或轴承盖处漏油）。

原因分析：

（1）润滑油过多。

（2）箱体结合不良。

（3）放油丝堵未上紧。

（4）回油孔及回油槽堵塞。

（5）油封失效或唇口磨损严重。

处置措施：

（1）放出多余油。

（2）均匀上紧箱体螺栓。

（3）拧紧放油丝堵。

（4）疏通回油孔，清理回油槽中的脏物使之畅通。

（5）油封应在二级保养时更换，如油封唇口磨损严重而漏油，应更新油封。

危险程度：稍有危险。

危害或故障：减速箱高温（油池过热，温度高于60℃）。

原因分析：

（1）润滑油过多或过少。

（2）润滑油牌号不对或变质。

处置措施：

（1）按液面规定位置加油。

（2）检查更换已变质的润滑油。

危险程度：稍有危险。

危害或故障：轴承部分过热。

原因分析：

（1）润滑油不足。

（2）轴承盖或密封部分摩擦。

（3）轴承损害或磨损。

（4）轴承间隙过大或过小。

处置措施：

（1）检查液位并加入润滑油。

（2）拧紧轴承盖及连接部位螺栓，检查密封件。

（3）检查轴承，如损坏更换。

（4）调整轴承间隙。

危险程度：稍有危险。

危害或故障：刹车系统缺陷。

原因分析：

（1）刹车片未调整好。

（2）刹车片磨损。

（3）刹车片或刹车鼓有油污。

处置措施：

（1）调整刹车片间隙。

（2）更换刹车片。

（3）擦净污油。

危险程度：可能危险。

危害或故障：驴头部位振动（噪声）。

原因分析：

（1）钢丝绳缺油发干。

（2）钢丝绳断股。

处置措施：

（1）给钢丝绳加油。

（2）更换钢丝绳。

危险程度：可能危险。

危害或故障：连杆振动（可能导致连杆断裂）。

原因分析：

（1）连杆销被卡住。

（2）曲柄销负担的不平衡力矩太大。

（3）连杆上下接头焊接质量差。

（4）连杆未成对更换。

处置措施：

（1）正确安装连杆销。

（2）消除不平衡现象，重新找正抽油机。

（3）检查焊接质量。

（4）连杆成对更换。

危险程度：可能危险。

危害或故障：电机振动。

原因分析：

（1）电机基础不平，安装不当。

（2）电机固定螺栓松动。

（3）转子和定子摩擦。

（4）轴承损坏。

处置措施：

（1）调整电机基础，调整皮带轮至同心位置，紧固皮带轮；检查转子铁芯，校正转子轴。

（2）紧固电机固定螺栓。

（3）转子与定子产生摩擦应维修。

（4）更换轴承。

危险程度：可能危险。

危害或故障：电机启动故障。

原因分析：

（1）一相无电或三相电流不稳。

（2）抽油机载荷过大。

（3）抽油机刹车未松开或抽油泵卡泵。

（4）磁力启动触点接触不良或被烧坏。

（5）电机接线盒螺钉松动。

处置措施：

（1）检查并接通缺相电源，待电压平稳后启动抽油机。

（2）解除抽油机超载。

（3）松开刹车，进行井下解卡。

（4）调整好触点弹簧或更换磁力启动器。

（5）上紧电机接线盒内接线螺钉。

危险程度：可能危险。

设备设施名称：电潜泵抽油机。

危害或故障：电流卡片故障显示：①电流下降。②电流值既低又不稳定。

原因分析：

（1）由于液面下降而使泵吸入口压力降低，气体开始进泵。

（2）由于液面接近泵的吸入口，气体进泵量增加并且不稳定，导致电泵欠载且波动，最终机组欠载停机。

处置措施：

（1）增加下泵深度。

（2）如不能增加下泵深度，可以装油嘴限产使液面提高。

（3）如上述两种办法都不能奏效，可实行间歇生产方式。对于这样的井，下次起泵时应重新选泵。

危险程度：可能危险。

设备设施名称：单井管道、计量阀组。

危害或故障：缺陷导致物理性爆炸。

原因分析：

（1）管道腐蚀导致壁厚减薄，应力腐蚀导致管道脆性破裂。

（2）系统异常导致管道压力骤然升高。

（3）工作状态不稳，管道剧烈振动。

（4）外力冲击或自然灾害破坏。

处置措施：

（1）提高防腐等级，减缓管道腐蚀。

（2）加强管道维护管理（尤其对运行时间长且腐蚀严重的管道），确保系统处于良好的运行状态。

（3）定期进行管道安全检查和压力管道检验。

（4）设置自动泄压保护装置，防止液击和超压运行。

危险程度：显著危险。

危害或故障：缺陷导致泄漏。

原因分析：

（1）防腐缺陷，导致管道腐蚀穿孔或破裂。

（2）一次仪表或连接件密封损坏。阀门、法兰及其他连接件密封失效。

（3）阀门关闭、开启过快或突然停电产生液击，导致管道损坏。

处置措施：

（1）严格执行压力管道定期检验。

（2）加强管子、管件、连接件及检测仪表的检查、维护和保养。

（3）加强巡回检查，严密监视各项工艺参数，及时发现事故隐患并及时处理。

危险程度：显著危险。

危害或故障：运动物伤害。

原因分析：

（1）阀门质量缺陷，阀芯、阀杆、卡箍损坏飞出。

（2）带压紧固连接件突然破裂。带压紧固压力表的连接螺纹有缺陷导致压力表飞出。

处置措施：

（1）确保投用的阀门质量（此项工作属于建设期问题）。

（2）巡检过程中严格检查压力表、阀门及其他连接件的工作情况，发现异常及时处理。

危险程度：可能危险。

第三节　转油站生产岗位危害识别

一、转油站简介

1. 转油站制定了各岗位职责和操作规程。

转油站岗位设置如图 4-8 所示。

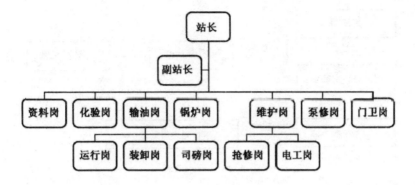

图 4-8　转油站岗位设置示意

2. 转油站生产流程

（1）油处理流程如图 4-9 所示。

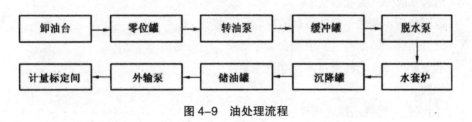

图 4-9　油处理流程

（2）加热流程如图 4-10 所示。

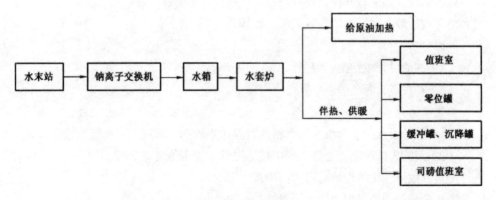

图 4-10　加热流程

（3）污水流程如图 4-11 所示。

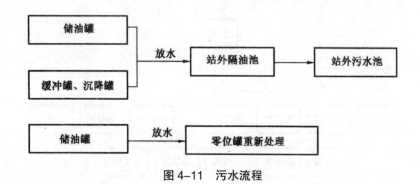

图 4-11　污水流程

二、生产岗位危害识别

转油站各生产岗位涉及的设备设施主要包括卸油装置、储罐及水套加热炉。根据前面介绍的工艺流程，转油站主要设备设施的固有危害因素分析内容如下。

设备设施名称：油罐车、卸油台。

危害或故障：溢油。

原因分析：油罐车装油留有的空容量不够。

处置措施：装油高度必须符合规定要求，不得超装。

危害或故障：附件密封不良导致漏油。

原因分析：

（1）配套附件的螺栓松动。

（2）量油孔密封垫破损。

处置措施：加强日常检查及定期检定，确保配套附件完好。

危害或故障：易燃液体导致火灾、爆炸。

原因分析：

（1）卸油过程中跑油、冒油。

（2）存在点火源（静电、其他点火源）。

处置措施：

（1）卸油过程中，岗位人员严格执行操作规程。

（2）消除人体静电，油罐车静电接地完好，使用防爆工具等。

危害或故障：化学性危险因素（中毒）。

原因分析：卸油过程中跑油、冒油。

处置措施：岗位人员佩戴防护用品。

危害或故障：强度不够。

原因分析：设计、制造存在缺陷，导致承压能力不足，可引发设备承压件爆裂事故。

处置措施：加强设计管理，锅炉压力容器定期检验。

危害或故障：水套物理性爆炸。

原因分析：水套炉严重缺水，不采取停火凉炉措施突然加水，导致进炉水剧烈汽化，可能引发水套爆裂。

处置措施：

（1）严格监控水位，保证不缺水。

（2）一旦发生缺水，应及时停火凉炉，然后再加水启炉。

危害或故障：耐腐蚀性差。

原因分析：炉膛温度（烟气温度）控制不当，燃料含硫，可加快对流管（烟管）腐蚀穿孔，引发泄漏。

处置措施：定期检查、维修或更换。

危害或故障：换热管故障。

原因分析：换热管穿孔、爆裂或断裂，大量压力流体进入水套空间，可引起设备爆裂，并可引发火灾、爆炸事故。

处置措施：定期检查、维修或更换。

危害或故障：防护缺陷。

原因分析：火焰突然熄灭，燃料继续供应进入炉膛，燃料蒸发并与空气混合形成爆炸混合物，炉膛高温引发爆炸。

处置措施：确保熄火保护完好。

危害或故障：密封不良。

原因分析：燃料不能完全燃烧，烟气中含有可燃气体，若炉体不严密致使空气进入烟道，可燃气体与空气形成爆炸混合物，可在烟道内发生爆炸。

处置措施：加强日常检查，确保炉体密封性良好。

危害或故障：高温危害。

原因分析：

（1）设备高温部件裸露，高温热媒、物料泄漏或紧急泄放，可引发人员灼烫伤害。

（2）设备点火、燃烧器参数调整时，个体防护缺失或有缺陷，若炉膛回火，易造成灼烫伤害。

（3）水套炉严重缺水，不采取停火凉炉措施突然加水，导致进炉水剧烈汽化，蒸汽通过加水口喷出可造成灼烫伤害。

处置措施：

（1）设备高温部件裸露的部位如果危及操作人员，应加保温材料防护。

（2）加强个体防护，避免造成灼烫伤害。

（3）严格监控水套炉水位，一旦缺水应及时停火凉炉。

设备设施名称：罐体。

危害或故障：罐顶缺陷。

原因分析：罐顶强度不够。

处置措施：按标准验收，定期检测。

危害或故障：罐体缺陷导致罐变形、破裂、泄漏。

原因分析：筒体刚度不够。

处置措施：定期检测、试压。

设备设施名称：附件。

危害或故障：附件缺陷导致扶梯垮塌。

原因分析：支撑不当。

处置措施：检查整改，加固支撑。

危害或故障：缺陷导致罐抽瘪、破裂、泄漏。

原因分析：

（1）呼吸阀缺陷。

（2）呼吸阀堵塞。

处置措施：

（1）定期检验，及时更换。

（2）定期检查，及时维修。

危害或故障：附件缺陷导致罐体变形、开裂。

原因分析：安全阀失灵。

处置措施：

（1）标校。

（2）定期检查维修。

（3）及时更换。

第四节　联合站生产岗位危害识别

一、联合站简介

轮一联合站主要负责油气水集中处理、原油集输、污水回注、消防系统、清水供给、污水排放的管理，负责联合站所辖设施设备的管理、运行与维护，是油、气、水、电高度集中的原油综合处理站。

1. 联合站生产岗位

联合站生产岗位设置如图 4-12 所示。

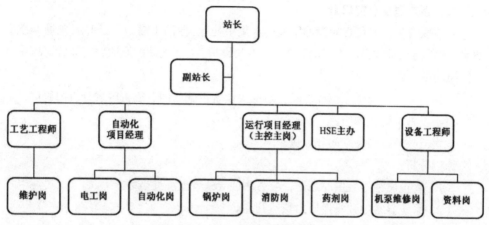

图 4-12 联合站生产岗位设置示意

2. 联合站生产流程

（1）原油处理流程如图 4-13 所示。

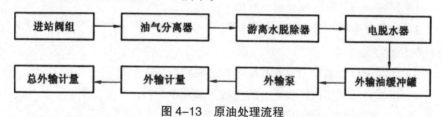

图 4-13 原油处理流程

（2）污水处理及注水流程如图 4-14 所示。

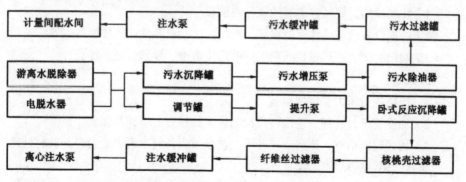

图 4-14 污水处理及注水流程

（3）原油稳定流程如图 4-15 所示。

图 4-15　原油稳定流程

二、生产岗位危害识别

轮一联合站主要负责轮南油田油气水集中处理、原油集输、污水回注、消防系统、清水供给、污水排放设施设备的管理、运行与维护。天然气站的原油稳定装置对塔中、哈得原油进行稳定处理。

根据前面介绍的生产流程,联合站主要设备设施的固有危害因素分析内容如下。

设备设施名称:阀组。

危害或故障:强度缺陷导致爆裂。

原因分析:

(1)管道腐蚀导致壁厚减薄,应力腐蚀导致管道脆性破裂。

(2)系统异常导致管道压力骤然升高。

(3)工作状态不稳,管道剧烈振动。

(4)外力冲击或自然灾害破坏。

处置措施:

(1)提高防腐等级,减缓管道腐蚀。

(2)加强管道维护管理(尤其对运行时间长且腐蚀严重的管道),确保系统处于良好的运行状态。

(3)定期进行管道安全检查和压力管道检验。

(4)设置自动泄压保护装置,防止液击和超压运行。

危害或故障:缺陷导致泄漏。

原因分析:

(1)防腐缺陷,导致管道腐蚀穿孔或破裂。

(2)一次仪表或连接件密封损坏。阀门、法兰及其他连接件密封失效。

(3)阀门关闭、开启过快或突然停电产生液击,导致管道损坏。

处置措施:

(1)严格执行压力管定期检验。

(2)加强管子、管件、连接件及检测仪表的检查、维护和保养。

(3)加强巡回检查,严密监视各项工艺参数,及时发现事故隐患并及时处理。

危害或故障:运动物伤害。

原因分析:

(1)阀门质量缺陷,阀芯、阀杆、卡箍损坏飞出。

（2）带压紧固连接件突然破裂。带压紧固压力表的连接螺纹有缺陷导致压力表飞出。

处置措施：

（1）确保投用的阀门质量（此项工作属于建设期问题）。

（2）巡检过程中严格检查压力表、阀门及其他连接件的工作情况，发现异常及时处理。

设备设施名称：加药罐。

危害或故障：密封不良导致操作人员中毒、窒息。

原因分析：罐顶密封不严。

处置措施：检查更换罐顶密封垫。

危害或故障：强度缺陷导致罐开裂、泄漏、环境污染。

原因分析：筒体强度不够。

处置措施：定期检测，日常巡检仔细检查。

危害或故障：密封不良导致泄漏。

原因分析：

（1）入孔密封不严。排污密封不严。

（2）进出口阀密封不严。

处置措施：

（1）定期检查、紧固螺栓和更换密封垫。

（2）检查更换进出口阀。

危害或故障：附件缺陷导致泄漏。

原因分析：

（1）进出口阀机械缺陷。

（2）排污阀缺陷。

处置措施：定期检查，紧固螺栓。

危害或故障：溢罐、抽空、环境污染。

原因分析：

（1）液位计设备缺陷。

（2）卡堵。

处置措施：

（1）检查更换。

（2）检查、维修或更换。

设备设施名称：油气分离器、天然气除油器。

危害或故障：缺陷导致爆裂。

原因分析：

（1）电化学腐蚀造成容器或受压元件壁厚减薄，承压能力不足。

（2）应力腐蚀造成容器脆性破裂，引发容器爆裂。

（3）压力、温度、液位计检测仪表失效，可导致系统发生意外事故，甚至引发容器爆裂。

（4）安全阀失效，可导致压力升高，引起容器爆裂。

（5）容器压力超高，岗位操作人员没有及时打开旁通，引发容器爆裂。

处置措施：

（1）采用防腐层和阴极保护措施并定期检测。

（2）采用防腐层或缓蚀剂并定期检测。

（3）除定期检测压力表、温度计、液位计等仪表外，日常巡检过程中还应检查上述检测仪表的工作状态，发现异常及时维修或更换。

（4）安全阀定期检验。为防止安全阀的阀芯和阀座黏住，应定期对安全阀做手动的排放试验。

（5）岗位人员监测分离器压力情况，当压力高于设计值时，停止计量，改为越站流程。

危害或故障：缺陷导致泄漏。

原因分析：人孔、排污孔、工艺或仪表开孔等处连接件密封失效，排污孔关闭不严，压力容器或受压元件开裂等。

处置措施：

（1）日常巡检重点检查人孔、排污孔、工艺或仪表开孔等处连接件密封情况，发现异常及时处理。

（2）压力容器定期检测。

危害或故障：火灾、爆炸。

原因分析：容器打开，空气进入容器内部形成爆炸性混合气体，遇明火或火花，造成火灾、爆炸。

处置措施：生产过程中，确保容器不能随意打开。

危害或故障：运动物伤害。

原因分析：带压紧固受压元件，连接件飞出，可造成物体打击伤害。

处置措施：加强检查维护，确保紧固件固定完好。

危害或故障：缺陷导致泄漏、环境污染。

原因分析：

（1）进出口阀门密封填料密封不严。

（2）进出口法兰设备缺陷。

（3）人孔密封不严。

（4）放空阀：①密封不严。②密封填料密封不严。

处置措施：

（1）检查、维修，更换密封填料。

（2）更换。

（3）紧固螺栓，更换密封垫。

（4）紧固螺栓，更换密封垫。检查、维修。更换密封填料。

危害或故障：附件缺陷导致超压、容器破裂。

原因分析：压力表失效、安全阀缺陷。

处置措施：定期检查和标校，及时更换。

危害或故障：管道穿孔、渗漏。

原因分析：加热盘管腐蚀。

处置措施：定期进行腐蚀检测，及时更换。

危害或故障：火灾。

原因分析：电热带温度过高。

处置措施：定期检查电热带，及时维修和更换。

危害或故障：防护缺陷。

原因分析：

（1）护栏防护不当。

（2）支撑不当。

处置措施：检查、整改。

危害或故障：罐体变形、开裂、泄漏、环境污染。

原因分析：基础下沉。

处置措施：检查、维修。

危害或故障：缺陷导致容器爆裂。

原因分析：

（1）电化学腐蚀造成容器或受压元件壁厚减薄，承压能力不足。

（2）应力腐蚀造成容器脆性破裂，引发容器爆裂。

（3）压力、温度、液位计检测仪表失效，可导致系统发生意外事故，甚至引发容器爆裂。

（4）安全阀失效，可导致压力升高引起容器爆裂。

处置措施：

（1）采用防腐层和阴极保护措施并定期检测。

（2）采用防腐层或缓蚀剂并定期检测。

（3）除定期检测压力表、温度计、液位计等仪表外，日常巡检过程中还应检查上述检测仪表的工作状态，发现异常及时维修或更换。

（4）安全阀定期检验。为防止安全阀的阀芯和阀座黏住，应定期对安全阀做手动的排放试验。

危害或故障：密封不良导致泄漏。

原因分析：人孔、排污孔、工艺或仪表开孔等处连接件密封失效，排污孔关闭不严，容器或受压元件腐蚀穿孔等。

处置措施：

（1）日常巡检重点检查人孔、排污孔、工艺或仪表开孔等处连接件密封情况，发现异常及时处理。

（2）压力容器定期检测。

危害或故障：火灾。

原因分析：

（1）电脱水器高压绝缘棒渗漏、击穿，引发脱水器着火。

（2）变压器漏油，可引发变压器着火，甚至爆炸。

处置措施：（1）检查、维修或更换高压绝缘棒。

（2）检修变压器。

危害或故障：电极板过热、烧毁。

原因分析：电脱水器液位控制失误，液位低于电极，通电时会使电极板过热而烧毁。

处置措施：检修或更换液位控制装置。

危害或故障：爆炸。

原因分析：电脱水器空载送电，电极间产生火花，若内部存在油气，可引起爆炸。

处置措施：避免脱水器空载现象。

危害或故障：电伤害。

原因分析：

（1）电脱水器变压器等电气设备漏电，可造成人员触电。

（2）人员误接近变压器或其他电气设备带电体，可引发触电伤害。

处置措施：工作人员接近电气设备时，保持规定的安全距离，并穿戴齐全劳动保护用品。

第五章 天然气生产岗位危害识别

第一节 天然气生产运行管理模式与岗位危害识别

一、天然气生产运行管理模式

以塔里木油田分公司为例。塔里木油田执行四级生产管理模式：塔里木油田—事业部—作业区—站队。各作业区根据本区块开采、处理的特点，设立了相应功能的室、站、队的管理模式。以英买作业区为例，下设四个生产站队（油气处理厂、采气队、试采队、油气转运站）、四室（生产管理室、综合办公室、工程技术室、工艺安全室）。英买作业区机构设置情况如图 5-1 所示。

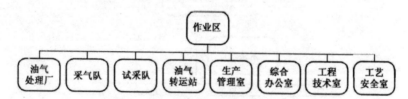

图 5-1　英买作业区组织机构设置

二、天然气生产岗位危害识别内容

对天然气生产过程中的生产岗位进行危害识别，即对井口采气、集气、集中处理三个主要生产过程的生产岗位，从以下方面进行危害因素识别，查找原因并给出相应的防范措施：

（1）设备设施固有危害因素分析。

通过对天然气生产各生产岗位涉及的设备设施的固有危害因素进行识别，并给出防范措施。

（2）生产岗位常见的操作或故障危害因素分析。

（3）管理与环境危害因素分析。

管理与环境危害因素识别在表 3-19 中给出了相应的检查项目，并运用检查表的方式进行了分析，下文不再对特定站场进行分析。

（4）其他危害因素分析。

对站、队的各个岗位可能存在的其他危害，在表3-20中给出了相应的检查项目，并运用检查表的方式进行了分析，下文不再对特定站场进行分析。

第二节　采气队生产岗位危害识别

一、采气队简介

以英买作业区采气队为例。英买作业区采气队主要负责英买凝析气田生产单井、集气站的运行管理，负责所属装置、设备的维护及保养工作，确保气井、集气站和所属区域的安全、平稳生产。

1. 采气队岗位设置

采气队岗位设置如图5-2所示。

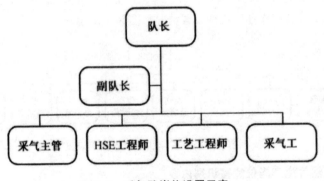

图5-2　采气队岗位设置示意

2. 采气队生产流程

（1）单井流程

根据不同的生产需要，单井流程可分为生产流程、临时放喷流程。

1）生产流程：井下安全阀→手动主阀→液动主阀→手动翼阀→液动翼阀→油嘴→回压阀→球阀→集气支线。

2）临时放喷流程：非生产翼内侧闸阀→非生产翼外侧闸阀→1#节流阀—放空阀→临时放喷管道。

（2）集气站流程

集气站流程如图5-3所示。

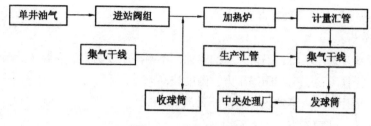

图 5-3　集气站流程

二、生产岗位危害识别

采气队主要负责所辖井区的生产单井、集气站的运行。

采气队各生产岗位涉及的设备设施主要包括两部分：采气井场和集气站。主要设备设施有采气井场（采气树、加药装置、加热炉）、集气站进站阀组、加热炉、油气分离器、收发球装置等。根据前面介绍的工艺流程，采气队主要设备设施的固有危害因素分析内容如下。

危害或故障：阀泄漏填料处泄漏。

原因分析：

（1）填料选用不对，不耐介质的腐蚀，不耐高压或真空、高温或低温。

（2）填料安装不对。

（3）填料超过试用期，已老化，丧失弹性。

（4）阀杆弯曲，有腐蚀，有磨损。

（5）填料圈数不足，压盖未压紧。

（6）压盖、螺栓和其他部件损坏，使压盖无法压紧。

（7）操作不当，用力过猛等。

（8）压盖歪斜，压盖和阀杆间隙过小或过大，致使阀杆磨损，填料损坏。

处置措施：

（1）应按工况条件选用填料的材质和形式。

（2）重新安装填料。

（3）及时更换填料。

（4）进行矫正、修复。

（5）按规定上足圈数，压盖应对称均匀压紧，并留足预紧间隙。

（6）及时修理损坏部件。

（7）以均匀正常力量操作。

（8）应均匀对称拧紧压盖螺栓，压盖与阀杆间隙过小，应适当增大其间隙。压盖与阀杆间隙过大，应更换压盖。

危害或故障：垫片处泄漏。

原因分析：

（1）垫片选用不对，不耐介质的腐蚀，不耐高压或真空、高温或低温。

（2）操作不稳，引起阀门压力、温度波动。

（3）垫片的压力不够或者连接处无预紧间隙。

（4）垫片装配不当，受力不均。

（5）静密封面加工质量不高，表面粗糙不平，横向划痕。

（6）静密封面和垫片不清洁，有异物混入。

处置措施：

（1）应按工况条件选用垫片的材质和形式。

（2）精心调节，平稳操作。

（3）应均匀、对称地上紧螺栓，预紧力要符合要求，不可过大或过小。法兰和螺纹连接处应有一定的预紧间隙。

（4）垫片装配应对正，受力均匀，垫片不允许搭接和使用双垫片。

（5）静密封面腐蚀、损坏、加工质量不高应进行修理、研磨，进行着色检查使静密封面符合有关要求。

（6）安装垫片注意清洁，密封面应用煤油清洗，垫片不应落地。

危害或故障：密封面泄漏。

原因分析：

（1）密封面研磨不平，不能形成密封线。

（2）阀杆与关闭件的连接处顶心悬空、不正或磨损。

（3）阀杆弯曲或装配不正使关闭件歪斜。

（4）密封面材质选用不当或没有按工况条件选用阀门，密封面容易产生腐蚀、冲蚀、磨损。

（5）堆焊和热处理没有按规程操作，因硬度过低产生磨损，因合金元素烧损产生腐蚀，因内应力过大产生裂纹。

（6）经过表面处理的密封面剥落或因研磨过大，失去原来的性能。

（7）密封面关闭不严或因关闭后冷缩出现细缝，产生冲蚀现象。

（8）把切断阀当作节流阀、减压阀使用，密封面被冲蚀而损坏。

（9）阀门已到关闭位置，继续施加过大的关闭力，包括不正确地使用杠杆操作，密封面被压坏变形。

（10）密封面磨损过大而产生掉线现象，即密封副不能很好地密合。

处置措施：

（1）密封研磨时，研具、研磨剂、砂纸等物件应选用合理，研磨方法要正确，研磨后应进行着色检查，密封面应无压痕、裂纹、划痕等缺陷。

（2）阀杆与关闭件连接处应符合设计要求，顶心处不符合设计要求的，要进行修整，顶心应有一定的活动间隙，特别是阀杆台肩与关闭件的轴向间隙不小于2mm。

（3）阀杆弯曲应进行矫直，阀杆、阀杆螺母、关闭件、阀座经调整后，应在一条公共轴线上。

（4）选用阀门或更换密封面时，应符合工况条件，密封面加工后，其耐蚀、耐磨、耐擦等性能好。

（5）重新堆焊和热处理，不允许有任何影响使用的缺陷存在。

（6）对密封面表面进行淬火、渗氮、渗硼、镀铬处理。

（7）阀门关闭或开启应有标记，对关闭不严的应及时修复。

（8）作为切断阀用的阀门，不允许作节流阀、减压阀使用，关闭件应处于关闭或全开位置。

（9）阀门关闭适当，直径小于320mm的手轮只许一人操作，直径大于或等于320mm的手轮允许两人操作，或一人借助500mm以内的杠杆操作。

（10）密封面掉线后，应进行调节，无法调节的应更换。

危害或故障：密封圈泄漏。

原因分析：

（1）密封圈碾压不严。

（2）密封圈与本体焊接、堆焊不良。

（3）密封圈连接螺纹、螺钉、压圈松动。

（4）密封圈连接面被腐蚀。

处置措施：

（1）注入胶黏剂或再碾压固定。

（2）重新补焊，无法补焊时，应清除原堆焊层，重新堆焊。

（3）紧固密封圈连接螺纹、螺钉、压圈。

（4）应卸下清洗，更换损坏的螺钉、压圈，研磨密封面与连接座密合面，重新装配。对腐蚀严重的可用研磨、黏接、焊接等方法修复，无法修复时应更换密封圈。

危害或故障：关闭件脱落产生的泄漏。

原因分析：

（1）操作不良，使关闭件卡死或超过上止点，连接处损坏断裂。

（2）关闭件连接不牢固，松劲而脱落。

（3）选用连接件材质不对，不耐介质腐蚀和机械磨损。

处置措施：

（1）关闭阀门不能用力过大，开启阀门不能超过上止点，阀门全开后，手轮要倒转少许。

（2）关闭件与阀杆连接应正确，螺纹连接处应有止退件。

（3）重新选用连接件。

危害或故障：泄气阀密封面间嵌入异物的泄漏。

原因分析：

（1）不常开启或关闭的密封面上容易积沾一些脏物。

（2）介质不干净，含有磨粒、铁锈、焊渣等杂物卡在密封面上。

（3）介质本身含有硬料物质。

处置措施：

（1）加强保养，使用时关闭或开启一下阀门，关闭时留一条细缝，反复几次让流体将沉积物冲走。

（2）利用流体将杂物冲走，对难以用介质冲走的应打开阀盖取出。

（3）尽量选用旋塞阀、密封面为软质材料制作的阀门。

危害或故障：泄气阀阀杆操作不灵活。

原因分析：

（1）阀杆与其相配合件加工精度低，配合间隙过小，表面粗糙度大。

（2）阀杆、阀杆螺母、支架、压盖、填料等件装配不正确，轴线不在一条线上。

（3）填料压得过紧，抱死阀杆。

（4）阀杆弯曲。

（5）梯形螺纹处不清洁，积满了脏物和磨粒，润滑条件差。

（6）阀杆螺母松脱，梯形螺纹滑丝。

（7）转动的阀杆螺母与支架滑动部位的润滑条件差，中间混入磨粒，使其磨损咬死，或因长时间不用而锈死。

（8）操作不良，使阀杆有关部位变形、磨损和损坏。

（9）阀杆与转动部位连接处松脱或损坏。

（10）阀杆被顶死或关闭件卡死。

处置措施：

（1）重新加工配合件，按要求装配。

（2）重新装配，使间隙一致，保持同心，旋转灵活。

（3）适当放松填料。

（4）对阀杆进行矫正，不能矫正应更换。操作时，关闭力适当，不能过大。

（5）阀杆、阀杆螺母应经常清洗并加润滑油。

（6）阀杆螺母松脱应进行修复，不能修复的阀杆螺母和滑丝的梯形螺纹件应更换。

（7）定期保养，使阀杆螺母处润滑良好，发现有磨损和咬死现象，应及时修理。

（8）要掌握正确的操作方法，关闭力要适当。

（9）及时修复。

（10）正确操作阀门。

危害或故障：泄气阀手轮、手柄和扳手的损坏。

原因分析：

（1）使用长杠杆、管钳或使用撞击工具致使手轮、手柄和扳手损坏。

（2）手轮、手柄和扳手的紧固件松脱。

（3）手轮、手柄和扳手与阀杆连接件，如方孔、键槽或螺纹磨损，不能传递扭矩。

处置措施：

（1）正确使用手轮、手柄和扳手，禁止使用长杠杆、管钳和撞击工具。

（2）连接手轮、手柄和扳手的紧固件丢失和损坏应配齐，对振动较大的阀门以及容易松动的紧固处，应改为弹性垫圈防松件。

（3）进行修复，不能修复的应更换。

危害或故障：闸阀不能开启。

原因分析：

（1）T形槽断裂。

（2）单闸板卡死在阀体内。

（3）内阀杆螺母失效。

（4）阀杆关闭后受热顶死。

处置措施：

（1）T形槽应有圆弧过渡，提高铸造和热处理质量，开启时不要超过死点。

（2）关闭力要适当，不要使用长杠杆。

（3）内阀杆螺母不耐腐蚀，成套更换。

（4）阀杆在关闭后，应间隔一段时间，对阀杆进行卸载，将手轮倒转少许

危害或故障：闸阀关不严。

原因分析：

（1）阀杆的顶心磨灭或悬空，使闸板密封时好时坏。

（2）密封面掉线。

（3）楔式双闸板脱落。

（4）阀杆与闸板脱落。

（5）导轨扭曲、偏斜。

（6）闸板拆卸后装反。

（7）密封面擦伤。

处置措施：维修或更换。

危害或故障：球阀关不严。

原因分析：

（1）球体冲翻。

（2）用于节流，损坏了密封面。

（3）密封面被压坏。

（4）密封面无预紧压力。

（5）扳手、阀杆和球体三者连接处间隙过大，扳手已到关闭位，而球体旋转角不足 90° 而产生泄漏。

（6）阀座与本体接触面不光洁、磨损，"0"形圈损坏使阀座泄漏。

处置措施：

（1）装配要正确，操作要平稳，球体冲翻后应及时修理，更换密封座。

（2）不允许作节流阀使用。

（3）拧紧阀座处螺栓应均匀，损伤的密封面可进行研刮修复。

（4）阀座密封面应定期检查预紧压力，发现密封面有泄漏或接触过松时，应少许压紧阀座密封面。预压弹簧失效应更换。

（5）有限位机构的扳手、阀杆和球体三者连接处松动和间隙过大时应修理，消除扳手提前角，使球体正确开闭。

（6）降低阀座与本体接触面粗糙度，减少阀座拆卸次数，"0"形圈定期更换。

危害或故障：截止阀和节流阀密封面泄漏。

原因分析：

（1）介质流向不对，冲蚀密封面。

（2）平面密封面易沉积脏物。

（3）锥面密封副不同心。

（4）衬里密封面损坏、老化。

处置措施：

（1）按流向箭头或按结构形式安装，介质从阀座下引进。

（2）关闭时留细缝冲刷几次再关闭。

（3）装配要正确，阀杆、阀瓣或节流锥、阀座三者在同一轴线上，阀杆弯曲要矫直。

（4）定期检查和更换衬里，关闭力要适当，以免压坏密封面。

危害或故障：截止阀和节流阀失效。

原因分析：

（1）针型阀堵死。

（2）小口径阀门被异物堵住。

（3）阀瓣、节流锥脱落。

（4）内阀杆螺母或阀杆梯形纹损坏。

处置措施：

（1）选用不对，不适于黏度大的介质。

（2）拆卸或解体清除。

（3）关闭件脱落后修复，钢丝应为不锈钢丝。

（4）选用不当，被介质腐蚀，应正确选用阀门结构型式，操作力要小，特别是小口径的截止阀和节流阀。梯形螺纹损坏后应及时更换

采气队主要生产岗位常见的操作或故障危害因素分析内容如下。

操作或原因：加药泵启泵准备（井口）。

常见操作步骤及危害：

（1）仪表显示不正常，设备超载运行，损坏电动机。

（2）各连接部位松动，运行时脱落发生设备事故或机械伤害。

（3）缺润滑油或油质不合格，长期运行轴承温度高于限值，引发设备事故。

（4）不盘泵、转动不灵活或有卡阻，启泵时烧毁电动机。

（5）保护接地松动、断裂，引发触电事故。

（6）未检查电压表读数，电压过高、过低或缺相，易造成配电系统故障，严重的会烧毁电动机。

（7）药缸渗漏造成药液流失，污染环境，液位过低，泵抽空，损坏设备。

控制消减措施：

（1）检查泵的各阀门及压力表是否灵活好用。

（2）检查各连接部分是否堵塞或松动。

（3）检查油质、油位是否正常。

（4）盘泵转动使柱塞泵往复两次以上，检查各转动部件是否转动灵活。

（5）检查电路接头是否紧固，电动机接地线是否合格。

（6）电压是否正常且在规定范围内，系统是否处于正常供电状态，电动机转动

部位防护罩是否牢固，漏电保护器是否动作灵活。

（7）检查药缸是否完好，药液是否按规定浓度配制，液位是否符合生产要求。

操作或原因：加药泵启泵。

常见操作步骤及危害：未打开出口阀门，造成憋压，损坏设备设施。

控制消减措施：必须先打开泵的进出口阀门，再按下启动按钮。

操作或原因：加药泵停泵。

常见操作步骤及危害：停泵操作顺序不正确，造成设备损坏。

控制消减措施：先按下停止按钮，再关闭泵的进出口阀门。

操作或原因：操作阀组。

常见操作步骤及危害：

（1）操作阀门站立位置不对，阀杆窜出导致物体打击。

（2）阀门质量缺陷，阀芯、阀杆、卡箍损坏飞出导致物体打击。

（3）带压紧固连接件突然破裂。带压紧固压力表的连接螺纹有缺陷致使压力表飞出，导致物体打击。

控制消减措施：

（1）操作人员严格按操作规程正确操作。

（2）确保投用的阀门质量。

（3）巡检过程中严格检查压力表、阀门及其他连接件的工作情况，发现异常及时处理。

操作或原因：真空加热炉启炉。

常见操作步骤及危害：

（1）未进行强制通风或通风时间不够，炉内有余气，引发火灾、爆炸及人身伤害事故。

（2）开关阀门时未侧身，发生物体打击事故。

（3）检测不正常时，未根据指示做好检查与整改，擅自更改程序设置，违章点火，引发火灾、爆炸事故。

（4）运行时未进行严格生产监控、巡检和维护，不能及时发现和处理异常，引发火灾、爆炸或污染事故。

（5）未进行有效排气，达不到真空度，进液介质温度达不到生产要求。

（6）炉管未进行有效防腐，发生腐蚀穿孔跑油。

控制消减措施：

（1）进行强制通风，检查炉内无余气后按启动按钮，待锅筒温度达到90℃后，打开上部排气阀，排气 5 ～ 10min，关闭排气阀。

（2）侧身关闭阀门。

（3）启运后，要及时检查加热炉运行状况，并做好上下游相关岗位信息沟通。

（4）定期巡检维护。

（5）进行有效排气。

（6）检测、维修炉管。

操作或原因：真空加热炉停炉。

常见操作步骤及危害：

（1）停炉后进出口温度或锅筒温度过低，造成炉内盘管原油凝结事故。

（2）停炉后直接关闭进出口阀门，造成炉膛内温度过高，锅筒内超压发生物理性爆炸。

控制消减措施：

（1）按停炉操作规程停炉，继续保持介质流动。

（2）若冬季长时间停炉，必须放空炉水或定期启炉，确保炉水温度符合规定值。

操作或原因：加热炉巡检。

常见操作步骤及危害：利用防爆门后部的观火孔观火时，防爆门突然开启造成物体打击伤害。

控制消减措施：利用防爆门后部的观火孔观火时，避免靠近其上盖，防止防爆门突然开启时伤人。

操作或原因：计量分离器更换玻璃管（集气站）。

常见操作步骤及危害：

（1）未关闭玻璃管上、下流控制阀门或阀门开关顺序有误，使玻璃管憋爆，易造成物体打击伤害。

（2）割玻璃管时，碎片易造成割伤等其他人身伤害事故。

控制消减措施：

（1）按顺序关闭玻璃管控制阀门。

（2）割玻璃管时，应轻拿轻放，用力均匀、平稳。

操作或原因：冲洗计量分离器。

常见操作步骤及危害.

（1）未关闭玻璃管上、下流控制阀门，憋爆玻璃管，易造成物体打击事故。

（2）关闭阀门未侧身，速度过快，易造成物体打击事故。

控制消减措施：

（1）冲洗计量分离器时，应先按顺序关闭玻璃管控制阀门。

（2）侧身、平稳开关阀门。

（3）冲洗压力应低于安全阀开启压力。

操作或原因：维修电工操作。

常见操作步骤及危害：

（1）未取得操作资格证书上岗操作，易发生触电事故。

（2）未正确使用检验合格的绝缘工具、用具，未正确穿戴经检验合格的劳动防护用品，易发生触电事故。

（3）使用未经检验合格的绝缘工具、用具，穿戴未经检验合格的劳动防护用品，易发生触电事故。

（4）装设临时用电设施未办理作业票，未按作业票落实相关措施，易发生触电事故。

（5）维护保养作业时，未设专人监护，未悬挂警示牌，易发生触电事故。

（6）电气设备发生火灾时，不会正确使用消防器材，易导致事故扩大。

控制消减措施：

（1）电工经培训合格，取得有效操作资格证书，方可上岗。

（2）正确使用检验合格的绝缘工具、用具，正确穿戴经检验合格的劳动防护用品。

（3）禁止使用未经检验合格的绝缘工具、用具，禁止穿戴未经检验合格的劳动防护用品。

（4）装设临时用电设施必须办理作业票，落实相关措施。

（5）维护保养作业时，设专人监护、悬挂警示牌。

（6）会正确使用消防器材。

第三节　油气处理厂生产岗位危害识别

一、油气处理厂简介

以英买作业区油气处理厂为例。处理厂主要生产天然气、凝析油、液化气和稳定轻烃。天然气采用分子筛脱水，J-T阀制冷脱烃工艺。凝析油稳定采用三级闪蒸加提馏工艺、水洗脱盐和化学脱水工艺。

1. 油气处理厂岗位设置

油气处理厂岗位设置如图5-4所示。

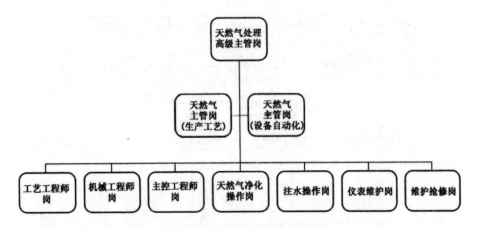

图 5-4　油气处理厂生产岗位设置示意图

2. 油气处理厂生产流程

（1）凝析油处理流程如图 5-5 所示。

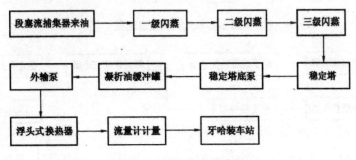

图 5-5　凝析油处理流程

（2）天然气处理流程如图 5-6 所示。

（3）稳定轻烃工艺流程如图 5-7 所示。

二、生产岗位危害识别

油气处理厂油气生产主要包括天然气净化处理、凝析油处理和稳定轻烃处理三大部分。

主要设备设施有压力容器（段塞流捕集器、原料气分离器、过滤器、换热器、低温分离器等以及凝析油闪蒸罐等）、塔类（脱乙烷塔、脱丙烷塔、脱丁烷塔、凝析油稳定塔等）、凝析油缓冲罐、轻烃储罐、空冷器、水冷器、机泵和装车设施等。根据前面介绍的工艺流程，油气处理厂主要设备设施的固有危害因素分析内容如下。

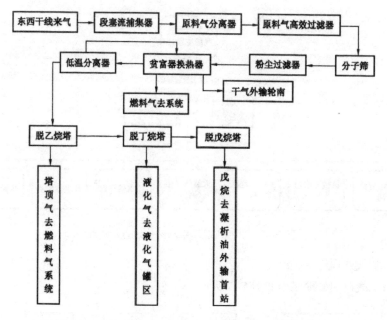

图 5-6 天然气处理流程

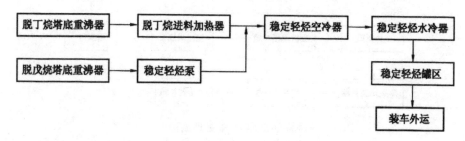

图 5-7 稳定轻烃工艺流程

设备设施名称：段塞流捕集器、原料气分离器、高效过滤器、粉尘过滤器、再生气分离器、低温分离器、缓冲分离罐、压缩机入口缓冲罐、凝析油一级闪蒸罐、二级闪蒸罐等。

危害或故障：振动。

原因分析：分离器的污水排完后，天然气进入排污管，气流产生的冲刷导致分离器的声音突变。

处置措施：快速关闭排污阀，避免气流冲击污水池导致污水飞溅。

危害或故障：设备本体缺陷。

原因分析：

（1）电化学腐蚀造成容器或受压元件壁厚减薄，承压能力不足。

（2）应力腐蚀造成容器脆性破裂，引发容器爆裂。

（3）压力、温度、液位检测仪表失效，可导致系统发生意外事故，甚至引发容器爆裂。

（4）安全阀失效，可导致压力升高引起容器爆裂。

（5）容器压力超高，岗位人员没有及时打开旁通，引发容器爆裂。

处置措施：

（1）采用防腐层和阴极保护措施并定期检测。

（2）采用防腐层或缓蚀剂并定期检测。

（3）除定期检测压力表、温度计、液位计等仪表外，日常巡检过程中还应检查上述检测仪表的工作状态，发现异常及时维修或更换。

（4）安全阀定期检验。为防止安全阀的阀芯和阀座粘住，应定期对安全阀做手动的排放试验。

（5）岗位人员监测分离器压力情况，当压力高于设计值时，停止计量，改为旁通越站流程。

危害或故障：附件缺陷。

原因分析：人孔、排污孔、工艺或仪表开孔等处连接件密封失效，排污孔关闭不严等。

处置措施：定期检测。巡检人员认真检查，发现异常及时处理。

危害或故障：防护缺陷。

原因分析：防雷防静电设施失效，有可能导致雷击破坏、静电聚集，引发着火或爆炸。

处置措施：加强检查，确保设备运行过程中防护设施有效可靠。

危害或故障：高温物质伤害、化学性危害。

原因分析：就地放空的安全阀朝向不符合要求，易引发中毒、窒息、灼烫等伤害。

处置措施：更改就地放空的安全阀朝向及高度。

危害或故障：运动物伤害。

原因分析：带压紧固件，连接件飞出，可造成物体打击伤害。

处置措施：检查并拧紧紧固件螺栓。

危害或故障：出口汇管刺漏。

原因分析：

（1）腐蚀。

（2）高压。

（3）材质问题。

处置措施：

（1）定期检测。

（2）巡检人员认真检查，发现异常及时处理。

（3）按照工况合理选材。

设备设施名称：浮头式换热器、凝稀油换热器、脱丁烷塔塔顶冷却器、脱丁烷塔进料加热器、稳定轻烃冷却器、塔底重沸器、凝析油加热器、凝析油事故罐力口热器等。

危害或故障：缺陷导致容器爆裂。

原因分析：

（1）板式换热器：冷热流体通道密封失效或传热板腐蚀，造成冷热流体串通，即高压串低压，可造成低压系统压力骤然升高，引发系统破坏甚至发生爆裂。

（2）管式换热器：壳体、封头设计强度不够，腐蚀导致其壁厚减薄，或受外力冲击等，可引发换热器爆裂。

处置措施：

（1）检查密封装置，如密封失效立即修复或更换。检查传热板，如有腐蚀进行更换。

（2）如有设计强度不够等问题，应退货或更换

危害或故障：缺陷导致泄漏（板式换热器）。

原因分析：

（1）传热板边缘密封材料损坏或压紧螺栓松动致使密封失效，可导致流体泄漏。

（2）换热器结垢堵塞，导致压力升高，可引发泄漏。

处置措施：

（1）检查密封材料，如有损坏应更换。螺栓松动应紧固。

（2）加强日常检查，如发现换热器结垢，应立即清理。

危害或故障：缺陷导致泄漏（管式换热器）

原因分析：

（1）壳体腐蚀穿孔，壳程或封头法兰密封失效，可引发壳程流体泄漏。

（2）管箱腐蚀穿孔，排污孔、管程法兰密封失效，可引发壳程流体泄漏。

（3）管束内壁结垢，可导致管束堵塞，管程系统压力升高，引发管程流体泄漏。

处置措施：

（1）检查发现壳体腐蚀穿孔，应立即更换。法兰密封失效，应更换密封材料或法兰。

（2）管箱腐蚀穿孔应更换。排污孔、管程法兰密封失效应更换密封材料或法兰。

（3）检查管束，如发现管束内壁结垢应立即清理。

危害或故障：密封不良。

原因分析：

（1）板式换热器冷热流体通道密封不良造成冷热流体串通，可造成低压系统超压。

（2）管式换热器管板与管子之间（胀口处）连接不严密，可导致管程、壳程串通，高压流体串入低压系统后，可造成低压系统超压。

处置措施：

（1）检查密封装置，如密封不良立即修复或更换。检查传热板，如有腐蚀进行更换。

（2）检查部件连接处，如连接不严应紧固。管束腐蚀穿孔、管子破裂或爆裂应立即更换。换热器内浮头密封不良应更换密封材料。

危害或故障：防护缺陷。

原因分析：防雷防静电设施失效，有可能导致雷击破坏和静电聚集，引发着火或爆炸。

处置措施：加强检查，确保设备运行过程中防护设施有效可靠。

设备设施名称：低温分离器、绕管式换热器。

危害或故障：冻堵。

原因分析：若工作介质中残留水分，易造成设备、管道冻堵，甚至胀裂设备而引发泄漏。

处置措施：采取有效措施，防止冻堵发生。

危害或故障：设备缺陷。

原因分析：设备材料（包括焊接材料）低温性能不足，冲击韧性降低，会发生冷脆现象，造成设备结构破坏。

处置措施：重新检测、试验，必要时更新设备。

危害或故障：低温物质伤害。

原因分析：低温介质泄漏或低温设备、部件裸露，人体接触可造成冻伤。

处置措施：操作人员接近低温设备或低温部位，应按操作规程操作，防止冻伤发生。

危害或故障：防护措施缺陷。

原因分析：低温设备保冷结构有缺陷或防潮层不严密，空气进入保冷层，所含水分在保冷层内凝结成水，将加快设备的腐蚀。

处置措施：检查修复保冷结构。

危害或故障：附件缺陷。

原因分析：安全阀温度过低，可造成安全阀冻堵，影响正常泄放，可造成低温设备爆裂。

处置措施：确保安全阀的工作温度范围在规定范围内。

危害或故障：密封不良。

原因分析：低温设备投产时冷紧固工作不认真，冷收缩造成密封面出现间隙，可引发低温介质泄漏。

处置措施：重新研磨或更换密封件。

第六章　危险辨识与评价技术

第一节　危险辨识与评价方法简介

危险辨识与评价的方法有很多种，企业应根据具体的风险评价工作目标，针对评价对象的性质、特点、不同寿命阶段来确定。方法的选择还应充分考虑危险辨识与评价人员的知识、经验和工作习惯。常用的危险辨识与评价方法有直观经验分析方法和系统安全分析方法。

一、直观经验分析方法

直观经验分析方法适用于有可供参考的先例，有以往经验可以借鉴的系统。评价人员可根据企业的安全生产状况、系统的自然条件、工艺条件、人员素质等进行类推，查找系统的危险因素并评价其危险程度。直观经验分析方法包括两种：

（1）对照、经验法

是指通过对照有关法律、法规、标准或检查表，或依靠评价人员的观察分析，借助经验和判断能力，直观地评价被评价对象的危险性和危害性。经验法是危险、危害因素辨识中常用的方法，其优点是简便、易行，其缺点是受评价人员知识、经验和占有资料的限制，评价过程中很可能出现遗漏。为弥补个人判断的不足，常采用专家会议的方式来相互启发、交换意见、集思广益，使危险辨识与评价更加细致、具体。

（2）类比方法

利用相同或相似系统、作业条件的经验和职业安全卫生的统计资料来类推、分析评价系统中的危险、危害因素。

二、系统安全分析方法

系统安全分析方法是安全系统工程的核心，目前国内外发表的方法已有数十种，每一种方法都有自己产生的历史背景和环境条件，各有特点，但有的方法也有雷同之处。在这些方法中，有的方法以深奥的系统安全工程知识和数理理论为基础，一般仅适合于专业安全评价机构或研究机构使用，其评价结果可以定量化，能够为企业提供比较专业化的决策意见。但就企业危险、危害辨识与风险评价而言，其风险定量化往往并无太大的实际意义。企业决策者更需要的是准确掌握系统存在的事故隐患和总体安全风险的大小，并以此作为安全决策的依据。所以，评价方法的选择，应根据特定的环境、工作目标以及所研究系统的条件，选择最为恰当而简捷的分析方法，尽最大可能识别出所有危险，从而有针对性地采取相应的安全防范措施。常用的系统安全分析方法主要有以下几种：

安全检查表；预先危险性分析；事故树分析；危险性和可操作性研究；事件树分析；故障类型和影响分析；作业条件危险性评价法。

第二节　安全检查表

安全检查表是进行安全检查、发现潜在危险的基础工具和清单，是在大量实践经验基础之上编制的，它是督促各项安全法律、法规、标准、制度实施的一个较为有效的工具，又为现代安全工程的形成和发展奠定了初步基础，至今仍为世界各国普遍使用。美国职业安全卫生局（OHSA）制定、发行了各种用于辨识危险、危害因素的检查表。2000 年，我国国家安全生产监督管理局通过深入基层调研，借鉴国内外经验，开始了安全检查表的研制、开发和应用工作，目前已经取得初步成效。

一、安全检查表的功能和作用

安全检查表的功能和作用体现在以下方面（见表 6-1）：

表 6-1　安全检查表的功能和作用

项目	内容
规范安全监督、检查人员的行为	安全检查表是采用系统工程的方法，针对某一生产系统（设备）的安全状况或某一专门领域和范畴事先编制和拟定好的检查清单或备忘录，供安全监督、检查人员应用。安全检查表克服了传统监督、检查工作的随意性和盲目性，规范了监督、检查人员的工作行为
预测、预报事故隐患	安全检查表是由具有较高理论水平和丰富实践经验的专业技术人员研制编写的，涵盖的内容系统全面、重点突出，具有较强的实用性和针对性。实践证明，安全监督、检查人员只要以此为蓝本，对企业的生产系统、设备等进行监督检查或有计划地考察企业的安全状况，可以及时发现事故隐患，提前采取预防措施，把事故消灭在萌芽状态

项目	内容
提升企业现代安全科学管理水平	安全检查表是企业实现现代安全科学管理的切入点，经过长期实践和不断修改完善，可逐步推进企业安全生产管理的系统化、程序化和规范化，进而与国际职业安全健康工作接轨，提高企业现代安全科学管理水平
提高全员安全素质	安全检查表涵盖的内容全面充分，条款简明、易懂，正是广大员工在生产操作过程中所急需的安全技术知识和法律、法规基础知识。在研制和编写过程中，采用一问一答的格式，让人印象深刻，使不同文化水平的员工都能够知道在生产操作过程中怎样做才是正确的、安全的，极易掌握的
加强企业法制化建设	安全检查表是以相关法律、法规、标准、规程和制度等为主要依据研制和编写的，具有较强的法律约束力。长期应用，可以推进企业依法管理，员工依法操作，监管人员依法监督的法制化建设

二、安全检查表的种类

根据检查对象和性质不同，安全检查表可分为以下几种类型：

（1）设计审查安全检查表

主要内容包括：厂址选择、平面布置、工艺过程、建（构）筑物、安全装置与设备、危险物品贮存以及消防设施等。检查表中除以对话方式列入检查项目外，还要列入设计应遵循的有关规程、标准和必要的数据。

（2）厂级安全检查表

主要内容包括：厂区各个产品工艺和装置的安全性、主要安全设施、危险物品贮存与使用、消防通道与设施、操作管理及遵章守纪情况等。

（3）车间安全检查表

主要内容包括：工艺安全、设备布置、安全通道、通风照明、安全标志、尘毒和有害气体的浓度、消防措施及操作管理等。

（4）工段及岗位安全检查表

其内容应根据岗位的工艺、设备安全操作要求而定，检查内容要具体、易行。

（5）专业安全检查表

由专业机构或职能部门编制和使用，其内容主要针对特定的时期、特定的目的和特定的评价对象。如防火防爆、防尘防毒、防冻防凝、防暑降温、压力容器、锅炉、工业气瓶、配电装置、起重设备、机动车辆、电气焊等。

三、安全检查表的编制

（1）编制依据

国家和地方有关安全生产的法律、法规、标准、规范以及行业、企业标准、规章制度和操作规程；国内外相同或类似行业、企业的事故案例及经验教训；行业及企业安全生产经验，特别是本企业的安全生产实践经验；利用其他系统安全分析方法查找、分析得到的可以引发事故的各种危险、危害因素作为防止事故的控制点源；国内外最新研究成果，包括新的操作方法、工艺技术以及国外先进的法规和标准。

（2）编制过程

编制过程，见表6-2。

表6-2　编制过程

步骤	内容
组成编制组	要编制一个高质量的安全检查表，不仅需要有安全专家，而且需要有精通专业技术，了解评价对象的各方面技术人员、管理人员和实际操作人员
外部调查	收集同类或类似对象的安全评价方法、评价结果以及安全管理经验和教训，特别要收集已经编制成功的安全检查表
分析评价对象	分析内容包括结构、功能、工艺条件、管理状况、运行环境和可能的事故后果。特别是对曾经发生的事故案例要进行深入的解剖，分析其原因、影响和后果
确定评价依据	广泛收集国内外有关的法律、法规、规范、标准和已经取得的安全技术和管理经验
确定检查项目	把评价对象分成单元或层次，按照标准逐个辨识系统中潜在的危险和危害并列出清单，确定检查项目
编制表格	根据已取得的资料、数据和依据等设计表格，填写检查项目
专家会审	对已完成编制的检查表组织有关专家进行审查，找出遗漏和不完善的检查项目进行完善

（3）安全检查表的主要内容

安全检查表必须包括评价对象的全部主要检查部位，并从检查部位中引申和发掘与之有关的危险、危害因素。每项检查要点，要定义明确，便于操作。安全检查表的必要内容应包括：分类、检查项目（内容）、检查要点、检查情况及处理、检查日期及检查者。通常情况下检查项目及检查要点用提问或提出要求的方式列出。检查情况用"是""否"或者用"√""×"表示。

设计审查安全检查表主要内容：平面布置；装置、设备、设施及工艺流程的安全性；机械设备设施的可靠性；主要安全装置与设备、设施布置及操作的安全性；消防设施与消防器材；防尘防毒设施、措施的安全性；危险物质的储存、运输、使用；通风、照明、安全通道等方面。

厂级安全检查表主要内容：生产设备设施、装置装备的安全可靠性，各个系统的重点危险部位和危险点源；主要安全设备、装置与设施的灵敏性、可靠性；危险物质的储存与使用；消防和防护设施的完整性；操作规程管理及遵章守纪等。

（4）编制安全检查表应注意的问题

检查表的编制要力求系统完整，不漏掉任何可能引发事故的关键危险因素。重点注意如下问题：

检查表内容要重点突出，简繁适当，有启发性；不同类别的检查表应针对不同评价对象有所侧重，分清各自职责内容，尽量避免重复；检查表的每项内容要定义明确，便于操作；检查表的内容应随着编制依据内容的调整、设备设施改造、环境变化以及生产异常情况的出现而不断修订、变更和完善；凡可能导致事故的一切危险因素都应列出，确保各种危险、危害因素及时被发现或消除；编制安全检查表应结合其他系统安全分析方法，把必要的基本事件列入检查表中。

四、安全检查表的半定量化

针对安全检查表的适用范围和应用目的的不同，可以将安全检查表结果分为定性化、半定量化或定量化。

菲利普石油公司安全检查表采用了检查表判分——分级系统，将检查结果分为三级危险程度，按三级判分系列进行打分。可判分数为：0-1-2-3（低度危险）；0-1-3-5（中度危险）；0-1-5-7（高度危险）。其中：评判得"0"为不能接受的条款；低于标准较多的判给"1"；稍低于标准条件的判给刚低于最大值的分数；符合条件的判给最大分数。判分的分数是一种以检查人员的知识和经验为基础的判断意见。检查表以单元为基础，用所得的总分除以各检查项目最大分值的总分数的百分比，衡量单元的安全程度。表6-3提供了半定量打分法安全检查表的基本格式。

可判分数选取0-1-5-7时，对应类别为A，该条款属于高危险程度，属否决项，对条款的要求为"很严格，非这样做不可"。在标准用语中，一般正面词采用"必须"，反面词采用"严禁"。另外，凡属国家和地方政府法律、法规所规定内容以及标准强制性条文的条款，均应划为此类。A类项中只要有一项不合格，整个单元视为不符合安全要求，必须整改或削减。

表 6-3　半定量打分法安全检查表基本格式

评价单元：_____　工艺过程 / 设备：_____
检查人员：_____　日期：_____

序号	检查项目和内容	类别	检查结果		备注
			可判分数	判给分数	
	检查条款	A	0-1-5-7（高度危险）		
		B	0-1-3-5（中度危险）		
		C	0-1-2-3（低度危险）		
百分比 = 总得分数 + 总的最大可能的分数 = 判分 / 满分					

可判分数选取 0-1-3-5 时，对应类别为 B，该条款属于中等危险程度，对条款的要求为"严格，在正常条件下均应这样做"。在标准用语中，一般正面词采用"应"，反面词采用"不应"或"不得"。B 类项目中不合格项数量超过 10%，视为不符合安全要求，必须进行整改或削减。B 类项目中不合格项数量少于 10%，也应对不合格项进行整改或削减。

可判分数选取 0-1-2-3 时，对应类别为 C，该条款属于低危险程度，对条款的要求为"允许稍有选择，在条件允许的情况下首先应该这样做"。在标准用语中，一般正面词采用"宜"，反面词采用"不宜"。

对 A、B 类项目中的不符合项经过整改达到要求后应视为合格，并修订评价结果。

第三节　预先危险性分析

预先危险性分析，也称初始危险分析，它是在每项生产活动之前，特别是在设计开始阶段，预先对系统中存在的危险类别、产生条件、事故后果等概略性地进行分析的方法。预先危险性分析是一种定性分析。

一、预先危险性分析的主要目的和优点

1. 主要目的

预先危险性分析的主要目的是为了识别危险、评价危险并提出防治措施。

（1）识别危险，确定系统安全性关键部位

通过预先危险性分析，可全面识别各种危险因素以及其存在形式和状态，确定危险可能产生的潜在影响。在技术指标论证阶段，用于考查系统各种备选方案的潜在危险状态及危险因素；在方案论证与确认阶段，通过分析可使设计人员了解系统或设备潜在危险状态、危险因素及系统安全性关键部位，以便通过设计来消除或尽量减少这些危险状态及危险因素；在生产使用阶段，可以预先了解系统的安全风险，制定科学有效的应急措施和安全管理方案，实现事前管理的目的。

（2）进行危险性评价

生产单位应对各种危险状态及危险因素进行初步危险性评价，以便在方案选择中考虑安全性问题，并根据相近或类似系统、设备的分析与评价所取得的数据和经验，对所选择设计方案和工艺过程控制方案以及生产安排中的各种危险进行评价。

（3）确定安全性设计准则，提出消除或控制危险措施

通过预先危险性分析，生产单位可以确定系统设计和生产使用的安全准则，并提出为消除危险或将危险降低到系统或设备可接受水平所需的安全措施或替换方案。例如，可采用连锁、警报和过载保护等措施来避免事故的发生。

（4）预先危险性分析还可提供下列信息

为制（修）订安全工作计划提供信息；确定安全工作方案的优先顺序；确定进行安全试验的范围；确定进一步分析的范围，特别是为事故树分析确定不希望发生事件的分析范围；作为编写预先危险分析报告分析结果的书面记录；确定系统或设备安全要求，编制系统或设备说明书。

2. 主要优点

系统设计与开发时，可以利用分析结果，提出应遵循的注意事项和规程，使得设计更合理，提高了设计和加工的可靠性；通过预先危险性分析，在系统设计时即可指出系统存在的主要危险并制定出相应的防控措施，有效消除、降低和控制危险，提高本质安全性；系统运行时，可为企业提供安全管理依据，制定更为科学合理的管理规章和技术规程；通过预先危险性分析，可为企业编制安全检查表提供必要的技术资料，提高安全监督检查的实效性。

二、分析内容

从寿命周期早期阶段开始的预先危险性分析，所获得的信息仅是一般性的，不会太详细。这些初步信息应能辨别出潜在的危险及其影响，以提醒设计人员通过设计加以纠正。这种分析至少应包括以下内容：

审查相应的安全历史资料。任何新研制的系统或设备都有相当的比例延用老系统或设备的部件、材料及制造工艺和技术，这些现成部件、材料及制造工艺和技术的有关安全信息将对所开展的预先危险分析提供帮助；分析系统中各子系统、各元件的交界面及其相互关系与影响，分析工艺过程及其工艺参数或状态参数，识别设备、零部件及人机关系中的危险，并分析其发生危险的可能性；分析原材料、产品、特别是有害物质的性能，列出主要能源的类型，并调查系统中存在的各种能量，确定其控制措施；确定系统或设备必须遵循的有关操作人员安全、环境安全和有毒物质安全及其他的有关安全规定；提出纠正措施和建议。在完成危险识别及危险严重程度评价之后，还应提出控制危险的措施和建议。

为了能够全面地识别和评价潜在危险，分析中必须考虑以下因素：

①危险物品。例如，燃料、激光、炸药、有毒物、有危险的建筑材料、放射性物质等。

②系统部件之间接口的安全性，包括软件对系统或分系统安全的影响。例如，材料相容性、电磁干扰、意外触发、火灾或爆炸的发生和蔓延，硬件和软件控制等。

③确定控制安全性的关键软件命令和响应，采取适当的措施并将其纳入软件和相关硬件要求中。例如，错误命令、不适时的命令或响应或由使用方指定的不希望事件等的安全设计准则等。

④与安全有关的设备、保险装置和应急装置等。例如，连锁装置、过载保护技术、硬件或软件的故障安全设计、分系统保护、灭火系统、人员防护设备和设施、通风装置、噪声或辐射屏蔽等。

⑤包括生产环境在内的环境条件。例如，坠落物、冲击、振动、温度、噪声、接触有毒物、电击或漏电、雷击、电磁辐射、电离和非电离辐射等。

⑥操作、试验、维修和应急规程等。例如，操作人员的作用、任务要求及操作过程人为失误分析；设备布置、照明要求、可能外露的有毒物质等因素的影响；噪声或辐射对人能力的影响等。

进行预先危险性分析时，需要的图纸和资料：

各种设计方案的系统、子系统和部件的设计图纸和资料；在系统预期的寿命期内，系统各组成部分的活动和工作顺序的功能流程图及有关资料；在预期的试验、制造、储存、修理、使用等活动中，与安全要求有关的背景资料。

三、分析步骤

（1）确定系统

明确所分析系统的功能及分析范围。

（2）调查收集资料

调查生产目的、工艺过程、操作条件和周围环境。收集设计说明书、本单位的安全生产经验、国内外事故情报及有关标准、规范、规程等资料。

（3）系统功能分解

一个系统是由若干功能不同或相同子系统组成的。如动力、设备、结构、燃料供应、控制仪表、信息网络等，其中还有各种连接结构。同样，子系统也是由功能不同的部件、元件组成的，如动力、传动、操作和执行等。

为了便于分析，根据系统工程原理，可以将系统进行功能分解，并绘出功能框图，表示他们之间的输入、输出关系。

（4）分析、识别危险性

对系统中的各个元部件、子系统自右向左逐级进行分析，确定能够造成伤害、功能失效或物质损失的初始危险、危险类型及初始危险的起因事件或起因物等。

（5）确定危险等级

在确定每项危险或危害事件后，都要按其后果进行分类，确定其危险等级。

（6）制定措施

根据危险等级，从软件（系统分析、人机工程、管理方式、规章制度、操作方法等）、硬件（设备、工具等）两方面找出消除或控制危险的可能方法。在危险不能控制的情况下，分析最好的降低损失的方法，如隔离、个体防护、救护等。

（7）措施实施

对于能够消除的危险因素，应按照危险削减措施进行整改和治理，彻底消除其风险；对于暂时无法消除的危险，应制定切实可行的风险防范措施和应急方案，确保人员、设备不受损害。

四、危险识别

综合多种事故致因理论，从事故调查分析直接原因来考虑，可以从人的失误、能量转移和外界环境等方面查找危险因素，评价危险的严重程度和可能性。

（1）人的失误

系统或设备运行是否安全，除了机械设备本身的性能、结构和工艺条件等因素外，很大程度上取决于人的可靠性。特别是在我国，受科技水平和经济状况的制约，多数设备设施还达不到本质安全水平，系统安全很大程度上取决于人的可靠性。因此，人的行为对系统安全有着非常重要的影响。然而，人在生产过程中是最活跃、最有效、最重要而又是最不稳定的因素，人的不安全行为是诱发事故的主要原因。有关数据显示，企业中 80% ~ 90% 的安全事故可归因于人的不安全行为。人作为系统的一个组成部分，其失误概率要比机械、电气、电子元件高几个数量级。这就要求，在辨识系统可能存在的危险时，还要从操作规程、方法等可能偏离正常状态入手进行分析。在这一方面，人机工程、行为科学都有了成熟的经验，系统安全分析方法中也有人的可靠性分析方法、危险和可操作性研究可供借鉴。

（2）能量转移

1961 年，吉布森（Gibson）提出了能量释放论，认为事故是一种不正常的或不希望的能量释放，各种形式的能量是构成伤害的直接原因。1966 年，在吉布森的研究基础上，美国大众健康专家哈登（HaddonJr）完善了能量意外释放理论，提出"人受伤害的原因只能是某种能量的转移"，并提出了能量逆流于人体造成伤害的分类方法，将伤害分为两类：第一类伤害是由于施加了超过局部或全身性损伤阈值能量引起的；第二类伤害是由于影响了局部或全身性能量交换引起的，主要指中毒窒息、中暑和冻伤等。哈登认为，在一定条件下，某种形式的能量能否产生造成人员伤亡事故的伤害取决于能量大小、接触能量时间长短和频率以及力的集中程度。

按照这一理论进行分析，造成事故的后果必须有两个因素：有引起伤害的能量和遭受伤害的对象（人或物），两者缺一不可。在正常情况下，能量通过做有用功制造产品和提供服务，其能量平衡式为：

输入能 = 有用功（做功能）+ 正常消耗能

但在非正常运行状态下，这种平衡被打破，新的能量平衡式为：

输入能 = 有用功 + 正常消耗能 + 逸散能

这里的逸散能即为破坏能量。该能量作用在人体上就是人身伤害事故，作用在设备（物）上则损坏设备（物）。因此，预防事故的关键就是查找出生产现场能量体系中潜在的破坏能量，即危险因素。

能够转化为破坏能力的能量有：电能、原子能、势能、动能、压力和拉力、燃烧和爆炸、腐蚀、放射、热能和热辐射、声能、化学能等。另外，表示破坏能量的因素及事件也可做参考，如加速度、污染、化学反应、电（电击、电感、电热等）、温度（高温、低温、温度变化等）、泄漏、湿度（高湿、低湿）、氧化、压力（高压、低压、压力变化）、辐射（热辐射、电磁辐射）、化学灼伤、结构损坏或故障、机械冲击、振动与噪声等。

一般情况，能量失控可分为两种模式：物理模式和化学模式。

物理模式，包括：爆裂、机械失控、电气失控、其他物理能量失控，如噪声、微波、激光、红外和紫外辐射等。

化学模式，包括：直接火灾、间接火灾、自动反应等。

表6-4所示为人体受到超过其承受能力的各种形式能量作用时受伤害的情况；表6-5列出了人体与外界的能量交换受到干扰而发生伤害的情况。

表6-4 几种能量引起的伤害事例分析

能量类型	损失种类	举例说明
机械能	移位、撕裂、破裂和挤压，身体组织损坏	由于运动的物体与身体、运动的身体与物体的相互碰撞引起的伤害，如物体打击、高处坠落等
热能	火灾、爆炸、灼烫、冻伤、引起炎症等	具体的伤害结果和部位，取决于热能转移的量、方式和作用于身体的部位
电能	神经损害、肌肉损伤、灼烫	触电死亡、灼烫、干扰神经等，具体的伤害结果和部位，取决于电能转移的量、方式和作用于身体的部位
辐射能	破坏身体细胞和亚细胞的成分或组织	辐射伤害、电磁辐射伤害等，具体的伤害结果和部位，取决于辐射能转移的量、方式和作用于身体的部位
化学能	中毒、灼烫等	化学物质相互作用产生的化学能对人体引起的损伤以及动物性或植物性毒素引起的损伤、化学灼伤等

表6-5 能量交换受到干扰的伤害情况

影响能量交换类型	产生的伤害	举例说明
氧的利用	局部或全身生理损害	全身—由机械因素或化学因素引起的中毒和窒息，如溺水、一氧化碳中毒和氰化氢中毒等
热能	生理损害、组织或全身死亡	局部血管性意外

（3）外界环境

系统安全与否不仅取决于系统内部人、机、环境因素及其配合状况，同时还会受到系统以外危险因素的影响。其中有外界发生事故对系统的影响，如火灾、爆炸、危险品泄漏、机械波、辐射等；也有自然灾害对系统的影响，如地震、洪水、雷击、飓风、泥石流、山体滑坡等；还有社会因素对系统的影响，如社会公共活动、社会治安问题等，在辨识系统危险因素时也应充分考虑这些因素。

五、危险等级划分

为了衡量危害事件危险性大小及其对系统的破坏程度，结合风险评价指数矩阵法的分类要求，可以将危险严重程度划分为 4 个等级。其中：Ⅰ 级危险等级最高，Ⅳ 级危险等级最低。用表 6-6 表示。

表 6-6　危害事件危险严重度等级划分表

严重度等级	等级说明	可能导致的后果
Ⅰ	灾难的	人员死亡或系统报废
Ⅱ	严重的	人员严重受伤、严重职业病或系统严重损坏
Ⅲ	轻度的	人员轻度受伤、轻度职业病或系统轻度损坏
Ⅳ	轻微的	人员伤害程度和系统损坏程度都轻于Ⅲ级

六、预先危险性分析工作表格式

预先危险性分析的结果一般采用表格形式列出。表格的格式和内容可根据实际情况确定。表 6-7、表 6-8、表 6-9 给出了常用的三种基本表格格式。

表 6-7　预先危险性分析工作表

单元：编制人员：日期：				
危险	原因	后果	危险等级	改进措施 / 预防方法

表 6-8　预先危险性分析工作典型格式表

地区（单元）：会议日期：				
图号：＿＿＿＿＿＿＿＿　小组成员：				
危险 / 意外事故	阶段	原因	危险等级	对策
事故名称	危害发生的阶段，如生产、试验、运输、维修、运行等	产生危害的原因	对人员及设备的危害程度	消除、减少或控制危害的措施

表 6-9　预先危险性分析工作典型格式表

系统：1 子系统：2 状态：3 编号：_____ 日期：				预先危险分析表（PHA）			制表者： 制表单位：	
潜在事故	起因物	触发事件（1）	发生条件	触发事件（2）	事故后果	危险等级	防范措施	备注
4	5	6	7	8	9	10	11	12

七、预先危险性分析应注意的问题

（1）由于在新开发的生产系统或新的操作方法中，对接触到的危险物质、工具和设备的危险性还没有足够的认识，因此，为了使分析获得较好的效果，应采取设计人员、操作人员和安全技术人员三结合的形式。

（2）查找危险源时，应根据系统工程的观点，按照系统、子系统、部件、元件一步一步地将系统进行分解，避免过早地陷入细节问题而忽视重点问题，以防止漏项。

（3）在进行潜在事故原因分析时，可以结合事故树分析方法，将潜在事故作为顶事件，依照事件发生的逻辑关系，逐级展开，查找出引发潜在事故的各种基本原因事件。

第四节　事故树分析

事故树分析，又称为故障树分析，是以图形方式表明"系统是怎样失效的"的方法。它包括人和环境影响对系统失效的作用，并且用图形的方法有层次地分别描述系统失效的过程以及各种中间事件的相互关系，告诉人们系统是通过什么途径而发生失效的。它是分析大型复杂系统安全性与可靠性的常用方法。

事故树起源于美国。1961 年，为了评价民兵式导弹控制系统的安全，Bell 实验室的 Watson 首次提出了事故树分析概念，应用于导弹发射控制系统的可靠性研究之中，并获得成功。1965 年，波音公司的分析人员改进了事故树分析技术，使之便于应用数字计算机进行定量分析。1970 年，适于连续过程的方程开发成功，加速了事故树分析应用的步伐，提出了事故树的自动生成程序，并将其应用于化学加工工业，同时对计算机辅助事故树合成作了描述。1975 年，美国原子能委员会应用事故树对商用核电站进行了风险评价，发表了拉斯姆逊报告，从而引起世界各国的关注。目前，事故树已广泛应用于航空航天、核工业、电子、电力、化工、机械、交通等领域的事故诊断、系统薄弱环节分析，以此指导系统的安全运行和维修，实现系统的优化设计。

一、事故树分析的特点

事故树分析描述了事故发生和发展的动态过程，便于找出事故的直接原因和间接原因及原因的组合。事故树分析方法一般用于对事故进行定性分析，辨明事故原因的主次及未曾考虑到的隐患。事故树也可用于事故定量分析，预测事故发生的概率。事故树分析是数学和专业知识的密切结合，其编制和分析需要坚实的数学基础和相当的专业技能。一般具有以下特点：

（1）事故树分析是一种图形演绎法，是事故事件在一定条件下的逻辑推理方法。分析人员根据系统内各事件间的内在联系，以及单元故障与系统故障间的逻辑关系，围绕某特定事故层层深入分析，找出系统薄弱环节。

（2）事故树分析有很强的灵活性。事故树能够分析某些单元故障对系统的影响，对导致系统事故的原因进行分析；事故树分析能够深入认识系统过程，这也要求分析人员准确把握系统内各个要素，弄清各潜在因素对事故发生影响的途径和程度，使许多问题在分析中被发现和解决，进而提高系统安全性；事故树模型还可以依照评价要求，定量计算复杂系统发生事故的概率，为改善和评价系统安全性提供定量依据。

二、事故树分析的方法和步骤

事故树分析是根据系统可能发生的事故或已经发生的事故所提供的信息，寻找事故发生有关的原因，进而采取有效的防范措施，防止事故发生。

1. 准备阶段

准备阶段的主要内容，见表6-10。

表6-10　准备阶段

项目	内容
确定待分析系统	分析过程中，要正确处理好所要分析系统与外界环境及其边界条件，确定所要分析系统的范围，明确影响系统安全的主要因素
熟悉系统	对已经确定的系统进行深入的调查研究，收集系统的有关资料与数据，包括系统的结构、性能、工艺流程、运行条件、事故类型、维修情况、环境因素等
调查系统发生的事故	收集、调查所分析系统曾经发生过的或将来有可能发生的事故，同时还要收集、调查本单位与外单位、国内与国外同类系统曾发生的事故

2．事故树编制

事故树是事故发展过程的图样模型。从已发生或设想的事故结果即顶上事件用逻辑推理的方法寻找造成事故的原因。事故树分析与事故形成过程方向相反，所以是逆向分析程序。事故树编制一般采取如下步骤：

（1）选择事故树的顶上事件，即系统失效事件，确定系统的分析边界和范围，并确定成功与失败的准则。

（2）调查与顶上事件有关的所有原因事件，包括：人、机、环境和信息等方面，确定事故原因并进行影响分析。

（3）编制事故树。采用一些规定的符号，按照一定的逻辑关系，把事故树顶上事件与引起顶上事件的原因事件，绘制成反映因果关系的树形图。

（4）对事故树进行简化或者模块化。

（5）事故树定性分析。定性分析是事故树分析的核心内容，其主要内容包括：计算事故树的最小割集或最小径集及各基本事件的结构重要度，分析各事件的危险性，确定预防事故发生的安全保障措施。

（6）事故树定量分析。事故树定量分析主要是根据引发事故的各基本原因事件的发生概率，计算事故树顶上事件发生的概率和各基本原因事件的概率重要度和临界重要度。根据定量分析的结果以及事故发生以后可能造成的危害，对系统进行风险分析，以确定安全投资方向。

（7）确定安全对策。事故树分析的目的是查找事故隐患和系统缺陷，找出系统的薄弱环节，并以此制定相应的安全措施。

（8）事故树分析的总结与应用。对事故树分析结果进行评价、总结，提出改进建议，整理、储存事故树定性和定量分析的全部资料与数据，并注重综合利用各种安全分析资料，为系统安全性评价与安全性设计提供依据。

在具体分析过程中，分析人员可根据需要和实际条件选取其中若干步骤。

三、事故树的符号及其意义

事故树符号包括：事件符号、逻辑门符号和转移符号。

1．事件及事件符号

在事故树分析中，各种非正常状态或不正常情况皆称事故事件，各种完好状态或正常情况皆称成功事件，两者均简称为事件。事故树中的每一个节点都表示一个事件。

（1）结果事件

结果事件是由其他事件或事件组合导致的事件，位于某个逻辑门的输出端。用矩形符号表示，如图6-1（a）所示矩形符号。结果事件分为顶上事件和中间事件。

①顶上事件：顶上事件是事故树的结果分析事件，位于事故树顶端。它是事故树中逻辑门的输出事件，即系统可能发生的或实际已发生的事故结果。

②中间事件：中间事件是导致顶上事件发生的原因事件，并且可以继续分析。中间事件既是某个逻辑门的输出事件，又是其他逻辑门的输入事件。

（2）底事件

底事件是导致其他事件发生的原因事件，位于事故树底部，是某个逻辑门的输入事件。底事件分基本原因事件和省略事件。

①基本原因事件：不能再向下分析的原因或缺陷事件。如图6-1（b）所示圆形符号。

②省略事件：没有必要进一步向下分析或原因不明确的原因事件。如图6-1（c）所示菱形符号。

（3）特殊事件

特殊事件是事故树分析中需要表明其特殊性或引起注意的事件。特殊事件分开关事件和条件事件。

①开关事件又称正常事件。是在正常工作条件下必然发生或必然不发生的事件。如图6-1（d）所示房形符号。

②条件事件是限制逻辑门开启的事件，如图6-1（e）所示椭圆形符号。

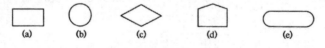

(a)　　　　(b)　　　　(c)　　　　(d)　　　　(e)

图6-1　事件符号

2. 逻辑门及其符号

逻辑门：连接各事件并表示其逻辑关系的符号。

（1）与门

可连接数个输入事件 E_1，E_2，$E_3 \cdots E_n$ 和一个输出事件 E，表示仅当所有输入事件都发生时，输出事件才发生的逻辑关系。与门符号如图6-2（a）所示。

（2）或门

可连接数个输入事件 E_1，E_2，$E_3 \cdots E_n$ 和一个输出事件 E，表示只要有一个输入事件发生，输出事件就会发生的逻辑关系。或门符号如图6-2（b）所示。

（3）非门

表示输出事件是输入事件的对立事件，表示当输入事件不发生时，输出事件发生。反之亦然。非门符号如图6-2（c）所示。

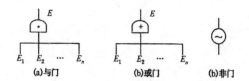

图 6-2　逻辑门符号

（4）特殊门

①表决门：仅当 n 个输入事件中有 m（$m<n$）个或 m 个以上事件同时发生时，输出事件才发生。表决门符号如图 6-3（a）所示。或门和与门是表决门特例。或门是 $m=1$ 时的表决门；与门是 $m=n$ 时的表决门。

②异或门：又称排斥或门。仅当单个输入事件发生时，输出事件才发生。异或门符号如图 6-3（b）所示。

③禁门：又称限制门，表示当输入事件 E_i 发生且满足条件 A 时，输出事件才发生。禁门符号如图 6-3（c）所示。

④条件与门：输入事件不仅同时发生，且必须满足条件 A，输出事件才发生。条件与门符号如图 6-3（d）所示。

⑤条件或门：在满足条件 A 的情况下，输入事件中有一个或一个以上发生时，输出事件发生。条件或门符号如图 6-3（e）所示。

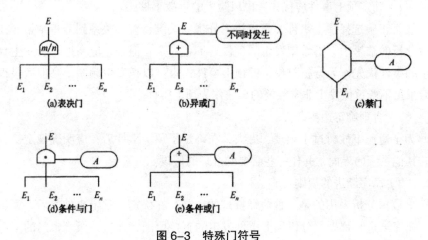

图 6-3　特殊门符号

3. 转移符号

（1）相同转移符号：图 6-4（a）和（b）是相同事件转移符号，用以指明相同子树的位置。前者是转入符号，表示转入上面的以字母、数字为代号所指的子树；后者是转出符号，表示以字母、数字为代号的子树由此转出。

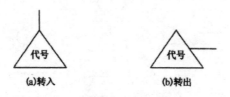

图 6-4　相同转移符号示意图

（2）相似转移符号：图 6-5（a）和（b）是相似事件转移符号，用以指明相似子树的位置。前者是相似事件转入符号，表示转入上面的以字母、数字为代号所指的结构相似而事件标号不同的子树，不同的事件标号在三角形旁边注明；后者是相似事件转出符号，表示相似转入符号所指子树与此子树相似，但事件标号不同。

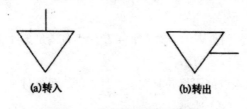

图 6-5　相似转移符号示意图

四、事故树编制规则

（1）确定顶上事件应优先考虑风险大的事故事件

能否正确选择顶上事件，是事故树分析的关键，直接关系到分析结果。在系统危险分析的结果中，不希望发生的事件远不止一个。但是，应当把易于发生且后果严重的事件优先作为分析对象，即顶上事件；也可以把发生频率不高但后果很严重或后果虽不严重但发生非常频繁的事故作为顶上事件。

（2）合理确定边界条件

为了避免事故树过于烦琐、庞大，在确定了顶上事件后，应明确规定被分析系统与其他系统的界面，并作一些必要的合理的假设。

（3）循序渐进的规则

事故树分析采用的是一种演绎推理的方法，在确定了顶上事件之后，要逐级展开，循序渐进。首先，分析顶上事件发生的直接原因，在这一级逻辑门的全部输入事件已无遗漏之后，再分析这些输入事件的发生原因，直到列出引起顶上事件发生的全部基本原因事件为止。

（4）保持门的完整性

事故树的编制应逐级进行，不允许跳跃；任何一个逻辑门的输出须有一个结果事件，不允许不经过结果事件而将门与门直接相连，否则，将很难保证逻辑关系的准确性。

（5）给事故事件定义的规则

只有明确地给出事故事件的定义及其发生条件，才能正确地确定事故事件发生的原因。给事故事件下定义，应遵循简单、明了的规则，用通俗易懂的语句描述事故事件的内容，使人们很容易地了解所描述的事故事件是什么。

五、事故树的应用

利用事故树对事故（潜在事故）进行分析，可以很清楚地找出事故（潜在事故）原因及各种原因之间的联系，发现系统薄弱环节，从中得到经验和教训，为确定安全对策提供可靠的依据，以达到预测与预防事故发生的目的。由于定性分析的事故树分析方法只能实现查找引发事故的末端因素，而不能确定其事故发生的概率，因此其应用范围限于以下几个方面。

（1）在预先危险性分析中，可以将查找出的危害事件或潜在事故作为事故树分析的顶上事件，利用事故树分析方法，从人、机、环境和信息等方面，确定事故原因并进行影响分析。

（2）利用事故树分析方法查找引发事故的末端因素，以此作为事故预防对策的编制依据，并可以作为编制安全检查表的技术资料。

第七章 安全风险评价与控制技术

安全风险评价是利用系统工程方法对拟建或已有工程、系统可能存在的危险性及其可能产生的后果进行综合评价和预测，并根据可能导致事故的风险的大小，提出相应的安全对策，以达到工程、系统安全的过程。企业在完成危险、危害因素辨识工作后，应对辨识出的每一个危害事件评价其风险等级，并以此为依据制定相应的风险防控措施，以求用最低的成本实现危险控制的目的。

风险控制技术也称安全对策，是企业通过采取有效的消除、预防和减弱危险、危害，保障整个生产过程安全与卫生的技术和管理措施。它是职业安全预防对策、事故预防对策和职业卫生对策的有机结合的整体。一般包括两个方面，即安全技术对策和安全管理对策。风险控制主要是指事故预防和事故控制。前者是指通过采用技术和管理手段避免事故发生，后者则是在事故发生后避免造成严重后果或使后果尽可能减轻。风险控制措施应包括技术和管理两个方面。一般来讲，在选择安全对策时应该首先考虑工程技术措施，然后是教育、训练。另一方面，即使采取了工程技术措施，有效减少和控制了不安全因素，仍然需要通过教育、训练和强制手段来规范人的行为，避免不安全行为的发生。因此，事故预防与控制应按照以下优先次序考虑：最小风险设计；应用安全装置；提供报警装置；制定专用规程和进行培训。

第一节 安全风险评价

危险辨识与评价技术的工作目标重点在于找出系统中存在的各种危害事件或潜在事故，分析引发这些危害事件或潜在事故的危险、危害因素以及其事故后果的严重性，但这种分析结果并不能完全满足安全风险控制的要求。企业为了实现最大的经济效益，不仅要清楚危害事件的严重程度（事故后果的严重性），而且还必须掌握危害事件发生的可能性（潜在事故发生的可能性），从而全面把握系统安全风险的大小，这也正是安全风险评价工作将要解决的问题。风险评价指数矩阵法从危害事件发生的可能性和后果严重性两个方面综合考虑确定系统安全风险水平，具有简单、适用、容易掌握等特点，目前已成为生产经营企业应用最为广泛的风险评价方法。

一、风险评价指数矩阵法

1. 评价方法

（1）危害性事件的严重性与可能性

由于系统、子系统或设备的故障、环境条件、设计缺陷、操作规程不当、人为差错均可能引起危害后果，将这些后果的严重程度相对定性地分为若干级，称为危害性事件的严重度等级。风险评价指数矩阵法通常将严重度等级分为四级，见表7-1。

表7-1　危害性事件的严重度等级

严重度等级	等级说明	事故后果说明
I	灾难的	人员死亡或系统报废
II	严重的	人员严重受伤、严重职业病或系统严重损坏
III	轻度的	人员轻度受伤、轻度职业病或系统轻度损坏
IV	轻微的	人员伤害程度和系统损坏程度都轻于III级

根据危害事件可能发生的频繁程度，将危害事件发生的可能性定性地分为若干等级，称为危害性事件的可能性等级。危害性事件的可能性等级通常分为五级，见表7-2。

表7-2　危害性事件的可能性等级

可能性等级	说明	单个项目具体发生情况	总体发生情况
A	频繁	频繁发生	连续发生
B	很可能	在寿命期内会出现若干次	频繁发生
C	有时	在寿命期内有时可能发生	在寿命期内可能发生若干次
D	很少	在寿命期内不易发生，但有可能发生	不易发生，但有理由可预期发生
E	不可能	极不易发生，甚至可以认为不会发生	不易发生，但有可能发生

在确定"危害性事件的可能性等级"和"危害性事件的严重度等级"时，不能分开考虑，两者有相关性。对于可能导致人员死亡和财产重大损失的火灾、爆炸、毒物泄漏事故，其严重度等级取I（灾难的），其可能性等级根据事故发生的可能性

选取。其他危害性事件的严重度等级和可能性等级有两种方案可选：

①根据事故最严重的后果和导致事故最严重后果的可能性选取；

②根据事件的直接后果或最有可能产生的后果发生的可能性选取。

（2）风险评价指数矩阵

风险评价指数矩阵法是一种定性评价方法。它是以危害性事件的严重度等级作为表的列项目，以危害性事件的可能性等级作为表的行项目，制成二维表格，在行列的交叉点上给出定性的加权指数，所有加权指数构成一个矩阵（见表7-3），这个矩阵称为风险评价指数矩阵。

表 7-3　风险评价指数矩阵表

重度等级 可能性等级	I	II	III	IV
A（频繁）	1	2	7	13
B（很可能）	2	5	9	16
C（有时）	4	6	11	18
D（很少）	8	10	14	19
E（不可能）	12	15	17	20

矩阵中元素为加权指数，也称为风险评价指数。风险评价指数是综合危害性事件发生的可能性和严重性确定的，通常将最高风险指数定为1，相对应的是频繁发生并有灾难性后果的危害性事件；最低风险指数定为20，相对应的是几乎不可能发生的后果轻微的危害性事件。数字等级划分要根据具体对象划定，便于区别风险的档次，划分的过细或过粗都不便于风险评价。

风险评价指数通常是主观制定的，其指数确定一般和企业的安全工作目标有直接的关系。例如，假设企业安全工作目标重伤指标为零，对于某一特定的危险、危害因素，即便引发重伤事故的可能性很小，这也将成为企业领导者不希望有的风险，则 [II，D] 指数应相应调整为 6 ~ 9。从这一点看，这也是该种评估方法的一大缺点，但并不能影响风险评价指数的应用。

2. 风险级别判定准则

风险评价指数矩阵法将风险等级划分为四级：

一级风险：指数 1 ~ 5，为不可接受的风险，是不能承受的；

二级风险：指数 6 ~ 9，为不希望有的风险，需要决策是否可以承受；

三级风险：指数 10 ~ 17，属有条件接受的风险，需经评审后方可接受；

四级风险：指数 18 ～ 20，属不需评审即可接受的风险。

当识别出的危险源严重违反国家有关法律、法规及其他强制性要求，或影响到企业安全目标的实现，或历史上本单位或同类单位发生过类似事故但目前防范措施仍不到位或无法提出有效的防范措施而构成的风险，应直接判定为一级风险。

按风险等级划分原则，可以形成如下风险判定准则。如表 7-4 所示。

表 7-4　定性风险级别判定准则

重度等级 可能性等级	I	II	III	IV
A（频繁）	不可接受	不可接受	不希望有	有条件接受
B（很可能）	不可接受	不可接受	不希望有	有条件接受
C（有时）	不可接受	不希望有	有条件接受	可接受
D（很少）	不希望有	有条件接受	有条件接受	可接受
E（不可能）	有条件接受	有条件接受	有条件接受	可接受

二、风险评价指数矩阵法在油气生产企业安全风险评价中的应用

1. 危害事件严重度等级

表 7-1 明确了危害事件严重度等级的划分原则，这在一般情况下都能够满足安全风险评价要求，但在油气生产企业安全风险评价中有时却很难确定。例如，有的事故对人的伤害和对设备设施损害程度并不大，但其后果却非常严重。如原油泄漏引发河流或城市水源污染；一般的设备故障却引发系统停车造成重大经济损失等。若完全按照表 7-1 进行划分，这些涉及环境污染、财产损失、职业伤害、社会影响等后果的危害事件，其严重度等级划分往往十分困难。

表 7-5、表 7-6、表 7-7、表 7-8，从对人的危害、系统破坏或财产损失、环境影响以及社会影响等四个方面，明确了危害事件严重度等级划分原则。

（1）对人的危害严重程度

表 7-5　对人的危害

序号	严重度等级	说明
I	灾难的	发生死亡事故
II	严重的	可导致重伤事故、某些工作能力永久丧失、或严重职业病伤害
III	轻度的	可导致损失工作日一周以上，105 日以下的轻伤事故或中度职业病伤害
IV	轻微的	可导致损失工作日低于一周的轻伤事故或轻度职业病伤害

（2）系统破坏或财产损失严重程度

表 7-6　系统破坏或财产损失

序号	影响程度	说明
Ⅰ	巨大损失	导致系统报废，全部功能丧失，财产损失严重
Ⅱ	重大损失	导致系统严重损坏，部分功能丧失，财产损失较大
Ⅲ	较大损失	导致系统轻度破坏，但修理后能重新使用，财产损坏较小
Ⅳ	较小损失	系统受到破坏程度较轻，稍微影响生产操作，财产损坏轻微

（3）环境影响

表 7-7　环境影响

序号	影响程度	说明
Ⅰ	巨大影响	对环境的持续严重破坏或扩散到很大区域，系统生态遭到破坏
Ⅱ	重大影响	已知有毒物质大量排放，多项超过基本或预定标准，环境破坏严重
Ⅲ	较大影响	已知有毒物质有限排放，多项超过基本或预定标准
Ⅳ	轻微影响	单项超过基本或预定标准，但环境破坏限制在系统和作业现场范围内

（4）社会影响及名誉损失

表 7-8　社会影响及名誉损失

序号	影响程度	说明
Ⅰ	国际影响	引起国际和国内关注，国际媒体大量反面报道，企业受到巨大的公众压力，对承包商或业主在其他国家经营产生不利影响
Ⅱ	国内范围	引起国内公众关注，国内媒体大量反面报道，企业受到持续不断的指责，甚至引起群众集会
Ⅲ	一定范围	地区性公众关注，当地媒体大量反面报道，企业受到大量指责
Ⅳ	较小影响	公众有所反应，一些当地公众关注，个别媒体有所报道，并受到一定的指责，政治上受到重视

　　若危害事件所引起的后果同时包括上述四个方面中的两个或两个以上，其严重度等级应按最严重的后果等级确定。例如，某一危害事件的后果可能仅仅造成人员轻度伤害，但财产损失巨大，该危害事件严重度等级应确定为Ⅰ级。

2. 危害事件可能性等级

表 7–2 确定了危害性事件的可能性等级，但这种基于系统寿命周期的评价在实际应用中有时很难把握，有些系统甚至可能就不知道或不存在寿命周期。在具体应用中，评价人员可根据企业的工作特点和管理习惯，并结合人数规模，按照某一设定范围内的事故发生频率确定事故发生的可能性，见表 7–9。这样更符合企业评价人员事故案例资料收集习惯，使危害事件的可能性等级更加明确，便于评价工作的开展。在具体工作中，也可以将表 7–9 和表 7–2 结合使用。

表 7–9　危害性事件的可能性等级

可能性等级	说明	单个危害性事件导致事故发生的可能性	总体发生情况
A	频繁	在本工区（作业区）级单位每年可能发生几次	在本工区（作业区）每年可能发生几次
B	很可能	在本厂级单位每年可能发生几次	在本工区（作业区）级单位每年可能发生几次
C	有时	在本厂级单位曾经发生过	在本厂级单位每年可能发生几次
D	很少	在同类作业中曾经发生过	不易发生，但在本厂级单位曾经发生过
E	不可能	在同类作业中未听说过	极不易发生，但在同类作业中曾发生过

三、风险控制原则

表 7–4 所示的定性风险级别判定准则，为确定是否需要改进风险控制措施和具体实施提供了依据。表 7–10 提出了风险控制措施及时间期限的最低原则要求，体现了风险控制的投入和紧迫性应与风险等级相匹配的原则。

表 7–10　风险控制措施原则要求

风险等级	风险水平	风险控制措施及时间期限
一级	不可接受的风险	①必须尽快实施风险削减措施，直至风险降低后才能开始工作 ②为降低风险有时必须配给大量资源 ③当风险涉及正在进行中的工作时，应采取应急措施
二级	不希望有的风险	①努力降低风险，但应仔细测定并限定预防成本，并应在规定时间期限内完成 ②在该风险与严重事故后果相关的场合，必须进行进一步的评价，以便更准确地确定该事故后果发生的可能性和是否需要改进的控制措施

续表

风险等级	风险水平	风险控制措施及时间期限
三级	有条件接受的风险	应通过评审决定是否需要另外的控制措施，如需要，应考虑投资效果更佳的解决方案或不增加额外成本的改进措施。同时，需要通过监测来确保控制措施得以维持
四级	可接受的风险	不需评审，毋须采取措施且不必保留文件记录

危害辨识、风险评价和风险控制应按优先顺序进行排列，根据风险大小决定哪些需要继续维持，哪些需要采取改善控制措施，并列出风险控制措施计划清单。

选择控制措施时应考虑下列因素：完全消除危害或消灭风险来源。如用安全物质取代危险物质；如果不可能消除，则应努力降低风险。如使用低压电器；按照人机工程原理，尽可能使工作适合于人的操作。如考虑人的心理和生理接受能力；采用先进技术，改进控制措施；有效实施技术控制与程序控制的有机结合；设置安全防护装置；当其他所有可选择的控制措施均被考虑之后，应考虑配备个人防护用品；建立应急和疏散计划，提供与系统危害有关的应急设备。

第二节　事故预防与控制技术对策

安全寓于生产之中，安全技术主要是通过改进生产工艺和生产设备以及改善生产条件来实现的，且与生产技术密不可分。安全技术对策着重解决物的不安全状态问题，其方法是运用工程技术手段消除不安全因素，实现生产工艺、机械设备和生产条件的本质安全。安全技术对策可以分为两类，即防止事故发生的安全技术对策和减少事故损失的安全技术对策。

安全技术对策应按以下原则实施：防止人失误的能力；对失误后果的控制能力；防止故障传递的能力；防止失误或故障导致事故的能力；承受能量释放的能力；防止能量蓄集的能力。

一、防止事故发生的安全技术对策

1. 基本方法和手段

防止事故发生的安全技术对策的基本内容是采取措施约束、限制能量或危险物质的意外释放。一般按下列优先次序进行选择。

（1）根除危险因素

只要生产条件允许，应尽可能完全消除系统中的危险因素，从根本上防止事故的发生。

（2）限制或减少危险因素

一般情况下，完全消除危险因素是不可能的。人们只能根据具体的技术条件、经济条件，限制或减少系统中的危险因素。

（3）隔离、屏蔽和连锁

隔离是从时间和空间上将人与危险、危害因素隔开，将不能共存的物质分开。屏蔽是将可能发生事故的区域控制起来保护人或重要设备。连锁是将可能引起事故后果的操作与系统故障以及出现的异常事故征兆进行连锁设计，确保不发生事故。

（4）故障安全保护措施

系统一旦出现故障，将自动启动各种安全保护措施，部分或全部中断生产或使其进入低能的安全状态。主要有以下三种方案：

①故障消极方案：故障发生后，使设备、系统停止运转。

②故障积极方案：故障发生后，在没有采取措施之前，使设备、系统在安全能量状态下运行。

③故障正常方案：故障发生后，系统能够实现在线更换故障部分，使设备、系统能够正常发挥效能。

（5）减少故障及失误

为了降低系统发生事故的频率，常常通过在机械设备上采取某些技术措施，降低元件的故障率，减小基本事件发生的频率，或采取增加基本事件的数目，即冗长技术，降低事故形成的耦合概率。通过减少故障、隐患、偏差、失误等各种事故征兆，使事故在萌芽阶段得到抑制。主要有以下几种方法：

①选取合理的安全系数。在选择安全系数时，按照既安全可靠又节省的原则，从安全和效益两个方面予以考虑，但不能够与整体系统割裂开来。必须辩证统一地进行分析，选取合理的安全系数。

②提高可靠性。即提高设备、附件等在规定的条件下和规定的时间内完成规定功能的性能。如冗余设计、选用高质量部件、做好日常维修保养及定期更换等。

③安全监控系统。即对生产系统的危险源进行监控，控制某些技术参数，使其达不到危险的程度，从而避免事故的发生。

（6）安全规程。制定并落实各种安全法律、法规、规程和规章制度。

（7）矫正行动。人的不安全行为是操作人员在生产过程中产生的直接导致事故的人失误。矫正行动即通过矫正人的失误来防止人的不安全行为产生。

2. 防止能量逆流于人体的措施

按照能量释放转移理论，预防事故的发生应从控制能量大小、接触能量时间长短和频率以及力的集中程度来考虑。重点采取以下措施：

限制能量；用较安全的能源代替危险性大的能源；防止能量积聚；控制能量释放；延缓能量释放；开辟能量释放渠道；在能源上设置屏障；在人、物与能源之间设置屏障；在人与物之间设置屏障；提高防护标准；改善工作条件和环境；修复和恢复。

3. 防止人的不安全行为

在各类事故的致因因素中，人的因素占有特别重要的位置，几乎所有的事故都与人的不安全行为有关。因此，控制人的失误，对预防和减少事故发生起着至关重要的作用。

人失误是指人的行为结果偏离了规定的目标或超出了可接受的界限，并产生了不良的后果。人失误表现有多种形式，如操作失误；指挥错误；不正确的判断或缺乏判断；粗心大意；厌烦、懒散；嬉笑、打闹；酗酒、吸毒；疲劳、紧张；疾病或生理缺陷以及错误使用防护用品和防护装置等。引起事故的主要原因有先天生理方面的、管理方面的以及教育培训方面的原因等。

防止人失误可以从以下三个阶段采取技术措施：

①控制、减少可能引起人失误的各种因素，防止出现人失误。

②在一旦发生人失误的场合，使人失误无害化，避免引起事故。

③在人失误引起事故的情况下，限制事故的发展，减少事故的损失。

其具体技术措施包括以下内容（见表7-11）：

表7-11　具体技术措施

项目	内容
人、机、环境匹配	主要包括人机功能的合理匹配、机器的人机学设计以及生产作业环境的人机学要求等。如显示器的人机学设计；操纵器的人机学设计；生产环境的人机学要求等
用机器代替人	机器的故障率远远小于人的失误率。因此，在人容易失误的地方用机器代替人操作，可以有效地防止人失误
冗余系统	是把若干元素附加于系统基本元素上来提高系统可靠性的方法，附加上去的元素称为冗余元素，含有冗余元素的系统称为冗余系统。如两人操作，人机并行，关键操作复述确认等
耐失误设计	是通过精心设计使人不能发生失误或者发生了失误也不会引发事故等。最常用的方法是采用严重后果设计，如利用连锁装置防止人失误或使人失误无害化；采用紧急停车装置；采取强制措施使人员不能发生操作失误等
警告	包括视觉警告（亮度、颜色、信号灯、标志等）、听觉警告、气味警告、触觉警告等

二、减少事故损失的安全技术对策

减少事故损失安全技术对策的目的是在事故发生后，迅速控制局面，防止事故扩大，避免引发二次事故，从而减少事故损失。一般按下列优先次序进行选择。

（1）隔离

隔离是避免或减少事故损失的措施，其作用在于把被保护的人或物与意外释放的能量或危险物质隔开，其具体措施包括远离、封闭、缓冲。

远离是在位置上处于意外释放的能量或危险物质不能到达的地方；封闭是在空间上与意外释放的能量或危险物质割断联系；缓冲是通过采取措施使意外释放的能量被吸收或减轻能量的伤害。

（2）设置薄弱环节

利用事先设计好的薄弱环节使能量或危险物质按照人的意图释放，防止能量或危险物质作用于被保护的人或物。一般情况下，即使设备的薄弱环节被破坏，也可以较小的代价避免大的损失。因此，这项技术又称为"接受小的损失"。如在钢制拱顶储油罐设计中，将罐顶与罐壁之间的连接设计成内部断续焊弱连接方式，其目的就在于当储罐发生爆炸时，罐顶能够被迅速掀开，防止罐壁破裂导致原油大量外泄，将事故控制在最小范围内。

（3）个体防护

使用对个人人身起保护作用的装备从本质上来说也是一种隔离措施。它把人体与危险能量或危险物质隔开。个体防护是保护人体免遭伤害的最后屏障。

（4）避难和救生设备

当判明事态已经发展到不可控制的地步时，应迅速避难，利用救生装备使人员迅速撤离危险区域。

（5）援救

当事故发生时，事故发生地人员应首先实施自救，争取主动等待外部救援，从而免遭伤害或赢得救援时间，以减少人员伤亡和财产损失。援救分为事故发生地内部人员的自我援救和来自外部的公共援救两种情况。尽管自我援救通常只是简单的、暂时的，但是由于自我援救行动是在事故发生的第一时刻和第一现场，因而也是最有效的。

三、工业生产安全技术

1. 生产设备事故防止技术

①围板、栅栏、护罩。针对设备设施的主要危险部位，如带电体、旋转件、登高环境、危险物品、有毒物品等，设置围板、栅栏、护罩，防止人员接触，确保人

员健康和生命安全。

②隔离。将人员、设备、危险物品之间进行隔离，可有效地防止危险设备、设施或物品对人和设备设施的伤害。

③遥控。通过遥控操作机械、设备或工具，可以在人不接触危险环境的条件下完成工作，甚至可以完成人无法或不能到达的环境下的作业，如利用机械手可以进行放射物品的处理。

④自动化。自动化是机器或装置在无人干预的情况下按规定的程序或指令自动进行操作或控制的过程。采用自动化技术不仅可以把人从繁重的体力劳动、部分脑力劳动以及恶劣、危险的工作环境中解放出来，而且可以扩展人的器官功能，极大地提高劳动生产率。

⑤安全装置。安全装置是防止在意外情况下造成机械设备和人员伤害的装置。如行程开关可以防止各种运动机构超过极限位置；缓冲装置和防撞装置用以吸收机械设备撞到终端挡座上时的动能；安全阀可以在设备超压时及时泄放压力等。

⑥紧急停止。紧急停止是在紧急情况下立刻终止、停止正在进行的程序的一种保护性措施。如紧急停车、紧急制动、紧急停炉等。

⑦夹具。一种固定零部件、工件的装置，可以有效地防止零部件、工件所产生的非人的意愿的不安全运动。

⑧非手动装置。利用机械装置代替人的双手实施操作、作业，可以有效避免作业时的伤害，降低操作人员的劳动强度，提高操作准确性。

⑨双手操作。一种本质安全措施，可以有效地防止单手操作的误操作或无意识触发机械的行为。

⑩断路。在检修或其他必要的情况下，采取切断措施，诸如切断电力、动力等能量的来源，避免造成对机械、操作人员的伤害等。例如，电力装置中的断路器、管道截断阀、盲板等。

⑪绝缘。提高绝缘等级，可以预防触电事故的发生。如电动工具中的双重绝缘等。

⑫接地。带电体上的电荷向大地释放、消散的外界导出通道。主要包括：静电接地、防雷接地、保护接地、屏蔽接地、工作接地等。

⑬增加强度。增加强度，提高机械设备的安全系数，可以确保设备在超过一定负荷情况下的安全。

⑭遮光。强烈的光线会影响操作人员的视线，同时会影响操作人员的情绪，易引发误操作。采取遮光措施，可以有效减少不安全操作行为。另外，在某些情况下，采取遮光措施，可以防止设备直接受到阳光辐射而受热超压。

⑮改造、加固、变更。对不安全的设备设施进行改造、加固和变更，消除事故隐患，

提高设备设施的本质安全性。

⑯劳动防护用品。劳动防护用品是指由生产经营单位为从业人员配备的，使其在劳动过程中免遭或者减轻事故伤害及职业危险的个人防护用品。合理、正确配备与使用劳动防护用品可以有效地保障操作人员的身体健康和生命安全。如安全帽、安全带、防静电服、气体防护用具等。

⑰标志。标志主要包括管理标志、警示标志。用以表达特定安全信息，由图形符号、安全色、几何形状（边框）和文字构成。具体分为禁止标志、警告标志、指令标志、状态标志和提示标志。

⑱换气。通风换气一方面可以保证易燃易爆有毒场所将危险、有害介质降低到职业安全卫生标准容许接受的程度。另一方面，有效的通风换气可以保证良好的生产作业环境，使操作人员保持良好、稳定的情绪，减少不安全行为。

⑲照相。实施生产作业场所现场可视监控以及图像采集，可以随时监测系统的安全运行状况，也为发生事故以后的救援、应急处置以及事故原因分析提供必要、可靠的依据。

⑳其他。用以防止生产设备事故发生的措施还有很多，如利用人机工程原理，使设备运行、操作更具人性化，可以提高生产效率，同时大幅度减少不安全操作行为。

2. 职业卫生预防对策

防尘对策；防毒、防窒息对策；噪声和振动控制措施；防辐射对策；非电离辐射对策、红外线、激光等；高温作业防护措施；采暖、通风、照明、采光；定员编制、工时制度、劳动组织和女工保护等。

第三节　事故预防与控制管理对策

事故预防与控制管理对策包括安全教育和安全管理两个方面。

一、安全教育

安全教育对策主要是解决人的不安全行为问题，其工作内容的重点是让人知道哪里存在危险，如何避免危险。

1. 安全教育基本要求

生产经营单位的安全教育工作是贯彻企业方针、目标，实现安全生产和文明生产，提高员工安全意识和安全素质，防止产生不安全行为，减少人为失误的重要途径。

《中华人民共和国安全生产法》对生产经营单位的安全教育做出了明确规定：

第二十条规定：生产经营单位的主要负责人和安全生产管理人员必须具备与本单位所从事的生产经营活动相应的安全生产知识和管理能力。

危险物品的生产、经营、储存单位以及矿山、建筑施工单位的主要负责人和安全生产管理人员，应当由有关主管部门对其安全生产知识和管理能力考核合格后方可任职。考核不得收费。

第二十一条规定：生产经营单位应当对从业人员进行安全生产教育和培训，保证从业人员具备必要的安全生产知识，熟悉有关的安全生产规章制度和安全操作规程，掌握本岗位的安全操作技能。未经安全生产教育和培训合格的从业人员，不得上岗作业。

第二十三条规定：生产经营单位的特种作业人员必须按照国家有关规定经专门的安全作业培训，取得特种作业操作资格证书，方可上岗作业。

2. 安全教育培训内容

《生产经营单位安全培训规定》（国家安全生产监督管理总局令第3号）对生产经营单位从业人员的安全教育培训做出了明确规定：

第七条规定：生产经营单位主要负责人安全培训应当包括下列内容：

国家安全生产方针、政策和有关安全生产的法律、法规、规章及标准；安全生产管理基本知识、安全生产技术、安全生产专业知识；重大危险源管理、重大事故防范、应急管理和救援组织以及事故调查处理的有关规定；职业危害及其预防措施；国内外先进的安全生产管理经验；典型事故和应急救援案例分析；其他需要培训的内容。

第八条规定：生产经营单位安全生产管理人员安全培训应当包括下列内容：

国家安全生产方针、政策和有关安全生产的法律、法规、规章及标准；安全生产管理、安全生产技术、职业卫生等知识；伤亡事故统计、报告及职业危害的调查处理方法；应急管理、应急预案编制以及应急处置的内容和要求；国内外先进的安全生产管理经验；典型事故和应急救援案例分析；其他需要培训的内容。

生产经营单位其他从业人员的安全培训内容应包括：

本单位安全生产情况及安全生产基本知识；本单位安全生产规章制度和劳动纪律；从业人员安全生产权利和义务；事故应急救援、事故应急预案演练及防范措施；工作环境及危险因素；所从事工种可能遭受的职业伤害和伤亡事故；岗位安全操作规程、安全职责、操作技能及强制性标准；自救互救、急救方法、疏散和现场紧急情况的处理；安全设备设施、个人劳动防护用品的使用和维护；预防事故和职业危害的措施及应注意的安全事项；岗位之间工作衔接配合的安全与职业卫生事项；有关事故案例；其他需要培训的内容。

生产经营单位主要负责人和安全生产管理人员初次安全培训时间不得少于32学时。每年再培训时间不得少于12学时。煤矿、非煤矿山、危险化学品、烟花爆竹等生产经营单位主要负责人和安全生产管理人员安全资格培训时间不得少于48学时；每年再培训时间不得少于16学时。

另外，第二十条还规定：生产经营单位的特种作业人员，必须按照国家有关法律、法规的规定接受专门的安全培训，经考核合格，取得特种作业操作资格证书后，方可上岗作业。

3. 安全教育培训的组织和方法

国家安全生产监督管理总局组织、指导和监督中央管理的生产经营单位的总公司（集团公司、总厂）的主要负责人和安全生产管理人员的安全培训工作。

省级安全生产监督管理部门组织、指导和监督省属生产经营单位及所辖区域内中央管理的工矿商贸生产经营单位的分公司、子公司主要负责人和安全生产管理人员的培训工作；组织、指导和监督特种作业人员的培训工作。

市级、县级安全生产监督管理部门组织、指导和监督本行政区域内除中央企业、省属生产经营单位以外的其他生产经营单位的主要负责人和安全生产管理人员的安全培训工作。

生产经营单位除主要负责人、安全生产管理人员、特种作业人员以外的从业人员的安全培训工作，由生产经营单位组织实施。

具备安全培训条件的生产经营单位，应当以自主培训为主；也可以委托具有相应资质的安全培训机构，对从业人员进行安全培训。

不具备安全培训条件的生产经营单位，应当委托具有相应资质的安全培训机构，对从业人员进行安全培训。

安全教育培训方法与一般教学方法一样，多种多样，各有特点。在实际应用中，要根据培训内容和培训对象灵活选择。安全教育可采用讲授法、实际操作演练法、案例研讨法、读书指导法、宣传娱乐法等。

经常性安全教育培训的形式有：每天的班前班后会上说明安全注意事项，安全月活动，安全活动日，安全生产会议，各类安全生产业务培训班，事故现场会，事故案例学习，安全知识竞赛等。

二、安全管理

在安全管理中，人既是管理者，又是被管理者，每个人都处在一定的管理层次上，既管理他人，又被别人管理。人、机、环境系统的主导控制是人，管理过程中计划、组织、指挥、协调、控制等环节，靠人去实现；机构和章法等管理手段，靠人去建立。

总之,一切管理活动的核心是人,要实现有效管理,必须充分调动人的积极性、主动性。

1. 安全管理对策基本内容

安全管理对策一方面可规范人的行为,另一方面也是解决物的不安全状态的基础保障。安全管理的任务是发现、分析和消除生产过程中的各种危险,防止事故发生和职业病伤害,避免各种损失,保障员工的安全健康,从而推动企业安全稳定发展。

安全生产管理的基本对象是企业的员工,涉及企业中的所有人员、设备设施、物料、环境、财务、信息等各个方面。安全生产管理包括安全生产法制管理、行政管理、监督检查、工艺技术管理、设备设施管理、特殊作业和危险作业管理、作业环境和条件管理、应急管理等。其具体内容是:

学习贯彻、执行有关安全生产的政策、法令和规程;制定、学习并落实安全生产责任制;编制和实施安全技术措施计划;开展安全教育工作;组织安全生产定期检查,排查、治理事故隐患;开展危险、危害因素辨识,削减安全风险;持续安全投入,营造安全环境,创造良好的安全生产条件;调查、分析、统计及处理职工伤亡事故;建立安全技术档案;安全生产组织;制定并组织实施和演练事故应急救援预案。

2. 安全管理规章制度建设

企业安全管理规章制度必须坚持持续改进的思想,对执行过程中发现的问题,管理中存在的漏洞,必须坚决改正;当生产工艺、生产技术或生产装备发生变更时,必须及时修订和完善,确保各项制度能够真正贯彻执行。一般来讲,企业安全管理规章制度包括三个方面:

（1）安全生产责任制

企业安全生产责任制应覆盖本单位所有组织、部门和岗位。安全生产责任应明确各级领导干部、管理人员、岗位操作人员和部门所要承担的安全责任、权利、义务和具体工作内容,必须符合法律、法规和各项政策规定,满足政府及上级部门管理要求,涵盖本单位各项生产、经营活动。

企业各级领导、各职能管理部门应按照"一岗一责""一职一责"的原则,建立安全生产责任制。各级行政正职对本单位的安全生产工作负全面领导责任,是安全生产第一责任人;分管安全生产工作的领导负主管领导责任,其他领导按照"谁主管、谁负责"的原则,对其分管工作的安全生产负分管领导责任。各职能管理部门应在各自的业务范围内,对安全生产负管理责任。安全生产职责主要包括以下方面:

贯彻落实国家和地方政府有关安全生产法律、法规及上级部门有关安全生产工作的要求;落实本岗位、本部门业务范围内的安全生产责任;合理配置资源,落实安全措施;整改事故隐患,及时报告各类事故;安全生产责任述职及考核要求。

岗位操作人员对本岗位的安全生产工作负直接责任。其安全生产职责应至少包括以下内容：

认真学习和严格遵守本单位的安全生产规章制度和操作规程，服从管理；掌握本职工作所需的安全生产知识，熟练本岗位操作技能，具备事故预防和应急处理能力；了解掌握作业现场、工作岗位存在的危险、危害因素以及事故防范和应急措施；按规定进行交接班检查和巡回检查，发现事故隐患或者其他不安全因素，应当立即向现场安全生产管理人员或者本单位负责人报告；正确使用劳动防护用品。

（2）各种单项安全生产规章制度

各种单项安全生产规章制度是在企业建立安全生产责任制的基础上，根据其自身生产经营范围、危险程度、工作性质及具体工作内容，依据国家有关法律、法规、规章和标准，有针对性规定的、具有可操作性的、保障安全生产的工作运转制度，是企业安全生产活动的规范性文件和管理标准。

安全生产管理制度的建立必须系统化，各项制度之间必须保持高度的协调，杜绝部门之间的本位主义，确保政令统一。规章制度的制定不求过严过细，以满足安全需要、实用、适用、可行为目标，并充分考虑操作人员的接受能力，将规章制度的制定与执行看成是一个有机结合的整体。规章制度体系要完善，各项工作要形成有机的链接，其内容应覆盖企业生产经营活动中的各个环节、各项工作。油气生产企业安全生产规章制度的主要内容应包括：培训教育、危险化学品管理、重大危险源监控、生产场所管理、隐患排查与治理、事故应急救援、设备安全、消防安全、交通安全、劳动防护、安全检查、工伤事故管理、工业卫生管理、特种设备管理、各种生产作业、危险作业及特种作业管理、操作人员管理、安全奖惩等方面的内容，特殊或专项作业项目的安全生产制度，各企业可结合自身要求制定。

（3）安全操作规程

安全操作规程是操作人员操作机械和调整仪器仪表以及从事其他作业时必须遵守的程序和注意事项，是人们在长期的生产劳动实践中，以血的代价换来的科学经验总结，是为了保证生产安全而制定的、操作人员必须遵守的操作活动规则。它是根据企业的生产性质、机器设备的特点和技术要求，结合具体情况及操作人员经验制定出的安全操作守则，是企业建立安全制度的基本条件，是企业开展安全教育的重要内容，也是调查、处理生产事故的依据之一。

安全操作规程应根据本单位的机械设备种类和台数，按照一机一操作的原则制定。安全操作规程的制定必须紧密结合操作人员的实际操作水平，广泛征求基层操作人员、工程技术和管理人员的意见，真正制定出紧密结合生产实际，科学、严谨和能为广大操作人员所接受的操作制度。

3. 应急管理

应急管理是指政府及其他公共机构在突发事件的事前预防、事发应对、事中处置和善后管理过程中，通过建立必要的应对机制，采取一系列必要措施，保障公众生命财产安全，促进社会和谐健康发展的有关活动。国家应急救援的工作原则是：以人为本，减少危害；居安思危，预防为主；统一领导，分级负责；依法规范，加强管理；快速反应，协同应对；依靠科技，提高素质。

（1）应急管理工作内容

应急管理工作内容应包括：

①预防、监测。预防、监测的目的是防止事故的发生。其主要内容包括：建立完善规章制度；购买企业灾害保险；建立企业安全信息系统；编制企业安全规划；积极开展风险分析、评价和应急教育、安全研究；搞好企业安全监测与控制工作。

②预备、预警。预备、预警是事故发生之前采取的行动。目的是提高事故应急行动能力和响应效果。其主要内容是：制定企业应急方针政策和事故应急预案（计划）；建立应急通告与警报；明确应急医疗和应急救援中心；建立、储备应急资源；制定互助协议；做好应急培训与演习工作。

③响应、救援。响应、救援是事故即将发生或发生期间采取的行动。目的是尽可能降低生命、财产和环境损失，防止次生事故。主要内容是：启动应急通告报警系统；启动应急救援中心；报告有关政府机构；提供应急援助；对公众进行应急事务说明和信息发布；疏散与避难；搜寻与营救。

④恢复、重建。恢复、重建是指使生产、生活恢复到正常状态或进一步改善。主要工作内容是：清理废墟；消毒、去污；损害评估；保险赔偿；贷款或拨款；失业复岗；应急预案复审；灾后重建等。

（2）事故应急救援系统

事故应急救援系统是指通过事前计划和应急措施，充分利用一切可能的力量，在事故发生后迅速控制事故发展并尽可能排除事故，保护现场人员和场外人员的安全，将事故对人员、财产和环境造成的损失降低至最小程度。事故应急救援的基本原则是：预防为主，统一指挥、分级负责、区域为主、单位自救和社会救援相结合。

应急救援体系基本构成包括：

①组织体系。主要包括：管理机构、功能部门、指挥中心、救援队伍；

②运行机制。主要包括：统一指挥、分级响应、属地为主、公众动员；

③法制基础。主要包括：紧急状态法、应急条例、政府令、标准；

④应急保障。主要包括：信息通讯、物资装备、人力资源、财务经费。

事故应急救援的基本任务包括以下几个方面：抢救受害人员；控制危险源；指

导群众防护，组织群众撤离；作好现场清洁，消除危害后果；查清事故原因，估算危害程度。

（3）应急预案

应急救援预案又称应急计划，是针对可能发生的重大事故或灾害，如自然灾害、生产事故、环境公害及人为破坏等，为保证迅速、有序、有效地开展应急救援行动，降低事故损失而预先制订的应急管理、指挥、救援计划，一般应建立在综合防灾规划上。生产经营单位应当根据有关法律、法规和《生产经营单位安全生产事故应急预案编制导则》（AQ/T9002—2006），结合本单位的危险源状况、危险性分析情况和可能发生的事故特点，制定相应的应急预案。

按照针对情况的不同，应急预案可分为以下三种：

（1）综合应急预案。应当包括本单位的应急组织机构及其职责、预案体系及响应程序、事故预防及应急保障、应急培训及预案演练等主要内容。

（2）专项应急预案。应当包括危险性分析、可能发生的事故特征、应急组织机构与职责、预防措施、应急处置程序和应急保障等内容。

（3）现场处置方案。应当包括危险性分析、可能发生的事故特征、应急处置程序、应急处置要点和注意事项等内容。

应急救援预案核心要素及基本要求主要包括以下内容：

①方针与原则。

②应急策划：危险分析；资源分析；法律、法规要求。

③应急准备：机构与职责；应急设备、设施与物资；应急人员培训；预案演练；公众教育；互助协议。

④应急相应：现场指挥与控制；预警与通知；警报系统与紧急通告；通讯；事态监测；人员疏散与安置；警戒与治安；医疗与卫生服务；应急人员安全；公共关系；资源管理。

⑤现场恢复（事故调查）。

⑥预案管理与评审改进。

油气生产企业应当制订本单位的应急预案演练计划，并定期组织演练，以提高本单位生产安全事故应急处置能力。企业应每年至少组织一次综合应急预案演练或者专项应急预案演练，每半年至少组织一次现场处置方案演练。

应急预案演练结束后，组织单位应当对应急预案演练效果进行评估，撰写应急预案演练评估报告，分析存在的问题，并对应急预案提出修订意见。应急预案应当至少每三年修订一次，预案修订情况应有记录并归档。

第八章　油气生产企业安全风险评价方法与工作程序

　　油气生产企业安全风险评价是一种基于职业安全健康管理体系要求，由企业自主开展的危害辨识与风险评价活动，主要用于：

　　企业或系统中存在的危害可能造成重大事故，或不清楚现有或拟定的控制措施是否有效；在已满足法律和其他要求的情况下，寻求持续改进其职业安全健康管理体系，以达到更高水平。

　　只有具备充分的证据证明以下几点，风险评价和风险控制才可以忽略。

　　风险明显是轻微的，完全可以接受其损失；控制措施完全符合相关的法律、法规和标准的要求；控制措施丝毫不影响工作任务的实施；危险程度和控制措施被每个操作人员充分理解。

第一节　油气生产企业危害辨识与风险评价方法

一、油气生产企业危害辨识与风险评价工作特点

　　（1）油气生产企业危害辨识与风险评价是一项持续性的安全管理工作，工作基础在基层，其工作目的在于准确识别系统中存在的各种危险、危害因素，掌握系统潜在事故发生的根源，把握系统安全风险的大小，并从企业生产经营管理全局出发，制定并落实安全风险控制措施，确保系统安全平稳运行。

　　（2）评价人员主要是由本企业技术和管理人员组成，他们直接来自生产现场，直接掌握各种技术资料和管理资料，非常了解生产系统特性和容易发生的各种事故，对本单位的生产活动、技术水平、工艺流程、工艺设备、生产方式以及系统固有的危险性质非常清楚。同时，他们也是评价工作的直接受益者。因此，这种危害辨识和风险评价更加注重于操作风险和管理风险。

（3）在评价工具选择上，受评价人员专业知识结构所限，不可能像专业评价机构那样采用非常专业的评价工具，其工作目标主要在于准确查找系统危险、危害因素，确认系统安全风险程度，评价方法的选择以定性为主。

二、油气生产企业危害辨识与风险评价基本要求

（1）总体要求

危害辨识与风险评价主要取决于企业的规模、性质、作业场所状况及风险的复杂性等因素。企业在进行危害辨识、风险评价和风险控制过程中要充分考虑其风险控制现状，以满足实际需要和适用的职业安全健康法律、法规要求。

企业应将危害辨识与风险评价作为一项主动的制度措施来执行，如企业应在开展生产活动、施工作业或工艺设备、物料、管理程序、制度调整变化之前开展这项工作。在这些活动之前，应对识别出的风险采取必要的降低和控制措施，体现的是超前预防的思想。即使某项特定危险作业或任务已有风险控制措施，也应对该项作业或任务进行危害辨识、风险评价和风险控制。

（2）风险控制原则

油气生产企业应辨识和评价各种影响操作人员安全、健康的危害和风险，并按如下优先顺序确定预防和控制措施：

消除危害；通过工程措施或组织措施从源头来控制危害；制定安全作业制度，包括制定管理性的控制措施来降低危害的影响；上述方法仍然不能完全控制危害或降低风险要求时，企业应按国家规定提供相应的个人防护用品或设施，并确保这些个人防护用品或设施得到正确的使用和维护。

（3）危害辨识与风险评价工作应考虑的内容

适合本企业的有关职业安全健康法律、法规及其他要求；企业 HSE 方针和工作目标；事故、事件和不符合记录；HSE 管理体系审核结果；操作人员及其代表、HSE 委员会参与生产作业场所职业安全健康评审和持续改进活动的信息；与其他相关方的信息交流；生产运行、施工作业等方面的经验、典型危害类型、已发生的事故和事件的信息。

油气生产设施、工艺过程和生产活动的信息。主要包括以下几个方面：体系或体系文件变更的详细资料；场地规划和平面布置；工艺流程图；危险物料清单（原材料、化学品、废料、产品、中间产品、副产品等）；毒理学和其他职业安全健康资料；监测数据；作业场所环境数据等。

（4）危害辨识、风险评价和风险控制工作范围及注意事项

油气生产企业应确定将要开展的危害辨识、风险评价和风险控制的范围，确保

其过程完整、合理和充分，重点满足如下要求：

危害辨识、风险评价和风险控制工作的开展，必须全面考虑常规和非常规活动对系统的影响。这种活动不仅针对正常的油气生产及其作业，而且还应针对周期性或临时性的活动，如装置清洗、检修和维护、装置启动或关停、施工抢险作业等；除考虑企业操作人员生产活动所带来的危害和风险外，还应考虑承包方人员和访问、参观人员等相关方的活动，以及使用外部提供的产品或服务对油气生产系统的不良影响；评价工作应考虑作业场所内所有的物料、装置和设备可能造成的职业安全健康危害，包括过期老化以及库存的物料、装置和设备；进行危害辨识时，应考虑危害因素的不同表现形式；危害辨识、风险评价和风险控制的时限、范围和方法；风险评价人员的作用和权限；充分考虑人为失误这一重要因素；发动全员参与，使他们能够识别出与自己相关的危险、危害因素，找出事故隐患。这也是企业 HSE 管理的基础。

三、油气生产企业危害辨识与风险评价工作程序

（1）成立评价小组

油气生产企业应按照本单位危害辨识、风险评价和风险控制管理规定的要求，定期组织危险、危害因素辨识与风险评价工作。该工作一般由待评价的某一独立的油气集输系统管理者组织，评价小组一般由该系统管理单位主管安全的领导担任组长，成员由安全管理及相关技术人员组成，甚至可以吸收部分岗位骨干人员参与。

评价小组成立以后，组织评价的单位应对评价人员进行适当的培训，使评价小组的每一位成员熟练掌握相应的危害辨识与风险评价技术知识，研究讨论评价目的和工作目标，使评价工作更具针对性。

（2）确定评价范围和评价内容

企业开展危害辨识、风险评价和风险控制时，应明确评价对象，确定评价范围，并列出评价对象所包含的内容，其中必须考虑正常的生产活动和非正常的维修任务。评价对象一般包括以下几个方面内容：

油气集输站场区域布置、平面布置，油气管道走向；油气生产装置、工艺过程、生产作业；集油、集气、输油、输气；公用工程，包括排水系统、变（配）电站及电气设施、锅炉及供热系统等。

（3）资料收集

油（气）田区域的自然环境、社会环境；油气集输站场区域布置、平面布置，油气管道线路走向，以及油气生产设施周边物理环境等方面的各项数据；油气生产装置、工艺过程参数，油气管道行参数；生产设备操作、保养说明；油气产品及工

作介质的使用、储存、运输要求以及其物理、化学性质、危害数据；生产过程对访问者、承包方人员以及公众的影响；岗位操作人员的配置、培训及持证上岗情况；岗位责任制及管理制度；现有的安全风险防控措施；企业从内部和外部获得的与所进行的工作、所用设备和物质有关的事件、事故和疾病等的信息；与此评价对象有关的任何现有评价的资料。

（4）危害辨识

对与各项生产及作业活动有关的主要危害进行辨识，考虑谁会受到伤害以及如何受到伤害。

（5）确定风险

在假定计划的或现有控制措施适当的情况下，对与各项危害有关的风险做出主观评价。评价人员还应考虑控制的有效性以及一旦失败所造成的后果。

（6）确定风险是否可承受

判断计划的或现有的安全预防措施是否可以有效控制危害，将风险降低至可承受水平，并符合相应法律、法规的要求。这里所说的"可承受"是指风险已经降至合理可行的最低水平。

（7）制定风险控制措施

对所识别评价出的安全风险，应编制风险控制计划以处理评价中发现的、需要重视的任何问题。企业应确保新的和现行控制措施仍然适当和有效。

（8）评审防控措施的充分性

针对已修正的控制措施，重新进行评价风险，检查风险是否可承受。

四、油气集输系统安全风险构成

油气集输系统安全风险总体上包括两部分内容，即系统内在风险和周边环境对系统的影响。

系统内在风险主要取决于系统物料和生产设施两个方面的危险性，人的不安全行为仅是这种危险发展为事故的诱导因素。周边环境对系统的影响是指系统所处区域的自然环境、社会环境对系统安全的影响，反过来，系统安全风险又对周边环境发生作用。

五、油气集输系统危害辨识与风险评价

1. 工作流程及工作内容

油气集输系统危害辨识与风险评价工作流程见图8-1。

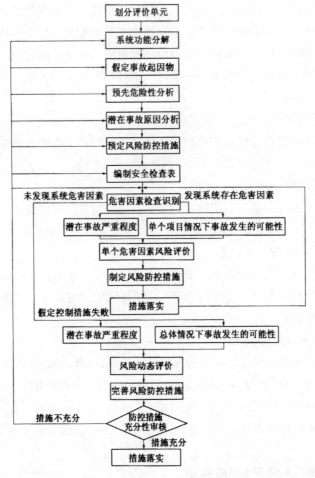

图 8-1 油气集输系统安全风险评价与控制工作流程

（1）划分评价单元

为了全面、准确地查找油气集输系统危险、危害因素,评价人员应根据区域划分、工艺特点、岗位设置,将评价对象划分成若干个生产单元,分别对这些单元进行分析和评价,这样也便于评价人员系统把握,避免遗漏,同时也便于管理者的安全决策。

（2）系统功能分解

生产单元包含多种设备、设施,这些设备、设施又分别由若干个子系统、元部件组成。系统功能分解就是按照系统工程原理,将评价单元看成一个独立系统,按设备类别、生产功能、工作特点分解成若干个子系统、元部件,对评价单元中的各个元部件、设备自右向左逐级进行分析,确定能够造成伤害、损失、功能失效的初始危险、危险类型以及初始危险的起因事件,仔细判定潜在的危险点。

（3）假定事故起因物

按照评价单元中各个子系统、元部件、系统物料对人、物以及它们之间的相互影响，查找、确认生产单元、子系统、元部件中存在的事故起因物和致害物，分析其危险特性，作为预先危险性分析的基础。

（4）预先危险性分析

将评价单元中的事故起因物作为初始危险的起因，对系统进行预先危险分析，查找评价单元中可能存在的危害事件，并将这些危害事件作为潜在事故，分析其事故类别及其可能产生的后果。

（5）潜在事故原因分析

对评价单元中存在的危害事件（潜在事故）利用事故树分析方法，从机械、物质和环境的不安全状态、人的不安全行为以及管理上可能存在的缺陷等三个方面分析潜在事故发生的原因，并逐条列出清单。

（6）预先设定风险防控措施

根据事故原因分析结果，从技术、管理两个方面确定防止事故发生、防止事故扩大、减少事故损失的安全对策，这些对策是确保系统安全应该采取的必要的风险防控措施。

（7）制定安全检查表

根据所确定的安全技术和管理对策以及潜在事故发生的原因清单，按照一般安全检查习惯，编制出适合安全风险评价的安全检查表。

（8）危险、危害因素检查识别

对现有控制措施下的评价单元进行详细的安全检查，查找系统中存在的事故隐患，评价被检查单元的安全程度。

当检查识别活动发现被评价单元存在危险、危害因素时，评价人员应对单个危险、危害因素分别进行风险评价；当检查识别活动未发现被评价单元存在危险、危害因素时，评价人员应对评价单元进行系统安全风险动态评价。

（9）单个危险、危害因素风险评价

分析被评价单元中的潜在事故，确定潜在事故的严重程度，并针对检查发现的可能引发事故的危险、危害因素，分析确定单个危险、危害因素影响情况下发生事故的可能性，按照风险评价指数矩阵法，分别评价这些危险、危害因素的风险水平，然后根据系统风险控制原则，针对不同危险、危害因素的风险大小，按优先顺序进行排列，分别制定预防和控制风险的必要措施。

企业应严格按照确定的风险防控措施组织实施，并对实施结果进行检查。危险、危害因素消除后，评价人员应重新进行安全风险评价。

（10）系统安全风险动态评价

上述危害辨识过程仅是针对某一时间点，并不能说明这种状态是否能够保持或能够保持多长时间，从某种意义上来讲，这种评价仅是一种静态评价。评价人员不仅要考虑现有措施的有效性，更要从动态考虑，设想某项或多项措施失效，并以此为基础对系统进行风险动态评价。

评价人员应在静态风险评价的基础上，根据自身掌握的事故案例和其他相应资料，确定在各种因素综合影响的情况下，被评价单元总体发生事故的可能性，并按照风险评价指数矩阵法，评价现有各项防控措施下的风险水平，然后根据事故预防与控制的基本原则，制定更为充分的安全风险防控措施。

（11）安全风险防控措施充分性审核

对经过完善的系统安全风险防控措施的充分性进行审核，并在此基础上持续改进。当措施充分时，应提交管理者组织实施；当措施存在缺陷时，应分析其原因。必要时，重新进行危害辨识与风险评价。

（12）措施落实

按照系统安全风险控制原则进行风险削减与防控措施的落实。

风险评价的结果应形成文件，作为建立和保持 HSE 管理体系中各项决策的基础，并为持续改进企业 HSE 管理效果提供衡量基准。企业所制定的风险防控措施应有助于保护操作人员的安全健康

2．危害辨识与风险评价工作方法

危害辨识与风险评价方法应根据油气田生产活动的范围、性质和评价工作时限进行确定，与本企业运行经验和风险控制能力相适应，评价方法应充分满足评价工作的方针和目标。具体工作可采用表 8-1 所列方法，但并不仅仅限于此表。

表 8-1　危害辨识与风险评价工作方法的选择

评价工作阶段	评价工作步骤	可采用评价方法
危害辨识	划分评价单元	预先危险性分析事故树分析
	系统功能分解	
	分析事故起因物	
	预先危险性分析	
	潜在事故原因分析	
	设定风险防控措施	
	制定安全检查表	安全检查表法
	危险、危害因素检查识别	

续表

评价工作阶段	评价工作步骤	可采用评价方法
现有控制措施下的风险评价	确定潜在事故的严重程度以及单个项目影响情况下发生事故的可能性	风险评价指数矩阵法
	现有控制措施下的风险水平	
单个危险、危害因素风险控制	制定风险防控措施	
	措施实施	
	重新开展危险、危害因素检查识别	
风险动态评价	确定总体影响情况下发生事故的可能性	
	风险动态评价	
系统风险控制	完善系统安全风险防控措施	安全评审
	开展防控措施充分性审核	
	措施落实或重新评价	

　　选择评价方法时应根据评价工作的特点、具体条件和评价目标，针对被评价系统的实际情况，经过认真地分析、比较来选择。必要时，应根据评价目标的要求，选择几种评价方法互相补充、综合分析和互相验证，以提高评价结果的可靠性。在选择评价方法时应该特别注意以下几方面：

　　（1）充分考虑被评价系统的特点，综合考虑被评价系统的规模、组成、复杂程度、工艺类型、工艺过程、工艺参数，以及原料、中间产品、产品、作业环境等因素。

　　（2）充分考虑评价的具体目标和工作要求。由于评价目标不同，所要求的最终评价结果各异。例如，风险评价工作目标可能是分析系统潜在事故及引发事故的原因，一般可采用预先危险性分析和事故树分析方法；若工作要求是准确识别系统存在的危险、危害因素，一般以安全检查表为手段。

　　（3）评价资料的占有情况。如果被评价系统技术资料、数据较为齐全，可进行定性、定量评价并选择合适的定性、定量评价方法；反之，则只能选择较简单的、需要数据较少的评价方法。

　　（4）评价人员的知识、经验和习惯，对安全评价方法的选择十分重要。

第二节　油气集输系统安全风险评价依据

危害辨识与风险评价工作的主要依据包括四个方面：

（1）国家、行业和地方政府有关安全生产的法律、法规、部门规章以及相应的技术标准；

（2）企业内部的各项规章制度、企业标准及技术和操作规程；

（3）可接受风险准则；

（4）行业及类似企业的经验教训。

一、法律、法规及技术标准

国家、行业和地方政府所发布的各项法律、法规和技术标准是油气生产企业开展安全生产管理工作所必须遵守的纲领性文件，也是企业开展危害辨识、风险评价和风险控制的首要工作依据，企业开展危害辨识、风险评价和风险控制，必须认真收集与本企业生产作业活动有关的法律、法规和标准。

二、企业安全生产规章制度

安全生产规章制度是法律、法规在企业内部的延伸，是企业保障人身安全与健康以及财产安全的最基础的规定，也是企业能否贯彻执行法律、法规的具体体现，每一个操作人员都必须严格遵守准则。企业安全生产规章制度一般包括安全管理制度和事故应急预案两部分。

三、可接受风险准则

可接受风险准则用于表达系统安全风险可接受水平，即企业可接受的风险标准，描述了人员伤亡和财产损失风险的最高情况，强调通过社会背景的多样性来理解风险的可接受性。

每个国家都有自己的社会风险水平。常见的风险水平为 $10^{-6} \sim 10^{-3}$/a，当事故产生的风险水平为 10^{-3}/a 或高于该值时，社会是不能允许的；而风险水平为 10^{-6}/a 或低于这个数字时又为社会所忽视。按美国 EPA 规定，小型人群可接受风险水平为 $10^{-5} \sim 10^{-4}$/a，社会人群可接受风险水平为 $10^{-7} \sim 10^{-6}$/a；法国炼油厂灾难性事故的可接受水平上限为 10^{-4}/a。我国化工行业风险水平统计值为 8.33×10^{-5}/a。故一般而言，

风险水平 10^{-4}/a 可作为最大可接受风险值。

我国是一个发展中国家，目前工业事故伤亡平均水平在 9×10^{-5}/a 左右，接近美国 20 世纪 40 年代的水平。考虑到油气生产属高风险行业，同时又备受社会公众关注这一特点，其风险可接受水平不能简单的按事故伤亡概率来确定。因为就某一基层生产单位而言，任何伤亡事故都不可能得到社会谅解，这是企业管理者无法接受的，即便是损失工作日超过一周的轻度伤害，也必须要经过评审并制定相应的监控措施。因此，油气生产企业的可接受风险值可按以下原则考虑：

事故后果非常轻微，损失工作日在一周以内或直接经济损失在 10 万元以内，其发生概率应控制在 10^{-3}/a 以内；事故后果较轻，损失工作日超过一周但在 105 个工作日之内或直接经济损失在 30 万元以内，需对风险加以控制；出现人员重伤或直接经济损失在 100 万元以内，后果严重，需加大风险控制力度；出现伤亡或多人重伤事故，直接经济损失超过 100 万元，这种风险绝对不能接受。

四、行业及类似企业的经验教训

行业及类似企业的经验教训是指油气生产企业的安全管理和安全技术经验以及类似生产装置的事故教训，对于风险评价工作而言，更多的还是事故案例。

案例 1：天然气管道泄漏火灾事故

2007 年 11 月 18 日，沙特阿拉伯国家石油公司（Aramco，简称阿美石油公司）在沙特东部的一条天然气管道发生泄漏并引发特大火灾，造成至少 28 人死亡，12 人失踪。火灾发生在当地时间凌晨，地点位于距宰赫兰南部的哈维耶天然气工厂 30 千米处的地方 Q 泄漏事故发生时，这条管道正在维修之中。

案例 2：天然气管道爆炸着火事故

2006 年 1 月 20 日，某油（气）田分公司输气管理处一输气站发生天然气管道爆炸着火事故，造成 10 人死亡、3 人重伤、47 人轻伤。事故发生的直接原因是由于管材螺旋焊缝存在缺陷，管道在内压作用下被撕裂，天然气大量泄漏并聚积，泄漏天然气携带出的硫化亚铁粉末遇空气氧化自燃，引发泄漏天然气管外爆炸。因第一次爆炸后的猛烈燃烧，使管内天然气产生相对负压，造成部分高热空气迅速回流管内与天然气混合，引发第二次爆炸，约 3 分钟后引发机制相同的第三次爆炸。

案例 3：自然灾害引发输气管道破坏

1998 年 8 月，某输气管线经过的一个山川爆发山洪，洪水冲毁了管线的水工保护工程，巨大的冲击力使河道中部的 UOE 钢管发生弯曲变形、局部严重鼓胀变形并发生破裂，破裂处在钢管下侧，裂缝长约 460mm，中部最宽处约 5mm，致使天然气泄漏，管道停输 66 小时。

案例4：焊缝缺陷引发容器爆裂并导致火灾爆炸

2005年6月3日，某油田天然气中央处理厂组织投用第6套脱水脱烃装置，15时10分左右，该装置低温分离器发生爆裂，爆炸裂片引发干气聚结器连锁爆炸后发生火灾。该事故造成两名运行维护工当场死亡，第6套装置完全损毁，第5套装置部分过火报废，部分建筑物损坏，中央处理厂停产。经调查认定，低温分离器制造过程中焊缝缺陷及复合材料应用中的缺陷，是引起这次事故的主要原因。

案例5：抽油机作业伤人事故

2005年10月13日，某采油厂采油八队五号井组井长李某和本班组人员王某到+218-73井处理卡子、调防冲距。10时20分左右，正在测试短接的王某听到叫声，发现李某背对驴头，被夹在悬绳器钢丝绳和驴头之间，马上报告求救。救援人员把李某接下来时，发现李某已经死亡。

案例6：违章进行危险作业亡人事故

2005年9月19日，某炼油厂王某（男，代理值班长）未执行受限空间作业安全管理规定，在没有办理受限空间作业票、明知罐内气体分析不具备进入条件，且未采取有效个体防护措施的前提下，违章进入产品分离罐，导致中毒死亡。

案例7：燃油泵房燃油泄漏爆炸事故

2004年9月12日14时40分，某油田采油站当班员工冯某（女），在巡查时发现燃油泵燃料油泄漏，喷溅后的燃料油随即产生大量的可燃气体与空气混合，形成可燃性爆炸气体混合物，达到爆炸极限，由于喷溅的燃料油流速过快，产生静电并打火，引起着火爆炸，冯某当场死亡。

案例8：原油储罐火灾事故

1983年8月30日，英国密尔福德港的一具$10 \times 10^4 m^3$的浮顶油罐发生火灾，火源可能是离储罐90米外的火炬排出的炙热烟炱粒子。着火罐单独布置在一个防火堤内，设计有单独的机械密封和泡沫隔板，但是该罐没有泡沫输送管道。由于浮顶上有几条延伸长度超过28厘米的裂纹，一些油渗出浮顶。大火先在一半的浮顶燃烧，然后迅速蔓延到罐顶全表面。12小时后油罐发生强烈沸溢，储罐周围形成一片火海，大火持续了约40小时，将罐内的油品和储罐全部烧毁，事故损失约1550万美元。

案例9：原油储罐泄漏污染事故

1989年5月3日6时30分，某石化总厂发现104#原油罐在罐底西南部位置与基础之间缝隙处原油大量泄漏，并经防火堤上关闭不严的排水阀流至堤外明沟。经采取紧急处理措施，仍漏出原油1892.6t，组织回收1875t，直接经济损失9.77万元。泄漏的原油造成厂外一河道严重污染，并因5月16日半夜的暴雨将油带走，又污染附近某乡果木蔬菜农田24.1公顷。

案例 10：压缩机设备事故致人死亡

2005 年 1 月 18 日 9 时 5 分，某油田采输气作业区增压站的 Z265-4# 压缩机组发生异响。该站站长徐某经请示后，安排三名操作人员进行停机检修作业（注：该项作业为站上操作人员例行检修作业）。停机后，发现进气阀弹簧已断裂，3 块阀片已折断。当班操作人员李某 1、仕某、李某 2 当即进行丁整改，更换弹簧 14 根，阀片 3 片。启机后李某 2 发现维修后的气阀还有泄漏，随后停机，三人再次对气阀进行维修。10 时 42 分二次启机后，机组飞轮高速运转，操作人员紧急操作仪表控制盘的人工停车按钮并采取措施，但仍不能控制住压缩机的飞车态势。紧急撤离过程中，压缩机飞轮解体碎裂成 12 块，撞击损坏启动气管线、燃气电磁切断阀、燃气进气分离器及管线等引起天然气泄漏；当班操作人员李某 1 在向站场配气区撤离过程中被飞轮碎块击中，当场死亡。

经过现场勘查及对相关部件进行技术鉴定，对管理及操作等综合分析论证认定：这起事故是由于 4# 压缩机组处于空载运行阶段，燃气转阀失效造成控制假象，导致机组超速。机组超速后，由于仪表保护系统未能及时有效地切断气源和点火电源，同时启动气进气球阀内漏，造成机组自动保护停机控制失效。在以上多个环节和零部件同时发生故障的综合作用下，导致压缩机超速、自动保护控制及手动控制失效；飞轮在超速情况下发生脆性解体断裂造成事故。

经当地政府安全监督管理部门认定，这是一起非甲方责任的设备质量事故。

第九章 油气集输系统物料危险性分析

油气集输是原油和天然气采集、处理和运输的全部生产工艺过程，其物料的危险性反映出油气集输系统易燃、易爆、有毒等主要危险特征。

油气集输系统物料主要是指油气生产过程中的原料、中间产品、产品及工作介质，但由于油气生产本身属采掘业，其原料、中间产品和产品并没有明显的区别和界定。因此，油气集输系统物料可概括的划分为两部分，即油气产品和工作介质。

第一节 油气产品危险特性

油气产品是指油（气）井采出物以及经过油气集输系统处理加工而得到的石油产品。主要包括：原油、天然气、硫化氢、液化石油气、轻油等。

一、原油

1. 理化特性

原油系复杂的混合物，是一种从地下深处开采出来的黄色、褐色乃至黑色的可燃性黏稠液体。胶质、沥青质含量越高，颜色越深。性质因产地而异，大多数原油密度在 $0.8 \sim 1.0 \text{g/cm}^3$ 之间，黏度范围很宽（50℃运动黏度为 $1.46 \text{mm}^2/\text{s}$，有的甚至高达 $20000 \text{mm}^2/\text{s}$），凝固点差别很大（$-60 \sim 30$℃），沸点从常温到500℃以上，闪点 $-20 \sim 100$℃，爆炸极限为 $1.1\% \sim 8.7\%$。原油不溶于水，但溶于苯、乙醚、三氯甲烷、四氯化碳等有机溶剂。其组成除烷烃、环烷烃和芳烃外，还含有硫、氮、氧的化合物，或兼含硫、氮、氧等化合物的胶状、沥青状物质，以及含有微量钒、镍等金属的有机化合物。

2. 危险特性

原油属易燃液体，其危险性主要表现在以下几个方面：

（1）易燃、易爆性

原油闪点较低，根据《石油天然气工程设计防火规范》（GB50183—2004）标准，原油火灾危险性分属甲 B、乙 A、乙 B、丙 A、丙 B 五个类别，但大部分种类原油属于甲 B 类，说明原油初步处理和储存过程具有较高的火灾危险性。原油的闪点低，挥发性强，在空气中只要有很小的点燃能量就会闪燃。原油蒸汽和空气混合后，可形成爆炸性混合气体，达到爆炸极限时遇到点火源即可发生爆炸。原油蒸汽的爆炸范围较宽，爆炸下限较低，危险性较大。因此，应十分重视原油的泄漏和爆炸性蒸汽的产生与积聚，以防止爆炸事故的发生。

（2）静电危害

原油中含有大量的杂质，在一般情况下，杂质有增加静电的趋势，这就决定了原油易产生静电。在管道运输、储运过程中，原油与管壁摩擦，与罐壁冲击或泵送时都会产生静电。静电放电所产生电火花，其能量可达到或大于原油的最小点火能，当原油的蒸汽浓度处在爆炸极限范围内时，可立即引起燃烧、爆炸。但另一方面，由于原油的电阻率较小，一般在 $10^9 \sim 10^{10}\Omega.m$，因此，只要有良好的静电消除措施，其静电积聚的可能性较小。

（3）毒性

截至目前，未见原油引起急慢性中毒的报道。但原油在分馏、裂解和深加工过程中的产品和中间产品可表现出不同的毒性。长期接触能引起皮肤损害。

（4）扩散、流淌性

原油有一定黏度，但受热后其黏度会变小，泄漏后可流淌扩散。原油蒸汽的密度比空气大，泄漏后的原油及挥发的蒸汽易在地表、地沟、下水道及凹坑等低洼处滞留，并贴地面流动，往往在预想不到的地方遇火源而引起火灾。国内外均发生过泄漏原油沿排水沟扩散遇明火燃烧爆炸的恶性事故。

（5）热膨胀性

原油本身热膨胀系数不大，但受到火焰辐射时，由于原油中低沸点组分会气化膨胀，其体积会有较大的增长，可导致固定容积的容器破裂或溢出容器，进而参与燃烧甚至爆炸，酿成更大事故。

（6）沸溢性

原油在含水量达到 0.3% ~ 4.0% 时具有沸溢性，此时的原油若发生着火燃烧，就可能产生沸腾突溢，在辐射热及水蒸气等的作用下，有时会引起燃烧的原油大量外溢，甚至从罐内猛烈喷出，形成高达几十米、喷射距离上百米的巨大火柱，不仅造成人员伤亡，而且能引起邻近罐燃烧，扩大灾情。

（7）低温凝结性

大部分原油凝固点较高，在低温下易凝固，可造成堵管，使管道无法输送。

一旦发生冻堵可造成管线难以再启动，影响整个系统的正常生产。

二、天然气

1．理化特性

天然气属无色气体，不溶于水。当混有硫化氢时，有强烈的刺鼻臭味。天然气气体密度 0.7 ~ 0.75g/L，爆炸极限 5% ~ 15%，自燃温度 482 ~ 632℃。天然气有干气和湿气之分。干气又称气田气，主要成分是甲烷，一般占 90% 以上，而乙烷、丙烷、丁烷等含量一般只有 1% ~ 3%。湿气包括凝析气田气和油田伴生气，是与凝析油或原油共存的气体，其组成虽以甲烷为主，但乙烷、丙烷、丁烷的含量较高，可达 10% ~ 20%，甚至还有少量的戊烷和己烷。有的天然气中还会含有一些非烃气体，如二氧化碳、硫化氢、氮、氩、氢等。

2．危险特性

天然气属易燃气体，其危险性主要表现在以下几个方面：

（1）易燃、易爆性

根据《石油天然气工程设计防火规范》（GB50183—2004）标准，天然气属甲B 类火灾危险性物质（液化天然气属甲 A 类火灾危险物质），其闪点很低，在空气中只要很小的点火能量就会引燃，且燃烧速率很快，是火灾危险性很大的物质。天然气的爆炸极限较宽，爆炸下限较低，遇明火、高热极易发生爆炸。

天然气的燃烧与爆炸是同一个序列的化学过程，但是在反应强度上爆炸比燃烧更为剧烈。天然气的爆炸是在一瞬间（数千分之一秒）产生高压、高温（2000 ~ 3000℃）的燃烧过程，爆炸波速可达 3000m/s，造成很大破坏力。

（2）易扩散性

一般来讲，天然气（干气）的密度比空气小，泄漏后易扩散，不易造成可燃气体积聚。但重组分比例较高的天然气（湿气）泄漏后，其中的重组分很可能在低洼处积聚，形成爆炸性混合气体。另外，当大量的天然气泄漏时，若遇适合的天气（如无风或雾天），也可造成天然气聚集，有形成爆炸蒸汽云的危险。

（3）中毒与窒息

天然气为烃类混合物，长期接触可出现神经衰弱综合征。天然气的毒性因其组成不同而异，若天然气的主要成分是甲烷，仅起窒息作用，当空气中的甲烷含量达到 25% ~ 30% 时，将使人出现缺氧症状，可以引起头痛、头晕、乏力、注意力不集中、呼吸和心跳加快等。若不及时脱离现场，可窒息死亡。如含有硫化氢等气体时，则毒性依其含量不同而异，所引起的中毒表现也有所不同。

（4）热膨胀性

天然气的体积会随着温度的升高而膨胀，当设备、管道遭受曝晒或靠近高温热源时，天然气受热膨胀可导致设备、管道内压增大，造成容器破裂损坏进而导致天然气泄漏。

三、液化石油气

1. 理化特性

液化石油气是石油加工过程中得到的一种无色挥发性液体，不溶于水，主要组分为丙烷、丙烯、丁烯，并含有少量戊烷、戊烯和微量硫化氢等杂质。液体相对密度 0.5 ~ 0.6（注1），气体相对密度为 1.5 ~ 2.0（注2），蒸汽压 ≤ 1380kPa（37.8℃），爆炸浓度 1.0% ~ 15%（注3），自燃温度 426 ~ 537℃。

2. 危险特性

液化石油气属易燃气体，其危险性主要表现在以下几个方面：

（1）易燃、易爆

液化石油气为易燃、易爆危险品，根据《石油天然气工程设计防火规范》（GB50183-2004），液化石油气属于甲A类火灾危险性物质，属火灾危险性最高级别。液化石油气的引燃能量小，爆炸下限低，一旦泄漏与空气混合，遇到火种或火花就会发生燃烧、爆炸。并具有以下火灾特点：

①火势猛烈，传播速度极快。液化石油气剧烈燃烧时的火焰传播速度可达 2000m/s 以上。当有火情时，即使是相隔很远的液化石油气，也会立即起燃，形成大面积的火区，火势异常猛烈，破坏性极大。

②继发灾害严重。当火灾发生时，除了与空气混合的液化石油气产生爆炸外，还可能因大火烘烤（辐射热）导致液化石油气贮罐或槽车剧烈升温而引起容器爆裂。爆炸后的储存容器飞出，伴有液化石油气喷射，使爆炸范围波及面迅速增大。

（2）毒性

液化石油气的主要成分是丙烷、丁烷、丙烯、丁烯，都具有亲脂性。泄漏出的液化石油气首先侵犯中枢神经系统，引起中枢神经兴奋并渐渐演变到抑制过程。其中毒反应为：

急性中毒：有头晕、头痛、兴奋或嗜睡、恶心、呕吐、脉缓等症状；重症者可突然倒下，尿失禁，意识丧失，甚至呼吸停止。

慢性影响：长期接触低浓度液化石油气者，可出现头痛、头晕、睡眠不佳、易疲劳、情绪不稳以及植物神经功能紊乱等。

（3）体积膨胀系数大

液化石油气的体积膨胀系数比水大得多，为水的 10 ~ 16 倍，且随温度升高而增大。当液体石油气液体全部充满整个容器时，温度每升高 1℃，压力（表压）上升 2 ~ 3MPa，温度升高 3 ~ 5℃，其内压就会超出容器设计压力而导致容器爆裂。因此，无论是槽车、贮罐还是钢瓶，液化石油气的贮存充装必须注意温度的变化，充装时绝对不能充满，而应留有足够的气相空间，最大充装重量一般控制在 0.425kg/L，体积充装系数一般为 85%。

（4）扩散、流淌性

气态液化石油气比空气重，为空气的 1.5 ~ 2.0 倍，且液化石油气从容器或管道大量泄漏后，不会立即挥发和扩散，而是保持液体状态流动和沉积，并随后气化沿地面蔓延，极易达到爆炸浓度，遇明火、火花发生燃烧或爆炸。

（5）气化潜热大

液化石油气由液态变为气态时，其体积增大 250 ~ 300 倍，并吸收大量的热，易造成冻伤、冻害。

（6）静电危害性

液化石油气的电阻率为 10^{11} ~ $10^{14}\Omega.cm$，流动时易产生静电，且不易消散。实验证明，液化石油气喷出时产生的静电电压可达 9000V 以上。这主要是因为液化石油气是一种多组分的混合气体，气体中常含有液体或固体杂质，在高速喷免时与管口、喷嘴或破损处产生强烈摩擦所致。液化石油气所含液体和固体杂质越多，在管道中流动越快，产生的静电荷也就越多。同时由于电阻率很高，静电电荷不易释放，很容易形成静电积聚、放电。

（7）含硫易腐蚀

液化石油气大都含有不同程度的微量硫。硫对容器设备内壁有腐蚀作用，含量越高，腐蚀性越强。液化石油气容器是一种受内压容器，容器壁的主应力呈拉应力状态，液化石油气中的硫可使容器产生应力腐蚀，导致容器脆性破裂。另外，内腐蚀可使容器壁变薄，降低容器的耐压强度，可导致容器爆裂，进而可引发火灾爆炸事故。同时，容器内壁因受硫的腐蚀作用会生成硫化亚铁粉末，附着在容器壁上或沉积于容器底部，随残液或泄漏的液化石油气进入大气环境，遇空气可引起自燃并引发火灾爆炸。

四、轻油

1. 理化特性

轻油多指沸点高于汽油而低于煤油之馏分，也常称为石脑油。其主要组分是碳五左右的烷烃或环烷烃，常压下易挥发。石脑油属无色或浅黄色液体，有特殊气味，不溶于水，但溶于多数有机溶剂。根据其用途不同，轻油终馏点的切割温度各不相同，一般高于220℃，密度0.63 ~ 0.76g/cm³，爆炸极限1.2% ~ 6.0%，自燃温度255 ~ 390℃。

2. 危险特性

石脑油属易燃液体。根据《石油天然气工程设计防火规范》（GB0183—2004），石脑油属于甲B类火灾危险性物质，其危险性与原油类似，但在以下两个方面较原油更为明显。

（1）毒性

较高浓度的蒸汽可刺激眼睛及抑制中枢神经，引起眼及上呼吸道刺激症状，如浓度过高，几分钟即可引起呼吸困难、紫绀等缺氧症状。

（2）静电危害

轻油电阻率一般在 $10^{11}\Omega \cdot m$ 以上，属静电非导体，电荷的消散需要一个相当长的时间。因此，石脑油更容易引起静电积聚，其静电危害性更大。

五、硫化氢

一般来讲，油气集输系统中的硫化氢并不是独立的油气产品，而是作为一种有毒物质存在于原油、天然气之中。由于硫化氢具有易燃易爆、有毒和腐蚀性等特点，给油气生产安全运行带来极为不利的影响。

1. 理化特性

硫化氢为无色、有臭鸡蛋味的易燃、易爆、有毒和腐蚀性酸性气体，分子式 H_2S，相对分子质量为34.08，气体密度为1.539kg/m³，液体密度0.9149g/cm³（-60.2℃），临界压力9.01MPa，临界温度100.4℃，闪点-60℃，空气中的爆炸极限4.0% ~ 46.0%，自燃温度260℃，最小点火能0.077mJ。硫化氢易溶于水，在水中的溶解度很大，其水溶液具有弱酸性，如在1大气压下，30℃水溶液中 H_2S 饱和浓度大约是300mg/L，溶液的pH值约为4。

2. 危险特性

硫化氢属易燃、有毒气体，其危险性主要表现在以下几个方面：

（1）燃烧与爆炸性

硫化氢易燃，与空气混合形成爆炸性混合气体，且在空气中的爆炸下限较低，爆炸极限较宽，遇明火、火花极易发生爆炸。硫化氢比空气重，能在低洼处扩散到相当远的地方，不易消散。

（2）毒性

硫化氢有毒，《职业性接触毒物危害程度分级》将硫化氢危害程度划为Ⅱ级，属高度危害毒物。硫化氢属窒息性气体，是一种强烈的神经性毒物。硫化氢进入人体后与细胞内线粒体中的细胞色素氧化酶结合，使其失去传递电子的能力，造成细胞缺氧。硫化氢接触湿润黏膜，与液体中的钠离子反应生成硫化钠，对眼和呼吸道产生刺激和腐蚀作用。

根据《工作场所有害因素职业接触限值化学有害因素》（GBZ2.1—2007）标准，硫化氢最高容许浓度（MAC）为 10mg/m³。《含硫化氢的油气生产和天然气处理装置作业的推荐作法》（SY/T6277—2005）规定，工作人员在露天安全工作 8h 可接受的安全临界浓度为 30mg/m³，对生命和健康造成不可逆转或延迟性影响的危险临界浓度为 150mg/m³。

表 9-1 列出了空气中各种浓度的硫化氢对人体的危害情况。（含硫油（气）田硫化氢监测与人身安全防护规程（SY/T6277—2005）附录 A）

表 9-1 硫化氢对人体的危害

在空气中的浓度 /（mg/m³）	生理影响及危害
0.04	感到臭味
0.5	感到有明显臭味
5.0	有强烈臭味
7.5	存不快感
15	刺激眼睛
35 ~ 45	强烈刺激黏膜
75 ~ 150	刺激呼吸道
150 ~ 300	嗅觉在 15 分钟麻痹
300	暴露时间长则有中毒症状
300 ~ 375	暴露 1 小时引起亚急性中毒
375 ~ 525	4 ~ 8 小时有生命危险
525 ~ 600	1 ~ 4 小时有生命危险
900	暴露 30 分钟会引起致命危险
1500	引起呼吸道麻痹，有生命危险
1500 ~ 2250	在数分钟内死亡

（3）腐蚀性

硫化氢不仅对人的安全和健康有很大危害性，而且它对钢材也具有强烈腐蚀性，对石油、石化装备安全运行存在很大的潜在危险。硫化氢遇水反应生成氢硫酸，对油井套管、集输管线以及工艺设备造成腐蚀，缩短管线和设备的使用寿命，甚至穿孔引发油气泄漏。硫化氢还可造成设备、管道应力腐蚀破裂，甚至导致爆裂事故。另外，氢硫酸与铁反应生成可在空气中自燃的硫化亚铁，给管道、设备检修及填料更换造成危险。

第二节　油气集输系统工作介质危险特性

油气集输系统工作介质是指油气采集、处理、加工及设备运行过程中所使用的各种工作介质、驱动介质、热媒以及化学药剂等。主要包括：氨、丙烷、甲醇、氮气、二氧化碳、导热油、高压过热蒸汽等。另外，还有降黏剂、缓蚀剂、除垢剂、聚合物等化学药剂。

一、氨

氨是最常用的制冷剂，主要用于天然气净化装置中的低温冷源。

1. 理化特性

氨是一种无色有刺激性恶臭的气体，易压缩成为液体，同时放出大量热。当压力减低时则易气化，并吸收大量热。氨的密度很小，在标准状态下，氨气密度仅为 $0.7708kg/m^3$，沸点 $-33.5℃$。氨易溶于水、乙醇、乙醚，水溶液呈碱性。遇强氧化剂，如氯酸盐、高氯酸盐、三氧化铬、溴酸盐以及硝酸等，易引起强烈反应或燃烧爆炸；氨的自燃点 $630℃$，最易引燃浓度 17%，爆炸极限 $15.7\% \sim 27.4\%$；产生最大爆炸压力的浓度 22.5%，最大爆炸压力 47.56×10^4Pa，临界温度 $132.5℃$，临界压力 11.4×10^6Pa。（注 1）

2. 危险特性

氨属有毒气体，其危险性主要表现在以下几个方面：

（1）毒性

氨有毒性，对眼和呼吸道黏膜有强烈的刺激和腐蚀作用，高浓度的氨可造成人体组织溶解性坏死，引起化学性肺炎及灼伤，并可通过三叉神经末梢的反射作用而引起心脏停搏和呼吸停止。《工作场所有害因素职业接触限值化学有害因素》

（GBZ2.1–2007）规定工作场所空气中氨的短时间接触容许浓度（PC–STEL）为30mg/m³。人嗅阈为0.5～1mg/m³；140mg/m³，30min，可造成眼和上呼吸道不适，恶心、头痛；1750mg/m³，30min，可危及生命；3500～7000mg/m³，可即刻死亡，目前还没有对抗氨毒性的物质。

（2）燃烧爆炸

氨是可燃气体，与空气混合形成爆炸性混合物，遇明火、高热会引起燃烧爆炸。但由于氨的爆炸下限高于10%，且爆炸上限与下限的差值小于20%。因此，氨不属于易燃气体，其爆炸危险性较小。

（3）冻伤和灼伤

氨的沸点–33.5℃，在常温下会急剧气化，并吸收大量的热，具有良好的热力学性质，是理想的制冷工质。因此，当氨泄漏时，会伴随急剧降温，易造成人体冻伤。同时，氨遇水呈碱性，人与液氨或高浓度氨直接接触可致眼或皮肤灼伤。

二、丙烷

丙烷在油气集输系统中主要作为天然气净化装置的制冷剂，也有可能是天然气净化装置的最终产品。

1. 理化特性

丙烷在常温常压下为无色气体。微溶于水，可溶于乙醇、乙醚。熔点–187.6℃，沸点–42.1℃，气体密度2.005g/L，液体密度0.5825g/cm³（–42.1℃），临界压力4.25MPa，临界温度96.8℃，蒸汽压≤1430kPa（37.8℃），爆炸极限2.1%～9.5%，自燃温度4501，闪点–104℃，最小点火能0.31mJ，最大爆炸压力0.843MPa。

2. 危险特性

丙烷属易燃气体，其危险性主要表现在以下几个方面：

（1）燃烧与爆炸

丙烷易燃。根据《石油天然气工程设计防火规范》（GB50183—2004），丙烷属于甲B类火灾危险性物质，与空气混合能形成爆炸性混合物，遇热源和明火有燃烧爆炸的危险。与氧化剂接触猛烈反应。丙烷气体比空气重，可在低洼处积聚并扩散到相当远的地方，遇火源燃烧爆炸。

（2）中毒

丙烷有单纯性窒息及麻醉作用。人短暂接触1%丙烷，不引起症状；10%以下的浓度，只引起轻度头晕；接触高浓度时可出现麻醉状态、意识丧失；极高浓度时可致窒息。

（3）冻伤

丙烷是良好的制冷剂，液体丙烷常压下迅速蒸发，并吸收大量的热。当人的皮肤接触液体丙烷时，可引起冻伤。

另外，丙烷在低温下容易与水生成固态水化物，引起管道堵塞。当丙烷作为制冷剂时，易引发机械故障；当作为天然气净化装置的产品时，可使管道堵塞，进而引发其他事故。

三、甲醇

甲醇一般用于天然气集输和处理系统，通过向天然气井口、管道及天然气深冷分离装置中滴注甲醇，可降低天然气露点温度，有效防止天然气水化物的形成，预防冻堵。

1. 理化特性

甲醇是一种无色、透明、高度挥发、易燃液体。略有酒精气味。能与水、乙醇、乙醚、苯、酮、卤代烃和许多其他有机溶剂相混溶。相对分子质量32.04，密度0.791～0.793g/cm³，熔点 -97.8℃，沸点 64.5℃，闪点 11℃，自燃温度 385℃，最小点火能 0.215mJ，爆炸极限 5.5%～44.0%。

2. 危险特性

甲醇属易燃液体，其危险性主要表现在以下几个方面：

（1）燃烧与爆炸

甲醇易燃。根据《石油天然气工程设计防火规范》（GB50183—2004），甲醇属甲 B 类火灾危险性物质。其蒸汽与空气混合可形成爆炸性混合物。遇明火、高热能引起燃烧爆炸。与氧化剂接触可发生化学反应或引起燃烧。甲醇蒸汽的爆炸下限较低，爆炸极限范围较宽，且点火能较小，其爆炸危险性较大。

（2）中毒

甲醇易经胃肠道、呼吸道和皮肤吸收。甲醇经肝脏的醇脱氢酶氧化为甲醛，在经过醛脱氢酶作用氧化为甲酸。甲醇本身具有麻醉作用，损害视神经。短期内吸入高浓度甲醇蒸汽或经皮肤吸收大量的甲醇可引起急性或亚急性中毒。《工作场所有害因素职业接触限值化学有害因素》（GBZ2.1—2007）规定，甲醇的时间加权平均容许浓度（PC-TWA）为25mg/m³；在遵守 PC-TWA 前提下，容许短时间（15min）接触的浓度（PC-STEL）50mg/m³。

（3）扩散范围大

甲醇蒸汽比空气重，能在较低处扩散到相当远的地方。因此，甲醇泄漏危害范围较大。

四、氮气

在油气集输系统，氮气主要用于以下三个方面：

①油气集输装置和天然气管道投产，以及设备检修、动火作业前的气体置换与气封；

②天然气集输装置、加热炉等关键设备灭火；

③氮气泡沫调剖；注氮采油；气举作业；煤层气开采等。

1. 理化特性

氮气是一种无色无味气体，微溶于水和乙醇，在空气中所占的比例约为78%（体积），并以蛋白质、氨气等氮化合物的形式在自然界中广泛存在。常温下无化学活性，不会与其他物质化合。相对分子质量28.01，气体密度1.25g/L，液态密度0.8695g/cm^3（–210℃），沸点–195.8℃，熔点–210℃，临界压力3.40MPa，临界温度–147℃，蒸汽压1026.42kPa（–173℃），蒸发热47.7Cal/g、199kJ/kg（沸点）。

2. 危险特性

氮气属不燃气体，其主要危险表现在以下几个方面：

（1）窒息性

氮气本身不能使人窒息，但在空气中有排挤氧的作用，如果氮气过多而隔绝氧气，操作人员会引起窒息。当氮气浓度大于84%时，可出现头晕、头痛、眼花、恶心、呕吐、呼吸加快、血压升高，甚至失去知觉，如不及时脱离危险环境，可致死亡。

（2）低温冻伤

液氮的沸点为–195.8℃，液氮气化时每千克可吸热48千卡。液氮的渗透性很弱，但当人体皮肤接触液氮时会受到严重冻伤。

（3）压缩性

氮属压缩性气体，由于具有不燃特性，可作为液压蓄能器的高压源。液氮遇热温度升高，体积将迅速膨胀。储装液氮的容器，若遇高热，容器内压增大，有爆裂的危险。

（4）应力腐蚀

氮与钢材接触，可造成钢材渗氮，降低钢材韧性。氮还可以造成设备、管道发生应力腐蚀破裂。

五、二氧化碳

在油气生产作业过程中，二氧化碳主要用于以下三个方面：

①用于三次采油，通过向地层注入二氧化碳，起驱油作用；

②用于井下压裂，使用二氧化碳泡沫作为携砂液；

③用于焊接作业，使用二氧化碳作为保护气体。

1. 理化特性

二氧化碳是无色、无臭气体，有微酸味。熔点 –56.6℃（527kPa），沸点 –78.5℃，气体密度 1.977g/L，液体密度 0.9295g/cm³（0℃），临界温度 31℃，临界压力 7.39MPa，蒸汽压 1013.25kPa（–39℃），气化热（–78.5℃，101.325kPa）570.08kJ/kg。二氧化碳加压可液化。液态二氧化碳在 410kPa 下冷却到 –21.1℃形成固体，固体二氧化碳俗称干冰。二氧化碳可溶于水，部分生成碳酸。

2. 危险特性

二氧化碳属不燃气体，其主要危险表现在以下几个方面：

（1）毒性与窒息

在低浓度时，二氧化碳对呼吸中枢起兴奋作用，高浓度时则产生抑制甚至麻痹作用。中毒机制中还兼有缺氧因素。二氧化碳中毒绝大多数为急性中毒，鲜有慢性中毒病例报告。二氧化碳急性中毒主要表现为昏迷、反射消失、瞳孔放大或缩小、大小便失禁、呕吐等，更严重者还可出现休克及呼吸停止等。《工作场所有害因素职业接触限值化学有害因素》（GBZ2.1—2007）规定，二氧化碳的时间加权平均容许浓度（PC-TWA）为 9000mg/m³；在遵守 PC-TWA 前提下，容许短时间（15min）接触的浓度（PC-STEL）18000mg/m³。

另外，由于二氧化碳可排挤空气中的氧气，当人吸入气体中二氧化碳浓度过高会造成氧分压减少，使人窒息。

（2）冻伤

二氧化碳属液化气体、冷冻液体，固体或液体二氧化碳在气化过程中会吸收大量的热，如果皮肤接触固体或液体二氧化碳，能引起冻伤。

（3）爆裂

二氧化碳属压缩性气体，蒸汽压较高，当储装二氧化碳的设备、管道安全性能不能满足安全要求时，有可能发生爆裂，对人员及设备造成伤害。

（4）腐蚀

在正常温度下，二氧化碳干气本身不具有腐蚀性。但它易溶于水并生成碳酸，从而使钢与水之间产生电化学反应，释放出氢离子。氢离子是强去极化剂，极易夺取电子还原，促进阳极铁溶解而导致腐蚀。二氧化碳腐蚀最典型的特征是呈现局部的点蚀，轮癣状腐蚀和台面状坑蚀。其中，台面状坑蚀过程是最严重的腐蚀情况，腐蚀速度可达 20mm/a。

六、热媒物质

（1）水蒸气

水蒸气是最常见的热载体，主要用于系统供热、稠油注蒸汽热力采油以及油气管道、设备的吹扫清洗。高压过热蒸汽具有高温高压特点。高压可以造成蒸汽管道、锅炉、蒸汽发生器以及换热设备发生爆裂，高压蒸汽泄漏喷射可导致高压伤害；高温蒸汽泄漏、放空时可导致人员灼伤等。

（2）热水

热水主要用于系统供热或设备、管道热洗（冲洗）。热水一旦泄漏有可能造成人员灼烫伤害，特别是高压热水，其温度更高，危害也更大。

（3）导热油

导热油主要作为有机热载体炉传热媒介，具有高温、可燃等特点。高温导热油一旦泄漏，有可能造成人员烫伤，遇明火可引发火灾。导热油炉长期运行，炉管结焦，有可能造成炉管局部过热破坏；炉管破裂，可造成导热油炉着火。

七、化学药剂

（1）防蜡剂和清蜡剂

二者均属易燃物质，具有一定的火灾危险性。常规防蜡剂主要成分为乙烯—醋酸乙烯酯共聚物及酯化物等，属低毒化学品。清蜡剂通常投加到油井套管中，可有效地溶解油井井筒和油管壁上的石蜡。

（2）破乳剂

破乳剂在油水分离过程中起到表面活性、润湿吸附和聚结作用，一般在各转油站和脱水站来油阀组入口处连续投加。破乳剂为液态，产品种类繁多，但大多数破乳剂的主要化学成分是嵌段高分子聚醚。破乳剂自身毒性较小，但配用一定浓度的有机溶剂则具有低毒性。

（3）杀菌剂

杀菌剂的主要作用是杀死污水中的菌类（铁细菌、腐生菌、硫酸还原菌等），主要以季铵盐、异噻唑啉酮和戊二醛为代表，可保障油田注入水水质。该类药剂对设备有一定的腐蚀性，同时对人体有一定的毒性。

（4）聚合物

聚合物作为驱油剂主要用于三次采油。聚合物是由许多相同的简单的结构单元通过共价键重复连接起来的高分子化合物。常用作驱油剂的聚合物是聚丙烯酰胺，为白色粉末或胶粒状，易溶于水。聚丙烯酰胺本身无毒，但注聚过程可能会使用有毒有害添加剂，使用时要避免人体直接接触，若不慎接触须用大量清水冲洗干净，不可随意排放，以免污染环境。聚丙烯酰胺颗粒遇水后变滑，易造成人员滑倒摔伤。聚丙烯酰胺易燃，但火灾危险不大，注聚作业场所应禁止使用明火。

另外，在油气开采过程中，还广泛使用降黏剂、缓蚀剂、阻垢剂、堵水剂等化学药剂，这些化学药剂产品种类繁多，个别种类的药剂还具有一定的毒性。因此，使用时应仔细阅读其产品标准和使用说明书，在使用有毒性的化学药剂时应做好个体防护。

第十章 油气集输站场关键生产设施危险性分析

　　油气集输生产设施简称油气生产设施，是指为实现油气集输工艺过程，直接用于原油和天然气采集、处理、储存和运输的地面生产设施。总体上可以分为油气集输站场生产设施和站外生产设施两部分，其中站场生产设施种类繁多，影响因素复杂，危险性也较为突出。

　　油气集输站场生产设施大体上可分为以下四个方面：

　　①工艺设备。工艺设备是指静设备、动设备。

　　②工艺管道。工艺管道是指易燃易爆介质管道、低温管道、高温管道、高压管道。

　　③电气及自动化。电气及自动化是指电气、仪表设施及自动控制系统。

　　④建（构）筑物。建（构）筑物主要是指爆炸火灾环境中的建（构）筑物。

　　油气集输站场生产设施危险性分析一般按以下步骤进行。

　　将待分析的设备、设施看作是具有独立使用功能的完整系统，然后按照系统内部功能、构成元素逐级进行系统功能分解，将系统分解成若干个具有独立使用功能的子系统（元部件）；厘清系统、子系统（元部件）之间的关系，结合系统物料的危险特性，分析子系统（元部件）对整个系统的影响；将各子系统（元部件）作为系统潜在事故的起因物，分析系统中的潜在事故危害、事故后果及危险特征；分析、查找可以引发事故的各种原因。这些原因事件将有可能成为系统中的危险、危害因素。

第一节 静设备危险性分析

　　静设备也称静止设备，是指工作时其本身零部件之间没有或很少有相对运动的设备。这类设备是依靠自身特定的机械结构及工艺条件，让物料通过设备时自动完成工作任务。例如，各种塔类设备、换热设备、反应设备等。

一、静设备分类

静设备的分类方法很多，一般可按以下方法进行分类。

（1）按设备的结构形式分类

①箱式容器。箱式容器主要是指燃油箱、卸油箱等；

②卧式圆筒容器。卧式圆筒容器主要是指卧式分离器、电脱水器、卧式原油储罐、卧式液化气储罐等；

③立式容器。立式容器主要是指立式分离器、再生干燥器、立式低温液氮储罐、原油储罐等。

（2）按设备的设计压力（P，表压）分类

①常压设备：$P < 0.1MPa$；

②低压设备：$0.1MPa \leqslant P < 1.6MPa$；

③中压设备：$1.6MPa \leqslant P < 10MPa$；

④高压设备：$10MPa \leqslant P < 100MPa$；

⑤超高压设备：$P \geqslant 100MPa$。

注：$P < 0$ 时，为真空设备 Q

（3）按容器的工作温度分类

①低温容器：设计温度 $\leqslant -20℃$；

②常温容器：设计温度 $> -20 \sim 200℃$；

③中温容器：设计温度 $> 200 \sim 450℃$；

④高温容器：设计温度 $> 450℃$。

（4）按设备在生产工艺过程中的作用原理分类

①储存设备。储存设备主要是指用于盛装气体、液体、液化气体等的容器。如各种形式的贮槽、储罐等。可分为常压储存设备和压力储存设备。常压储存设备一般用于储存在常压（微正压、微负压）状态且正常储存温度下不易气化的液体，如原油、稳定轻烃等。压力储存设备主要用于储存气体、液化气体以及在正常储存温度下其饱和蒸汽压大于外界环境大气压力的液体，如天然气、液化石油气、天然气凝液、氮气、压缩风等。

②换热设备。换热设备主要是指用于完成介质间热量交换的设备。如热交换器、冷却器、冷凝器、蒸发器等。

③分离设备。分离设备主要是指用于完成介质的流体压力平衡和两相、三相或多相流体分离等的压力容器。如分离器、缓冲罐、除油器、电脱水器、脱乙烷塔、

原油稳定塔、再生干燥器等。

④热能设备。热能设备主要是指将工作介质加热到一定温度，为系统提供足够热能的设备。如加热炉、水套炉、热水锅炉、蒸汽锅炉、有机热载体炉等。

（5）按风险特征分类

①常压容器。常压容器是指容器顶部最高工作压力小于 100kPa 的容器和大于或等于 6.9kPa 的储罐。一般多指工作介质与大气直接相通的容器，主要用于盛装原油、稳定轻烃、污油、污水、清水、热水等。

顶部最高工作压力大于 6.9kPa 小于 100kPa 的储罐称为低压储罐。

②压力容器。压力容器是指容器顶部最高工作压力大于或等于 100kPa，内直径（非圆形截面指其最大尺寸）大于或等于 0.15m，且容积大于等于 0.025m³，盛装介质为气体、液化气体或最高工作温度高于或等于标准沸点的液体的容器。主要用于盛装原油、轻油、液化石油气、混合轻烃、天然气、液氨、液氮（氮气）、二氧化碳、蒸汽等。

③换热设备。定义同上。主要是指各种类型的换热器。

④低温设备。低温设备主要是指设计温度小于或等于 –201℃ 的低温储存、分离及冷量交换设备。主要应用于低温液氮系统、天然气净化装置深冷系统等。

⑤塔设备。一般指壳体长度超过 10m 且长径比超过 5 的直立容器，用以完成物料分离过程中的热量传递和质量传递过程，一般称其为传质设备，属分离设备类。

⑥热能设备。一般也称加热设备。

二、常压容器危险性分析

常压容器一般作为油气集输系统中的储存设备，可分为卧式（箱式）和立式两种。

卧式容器主要有：高架水罐、水箱、热回水罐、燃油箱、燃油罐、卸油箱、污油罐、卧式原油储罐等；

立式容器主要有：立式原油储罐、污水罐、消防水罐、清水罐等。

由于盛装清水、污水的常压容器危险性较低，本章仅对储存油品类介质的常压容器的危险性进行分析。

1. 系统功能分解

（1）常压卧式容器

常压卧式容器主要由筒体、封头、设备开孔及接管（如工艺开孔、人孔、排污孔、清扫孔等）、维温系统等组成。其安全及劳动保护设施主要包括呼吸阀、阻火器、防雷防静电装置、液位计及液位监测仪表（如液位计、液位传感器等）、梯子、操作平台以及其防护栏杆等。

（2）常压立式容器

常压立式容器主要是指立式圆筒形钢制原油（包括：污油）储罐。按油罐的结构形式可分为：固定顶储罐、无力矩顶储罐、浮顶储罐。其中：固定顶储罐包括拱顶和锥顶；浮顶储罐包括内浮顶和外浮顶两种形式。本节仅讨论钢制拱顶和外浮顶储罐。

钢制拱顶储罐一般由罐体、维温系统、进液分布系统、安全及劳动保护设施、消防系统等组成。其中罐体部分包括：罐底、罐壁、罐顶、量油管及量油孔、抗风圈与加强圈、人孔、透光孔、清扫孔、工艺开孔等。

安全及劳动保护设施主要包括：呼吸阀、阻火器、液压安全阀、液位计及液位监测仪表（如液位传感器）、温度计及温度监测仪表（如铂热电阻等）、防雷防静电装置、盘梯、操作平台及防护栏杆等。

常压原油储存容器（储罐）维温系统分为电加热、蒸汽、热水换热等方式。

消防系统的可靠性将在第十三章进行讨论。

2．危险分析

将上述系统构成内容作为事故的起因物，可以得到以下分析结果。

（1）设备本体危险性分析

①容器筒体、封头、储罐罐底、罐壁等腐蚀，可引发泄漏。

②焊缝缺陷超标或焊接工艺性能、机械性能等不符合要求或受到外力冲击，可造成容器、储罐破裂而泄漏。

③人孔、排污孔、清扫孔及工艺法兰密封不严，可造成泄漏。

④温度、沉降补偿措施缺乏或有缺陷，可造成罐体撕裂，引发泄漏。

⑤罐顶腐蚀可以引起罐顶塌陷，使罐顶作业人员坠落到罐内造成淹溺、灼烫、中毒或高处坠落等伤害。

⑥透光孔、量油孔打开（如储罐量油作业）、关闭不严或长期开放，油气散发，可造成人员中毒，遇火源可被引燃，造成容器或储罐火灾、爆炸；硫化亚铁遇空气自燃，也可引发火灾、爆炸事故。

例如，2006年3月14日上午11时6分，某炼油厂油品车间汽油罐区石脑油罐发生闪爆。由于处理及时，未发生火灾爆炸及其他次生事故。油罐需修理费约2.5万元，该事故属一般事故。事故的直接原因是罐壁腐蚀产生的硫化亚铁遇空气自燃引发油罐闪爆。

⑦浮船结构不合理、浮舱穿孔或密封不良，罐壁、导向柱、量油管、浮梯、浮梯滑道变形或制造有缺陷，可造成浮船沉没；原油携带大量气体进入储罐，可造成拱顶罐冒罐、倾覆，浮顶罐浮船沉没。

⑧储罐抗风圈强度不足或设置不合理，遇强风可造成储罐扭曲变形甚至撕裂引发泄漏。

⑨浮盘开裂或腐蚀穿孔、浮船密封装置失效，易引发火灾爆炸事故。

⑩浮船泡沫挡板设计、安装不合理或有缺陷，影响灭火效果。

（2）浮顶罐排水系统危险性分析

①浮顶排水系统排水不畅（如排水阀无法打开或失灵，排水管堵塞等），遇强降雨可造成浮船沉没；

②浮顶罐排水系统排水管损坏、排水管密封失效，可造成泄漏；

③排水切换不当，可造成含油雨水外排，引发环境污染。

（3）维温系统危险性分析

①电热维温系统电热套破损、温控器及接线柱防爆密封不严或安装有缺陷将可能引发容器、储罐火灾或爆炸；

②电热维温系统温控器失灵，温度过高，有可能引发含水油储罐油品沸溢甚至引发油品着火；

③电热维温系统电路绝缘不良可造成人员触电伤害；

④蒸汽维温系蒸汽盘管泄漏，大量蒸汽进入储存容器或储罐内，可引发油品沸溢和喷溅，油品冲出容器、储罐，甚至引发拱顶罐倾覆、浮顶罐浮船沉没；

⑤蒸汽、热水泄漏，可导致灼烫伤害。

（4）进液分布系统危险性分析

进液分布系统设计不合理或结构损坏，造成罐内静电积聚。原油剧烈搅动还可扰动并破坏浮船排水管，导致油品泄漏。

（5）安全及劳动保护设施失效危险性分析

①液位监控系统失效（如液位计失灵、液位监控系统误报等），有可能造成储罐收油作业冒罐跑油或储罐抽空；

②温度监控系统失效（如温度计失灵、温度监控系统误报等），可导致温度控制失灵。温度过高，原油挥发量剧增，引发其他后果；

③现场监测仪表防爆失效，可引发火灾爆炸事故；

④呼吸阀失效（如呼吸阀锈蚀、呼吸通道面积不足、冰冻或其他原因造成呼吸阀堵塞等），有可能造成容器、储罐抽瘪；

⑤呼吸阀和液压安全阀失效，容器、储罐内油品蒸发过大或进液量远大于出液量，致使容器、储罐内压力升高可导致容器或罐体破坏；

⑥阻火器失效，如有外来火源引入容器或储罐内，可引发容器或储罐着火甚至爆炸；

⑦防雷设施失效（如接地电阻值超标、接地体或引下线损坏或截面面积不足、断接卡子接触不良或搭接面积不够、未设防雷跨接、强雷区储罐未安装避雷针或避雷针有缺陷等）可导致雷击破坏，引发储罐着火或爆炸；

⑧防静电设施失效（如接地电阻值超标、接地体或引下线损坏或截面面积不足、断接卡子接触不良或搭接面积不够、未做等电位连接线或未设置人体静电释放装置等），可引发火灾、爆炸；

⑨劳动保护设施缺失、损坏或有缺陷，可引发人员跌倒摔伤或高处坠落伤害。设备顶部检修过程中工具坠落，可对下方的人员造成物体打击。

三、压力容器危险性分析

压力容器是油气集输系统中非常重要的工艺和储存设备，主要是指轻油储罐、混合轻烃储罐、液化石油气储罐、压缩天然气储罐、液氨储罐、二氧化碳储罐、油气水分离器、压力缓冲罐、电脱水器、除油器、再生干燥器、压缩风罐等。以下统称为压力容器，一般可分为卧式、立式、球形三种结构类型。

1. 系统功能分解

压力容器一般由以下几部分构成：

①容器本体。主要包括筒体、封头、设备开孔及接管（如人孔、排污孔、工艺或仪表开孔等压力元件）、支座等。

②安全及劳动保护设施。主要包括：安全阀，压力、温度、液位（液面）监测系统（如压力表、液位计、销热电阻、压力传感器、液位传感器等），防雷防静电装置，梯子、操作平台以及其防护栏杆等。

电脱水除一般压力容器的构成外，还包括变压器、高压绝缘棒与电极板等。

2. 危险分析

（1）压力容器一般危险性分析

压力容器设计、制造存在缺陷，或长期运行后产生新的缺陷，导致容器承压能力不足，或受到外力冲击，可引发容器爆裂；焊接材料或焊接工艺不能满足规范要求，造成脆性破坏，引发容器爆裂；电化学腐蚀造成容器或压力元件壁厚减薄，承压能力不足；应力腐蚀造成容器脆性破裂，引发容器爆裂；压力元件失效，承压能力不足，引发容器爆裂；操作失误，容器压力超高，引发容器爆裂；带压紧固压力元件，连接件飞出，可造成物体打击；人孔、排污孔、工艺或仪表开孔等处连接件密封失效，排污孔关闭不严，室外液位计冻裂或受外力冲击，容器或压力元件腐蚀穿孔等，可导致容器泄漏；易燃易爆容器打开，空气进入容器内部形成爆炸性混合气体，遇明火或火花，造成火灾、爆炸；硫化亚铁遇空气自燃，也可引发火灾、爆炸事故。

（2）压力储罐危险性分析

混合轻烃储罐、液化石油气储罐、二氧化碳储罐等充装液位过高，遇高温或在高温环境下，体积迅速膨胀，压力升高，可导致爆裂；气体或液化气体储罐泄漏，泄漏出的气体体积迅速膨胀，温度急剧下降，人体接触可导致冻伤；温度下降还可导致材料韧性降低，进而引发脆性破坏，甚至造成容器爆裂；液化气体储罐液相部分法兰泄漏，温度降低，可迅速破坏普通法兰垫片，导致泄漏失控，引发火灾爆炸事故；空气通过密闭装车系统气相平衡管进入混合轻烃、液化石油气及轻油储罐内，可引发储罐爆炸；轻油、混合轻烃、液化石油气储罐排水操作失误或储罐泄漏，通过雨水系统排至界外，可引发环境污染甚至发生火灾、爆炸事故；轻油、混合轻烃、液化石油气储罐排水操作失误或泄漏，造成防火堤内可燃气体积聚，遇火源可发生火灾、爆炸。

（3）电脱水器危险性分析

电脱水除具有一般压力容器所具有的危险性以外，还有其特殊的危险性：

电脱水器高压绝缘棒渗漏、击穿，引发脱水器着火；电脱水器投产送电前容器内部排气不净，送电时易引发脱水器爆炸；电脱水器液位控制失误，液位低于电极，通电时会使电极板过热而烧毁；电脱水器空载送电，电极间产生火花，若内部存在油气，可引起爆炸；电脱水器投产进油排气操作失误，可造成脱水器泄漏跑油；电脱水变压器等电气设备漏电，可造成人员触电；安全警示标志缺失或不明显，人员误接近变压器或其他电气设备带电体，可引发触电伤害；变压器漏油，可引发变压器着火，甚至爆炸。

（4）安全及劳动保护设施失效危险性分析

①压力、温度、液位监测仪表失效，可导致系统发生意外事故，甚至引发容器爆裂；

②安全阀失效，如安全阀下部阀门被关闭或泄放不畅，或安全阀泄放通道面积不足够导致泄放量不足，安全阀定压值过高，压力升高可引起容器爆裂；

③就地放空的安全阀放空朝向不符合要求，易引发中毒、窒息、火灾、爆炸、灼烫等伤害；

④防雷、防静电设施失效，如接地电阻值超标、接地体或引下线损坏或截面面积不足、断接卡子接触不良或搭接面积不够、未设防雷跨接或等电位连线等，将有可能导致雷击破坏、静电积聚，引发着火或爆炸。

⑤劳动保护设施缺失、损坏或有缺陷有可能引发高处坠落伤害。

四、换热设备

换热设备又称换热器。是油气集输系统中主要的能量传递和交换设备。按不同的工作原理可以分为：间壁式、直接接触式、蓄热式等类型。其中，间壁式换热器是油气集输系统中应用最为广泛的换热设备，也称表面式换热器。主要是指换热器、再沸器、冷却器等。这里仅介绍间壁式换热器。

1. 系统功能分解

间壁式换热器的结构类型有多种，根据换热界面形式不同，可分为管式和板式两大类。

板式换热器主要包括螺旋板式换热器、板式换热器、板翅式换热器等，其结构主要是由传热板片、工艺接口和框架组成，冷、热流体分别在板片两侧流过，通过板片传热。

管式换热器主要包括沉浸式换热器、喷淋式换热器、套管式换热器、列管式换热器等。其中，列管式换热器应用最为广泛，一般又称管壳式换热器。列管式换热器主要由管程和壳程两部分组成，其中，管程包括管束、管板、管箱和管程工艺接口、排污口等；壳程包括壳体、折流板、封头、壳程工艺接口、排污口等。根据不同的热补偿方式，列管式换热器可分为固定管板式换热器、U型管换热器、浮头式换热器等。

2. 危险分析

（1）板式换热器危险性分析

冷热流体通道孔密封失效或传热板片腐蚀，造成冷热流体串通。高压流体窜入低压系统后，可造成低压系统压力骤然升高，引发系统破坏甚至发生爆裂。油气窜入不燃流体工艺系统，可导致油气蔓延，遇明火可引燃甚至发生爆炸；传热板片边缘密封材料损坏或压紧螺栓松动致使密封失效，可导致流体泄漏；换热器结垢堵塞，导致压力升高，可引发泄漏。

（2）管式换热器危险性分析

壳体、封头设计强度不足，腐蚀导致其壁厚减薄，或受到外力冲击等，可引发换热器爆裂；壳体腐蚀穿孔，壳程或封头法兰密封失效，可引发壳程流体泄漏；管箱腐蚀穿孔，排污孔、管程法兰密封失效，可引发管程流体泄漏；管板与管子之间（胀口处）连接不严密、管束腐蚀穿孔、管子破裂或爆裂或浮头式换热器内浮头密封失效，可导致管程、壳程串通，高压流体窜入低压系统后，可造成低压系统压力骤然升高，引发系统破坏甚至发生爆裂。油气窜入不燃流体工艺系统，将导致油气蔓延，遇明火可引燃甚至发生爆炸；管程温度过高，可导致固定管板式换热器管板胀口损坏，导致管程、壳程串通；管束内壁结垢，可导致管束堵塞，管程系统压力升高，引发管程系统流体泄漏。

（3）防雷、防静电设施失效

例如，接地电阻值超标、接地体或引下线损坏、截面面积不足、断接卡子接触不良或搭接面积不够等，将有可能导致雷击破坏、静电积聚，引发着火或爆炸。

五、低温设备

低温设备一般是指设计温度为 −2℃以下的低温储存、分离及冷量交换设备，主要是指低温液氮储罐、冷凝器、氨蒸发器、低温分离器等。由于其工作介质温度接近或低于一般金属材料的脆性转变温度，其风险特征主要表现在设备低温脆性破裂以及工作介质泄漏导致人体冻伤。

1. 系统功能分解

从设备结构来看，除低温液氮储罐一般采用双层结构外，其他设备均具备相应常温设备的结构特征，在此不作具体的功能分解。

2. 危险分析

在风险特征方面，由于低温设备在结构上与相应的常温设备有相似之处，因而具有相应常温设备的风险特征。除此之外，由于低温设备工作温度的特殊性，因此还具有以下危险性：

（1）低温设备一般危险性分析

①冻堵。若工作介质中残留水分，易造成设备、管道冻堵，甚至胀裂设备而引发泄漏；

②冷脆。设备材料（包括焊接材料）低温性能不足，冲击韧性降低，会发生冷脆现象，造成设备结构破裂；

③冻伤。低温介质泄漏或低温设备、部件裸露，人体接触可造成冻伤；

④低温设备保冷结构有缺陷或防潮层不严密，空气进入保冷层，所含水分在保冷层内凝结成水，将加快设备的腐蚀；

⑤安全阀温度过低，可造成安全阀冻堵，影响正常泄放，可造成低温设备爆裂；

⑥低温设备投产时冷紧固工作不认真，冷收缩造成密封面出现间隙，可引发低温介质泄漏。

（2）低温液氮储罐危险性分析

①液氮储罐液位过高，温度升高可造成体积膨胀，导致储罐爆裂；

②储罐外壳损坏或外壳连接件密封不严，气体进入真空夹层，造成储罐保冷失效，温度升高，液氮气化，使储罐压力骤然升高超压，可引发爆裂。

（3）氨蒸发器危险性分析

①氨蒸发器液位过高，易导致氨压机液击，损坏设备；

②氨蒸发器液位过低，控制失误可使蒸发器形成负压，若空气进入氨冷系统，不但影响制冷效果，还容易引发爆炸。

六、塔设备

塔属高大直立设备，是油气集输系统中主要的传质设备。与其他压力容器相比，易倾覆是塔设备的主要风险特征。这里的塔设备主要是指油气集输处理系统原油稳定装置中的原油稳定塔和天然气净化装置中的脱硫塔、脱乙烷塔、脱丙烷塔等。

1. 系统功能分解

按塔体结构分类，可分为板式塔和填料塔两种，一般由以下几部分构成：

①设备本体。主要包括裙座、筒体、内件、人孔、排污孔、工艺接管、仪表接头等。

②安全及劳动保护设施。主要包括安全阀、监控仪表、防雷防静电设施、各种类型梯子、操作平台以及其防护栏杆等。

2. 危险分析

（1）设备本体危险性分析

设计、制造缺陷，造成承压能力或抗风能力不足，或受到外力冲击，导致筒体变形，甚至引发设备爆裂；焊接材料或焊接工艺不能满足规范要求，造成脆性破坏，引发设备爆裂；电化学腐蚀造成塔体或压力元件壁厚减薄，承压能力不足；应力腐蚀造成塔体或压力元件脆性破裂，引发设备爆裂；操作失误，筒体压力超高，引发设备爆裂；人孔、排污孔、工艺及仪表开孔等连接件密封失效，筒体腐蚀穿孔等造成塔体泄漏；裙座机械强度不够，承载能力不足；地脚螺栓强度不足或地脚螺栓松动；基础设计或施工存在缺陷；地震、强风等外力冲击等，可引起塔设备倾覆、倒塌。

（2）安全及劳动保护设施失效危险性分析

压力、温度、液位监测仪表失效，可导致系统发生意外事故，甚至引发设备爆裂；安全阀失效（如安全阀下部阀门被关闭或泄放不畅，或安全阀泄放通道面积不够导致泄放量不足，安全阀定压值过高等），压力升高可引起设备爆裂；防雷、防静电设施失效，如接地电阻值超标、接地体或引下线损坏或截面面积不足、断接卡子接触不良或搭接面积不够等，将有可能导致雷击破坏、静电积聚，引发着火或爆炸。劳动保护设施缺失或损坏或有缺陷可引发高处坠落等伤害；塔群联合平台设计、安装有缺陷，受温度变化和风力、地震等外力的影响，可导致平台结构破坏甚至筒壁撕裂。

低温塔设备还同时具备一般低温设备的危险性。

七、热能设备

热能设备是油气集输系统中主要的热力供给设备，主要包括加热炉和锅炉两种。

加热炉一般可分为直接式和间接式两种。其中，直接式加热炉主要包括火筒式加热炉和管式加热炉等；间接式加热炉主要包括水套炉和相变炉等。

锅炉可分为蒸汽锅炉和热水锅炉，主要包括蒸汽锅炉、热水锅炉和有机热载体炉等。其中，热水锅炉又可分为压力热水锅炉、常压热水锅炉和真空热水锅炉等；按加热方式又可分为直接加热式和间接加热式两种。

按使用燃料可分为：液体燃料、气体燃料、固体燃料及混合燃料。

1. 系统功能分解

热能设备种类很多，且不同的生产厂商又有各自不同的专利技术，这就形成了热能设备的多样化。但就总体结构来讲，热能设备一般由设备本体、辅助设备和安全、环保及劳动保护设施三部分构成。在这三部分当中，不同种类设备本体构成内容差别较大，而辅助设备、安全设施的构成大同小异。

①设备本体。视设备种类不同而变化。

②辅助设备。主要包括燃烧系统、通风系统、锅炉上水或循环水系统、烟管等。

③安全、环保及劳动保护设施。主要包括防爆门，安全阀（防爆膜），压力、液位、温度、火焰监测及报警系统，除尘设备，以及防雷防静电设施，劳动保护设施等。

以下简要分析几种常用热能设备的本体构成。

①管式直接加热炉。主要包括：炉壳、炉膛、辐射管、对流管（烟管）、看火孔、人孔门等。

②火筒式间接加热炉。主要包括：炉壳、火筒、水套、换热管、膨胀水箱、加水口、看火孔、人孔门等。

③相变炉。主要包括：炉壳、炉膛、下联箱、管束、气水室、换热管、看火孔、人孔门等。

④蒸汽锅炉。主要由炉壳、炉膛（燃烧室）、受热面系统、烟道、看火孔、人孔门等构成。其中，受热面系统主要包括：锅筒、蒸汽过热器、水冷壁管、下降管、水冷壁进口集箱、对流管束、烟管等。

2. 危险分析

（1）热能设备一般危险性分析

①设计、制造存在缺陷（如承压件壁厚不足、材料选择错误、焊接工艺性能不符合要求或焊接接头存在质量缺陷等），导致承压能力不足，可引发设备承压件（如炉管、换热管、锅筒、过热器等）爆裂事故；

②炉膛温度（烟气温度）控制不当、燃料含硫，可加快对流管（烟管）腐蚀穿孔，

引发泄漏；

③炉膛爆炸。炉膛发生爆炸有两种情况：一是设备点火前，燃料或炉管内的可燃物料泄漏进入炉膛，与空气形成爆炸混合物，在点火时发生爆炸；二是火焰突然熄灭，燃料继续供应进入炉膛，燃料蒸发并与空气混合形成爆炸混合物，炉膛高温引发爆炸；

④烟道发生爆炸。燃料不能完全燃烧，烟气中含有可燃气体，若炉体不严密致使空气进入烟道，可燃气体与空气混合形成爆炸混合物，可在烟道内发生爆炸；

⑤设备高温部件裸露，高温热媒、物料泄漏或紧急泄放，可引发人员灼烫伤害；

⑥设备高温部件或火焰作为火源，可引发附近散发油气的设备设施着火或爆炸；

⑦设备点火、燃烧器参数调整，个人防护缺失或有缺陷，若炉膛回火，易造成灼烫伤害；违章观火或观火孔损坏，也可造成灼烫伤害；

⑧烟囱根部腐蚀、底部连接件连接不牢、缆绳损坏或布置不合理，遇强风或受外力冲击，易发生烟囱倒塌，可对周边设备或人员造成物体打击伤害；

炉膛温度（烟气温度）控制不当、燃料含硫，可加快烟囱腐蚀。

⑨缆绳布置不合理（如侵占人行通道等）、无安全警示标志，可影响巡回检查或人员疏散，易引发摔伤，甚至造成雷击伤害；

⑩燃烧器固定不牢、燃料管道泄漏，可引发火灾甚至爆炸。

（2）直接式加热炉危险性分析

①加热炉停炉后，炉膛温度未降至环境温度，错误关闭进出流程，易造成爆管事故；

②意外停电、停泵或物料系统发生故障，炉管内物料停止流动或流速过慢，可引发炉管烧穿、破裂；炉管腐蚀、磨蚀，压力过高等可造成炉管破裂。油气加热炉炉管破裂可引发炉膛着火，若处置不当可引发炉膛、炉管爆炸；可燃流体溢出炉膛，可造成火灾蔓延；

③炉管结焦（火筒外壁结垢）引起局部过热，管（筒）壁温度升高，严重时可导致炉管（火筒）烧穿，引起火灾爆炸事故；炉管结焦还可导致炉管内径变小，阻力增大，炉管压力升高，也可引发炉管爆裂事故。

（3）间接式加热炉危险性分析

①常压水套炉、无压或真空相变炉换热管腐蚀穿孔、爆裂或断裂，大量压力流体进入气水室或水套空间，可引起设备爆裂，并可引发火灾爆炸事故；

②水套炉水套严重缺水，不采取停火凉炉措施突然加水，导致进炉水剧烈汽化，蒸汽通过加水口喷出可造成灼烫伤害，甚至引发水套爆裂。

（4）蒸汽锅炉危险性分析

①锅炉运行水质不良导致严重腐蚀、结垢，可造成炉管、锅筒爆裂；

②炉膛内壁损坏或坍塌，下降管温度升高，导致锅炉水循环出现障碍，可引发炉管过热损坏甚至发生爆裂；

③操作失误，锅炉运行压力超过最高允许压力，钢板（管）应力增高超过极限值，可造成锅炉爆裂（锅炉爆炸）；

④锅炉严重缺水，可导致受热面过热，金相劣化，降低受热面钢材的承载能力，造成炉管爆裂；

⑤锅炉严重缺水，不采取停火凉炉措施突然加水，则会因进炉水剧烈汽化，造成锅筒压力急剧增大而发生爆裂。

⑥锅炉锅筒受到外力冲击，可引发锅炉爆裂；

⑦用气量突然增加，压力降低过快，造成汽水共沸，或锅炉液位过高，液相水进入蒸汽管道，可影响蒸汽品质甚至发生水击，损坏管道，破坏用气设备。锅炉液位过高还会导致水进入蒸汽过热器，并在过热器内迅速汽化，压力升高，在水击的双重作用下，致使过热器破坏甚至爆裂。

（5）安全、环保及劳动保护设施失效危险性分析

①锅炉、水套炉、相变炉液位监测控制失灵，导致锅炉液位过高或过低，引发事故；

②压力监测控制失灵，安全阀（防爆膜）失效，可导致锅炉、加热炉爆裂；

③安全阀、防爆门设计、制造或安装有缺陷（如：泄放方向不合理、安装位置不当）可造成灼烫伤害；安全阀失效，可导致设备爆裂；

④防爆门失效，可造成炉膛爆炸；

⑤火焰检测报警装置失灵，可导致炉膛爆炸；

⑥温度监测控制失灵，导致水套炉、相变炉水浴温度过高，引发设备爆裂；炉膛温度过高，可造成炉管爆裂；

⑦防雷设施失效（如接地电阻值超标、接地体或引下线损坏或截面面积不足、断接卡子接触不良或搭接面积不够等），有可能引发雷击破坏；

⑧燃料燃烧不完全，除尘设备除尘效果不良，易造成环境污染。

⑨劳动保护设施缺失、损坏或有缺陷有可能引发人员高处坠落伤害；

将以上所列静设备的危险性分析结果进行汇总，见表10-1。

表 10-1 油气集输站场静设备潜在事故汇总表

设备类别	潜在事故	备注
常压容器	火灾、爆炸；泄漏(冒罐、跑油)；中毒和窒息；倾覆、抽瘪、胀裂损坏；淹溺；浮船沉没；摔伤、高处坠落；触电	
压力容器	爆裂；泄漏；火灾、爆炸；中毒和窒息；倾覆；摔伤或高处坠落；物体打击；触电（电脱水器）	
低温设备	泄漏；冻堵；冻伤；爆裂；火灾、爆炸；倾覆	
热交换器	爆裂；泄漏；火灾、爆炸；中毒；灼烫	
塔设备	爆裂；泄漏；火灾、爆炸；中毒；灼烫、冻伤；倾覆、倒塌；摔伤或高处坠落	
热能设备	爆裂；火灾、爆炸；中毒；烧伤、灼烫；倾覆、倒塌；摔伤或高处坠落	

第二节 动设备危险性分析

动设备，通常是指由外部动力驱动，通过设备的传动部件来转换能量，以实现输送、提升或混合搅拌之目的的设备。如各种类型的机床、泵、压缩机、搅拌机、卷扬机等，因此习惯上也称为机械设备。

一、动设备分类

（1）按工作原理可分为速度型和容积型

①速度型。也称离心类机械，它是依靠旋转的叶轮对流体的动力作用，把能量连续地传递给流体，使流体的动能（为主）和压力能增加，随后通过压出室将动能转换为压力能，从而提高物料的压力。油气集输系统中广泛应用的离心类机械有输油泵、热水泵、透平增压机、轴流风机等。

②容积型。是依靠包容流体的密封工作空间容积的周期性变化，把能量周期性地传递给流体，使流体的压力增加，并将流体强行排出。根据工作元件的运动形式又可分为往复类和回转类。在油气集输系统中，属于这一类型的机械有高压柱塞泵、齿轮泵、往复式压缩机、螺杆压缩机等。

（2）按机械设备的用途分类

①用来输送液体或气体的设备，如各类泵和压缩机等；

②起吊各种物质及设备的起重类设备，如桥式起重机、电动葫芦等；

③输送固体物料的输送类设备，如带式输送机等；

④油气采集、输送专用设备，如抽油机、螺杆泵、电潜泵（潜油泵）等。

二、动设备的普遍危险性

动设备属安装设备，具有种类繁多，结构复杂，安装及装配精度较高等特点。由于不同种类的动设备所要实现的工作目的不同，工作环境和工作条件各异，所体现的风险特征也存在一定的差别，但动设备所具有的运动和能量转换这一共同特点，又决定了动设备具有一定的、共同的危险性。

1. 动设备的基本构成

不同种类的动设备虽然具有不同的结构构成，但从动设备的基本工作原理和工作过程来看，一部完整的机器应该由以下三部分组成。

①原动机。泛指利用能源产生原动力的一切机械。包括电动机、内燃机、天然气发动机、燃气轮机、汽轮机、烟气轮机等。

②工作机。指直接完成该机器之工作任务的工作部分。如压缩机组的压缩机部分、搅拌机的搅拌器等。

③传动机构。也称传动装置，是指将动力所提供的运动方式、方向或速度加以改变，被人们有目的地加以利用的机构。传动机构一般位于原动机和工作机之间，主要包括直接传动、皮带传动、链条传动、齿轮传动等方式。

2. 动设备的普遍危险性分析

（1）机械伤害

机械伤害是动设备最显著的风险特征，主要来自于传动机构和旋转部件。若机械防护装置缺失或存在缺陷，人体某一部分（如肢体、头发）或衣物、手套接触旋转或传动部件时，将对人造成机械伤害。

机械转速过高，旋转部件（如飞轮、平衡块、皮带轮、联轴器、齿轮等）、传动部件（如皮带、链条、传动杆、传动轴等）以及其连接件机械强度不足，可引起部件的机械破坏（如飞轮、齿轮、联轴器破裂，皮带、链条断裂等），其碎片飞出后有可能击中人体或其他设备、设施，对人体或物体造成伤害。

（2）机械破坏

润滑系统、冷却系统、控制系统发生故障，机械运动部件装配间隙不符合要求，齿轮箱润滑油液位过低，电机定子线圈或轴承温度过高，或长期运行维护不良，可引发转动件、滑动件磨损甚至烧毁，并有可能引发其他事故。

传动轴强度不足，可使传动轴扭曲变形甚至断裂；设备基础强度不足，地脚螺栓松动或断裂，可引发设备整体倾覆；设备地脚螺栓松动，设备找正、连轴器对中误差超标，轴刚度不足，可引发设备剧烈振动，严重时也可引发轴断裂。

（3）火灾爆炸

原动机所产生的火花可作为引火源，引燃、引爆环境中的易燃易爆物质，例如，电动机不防爆或防爆失效，内燃机排气管释放火花，汽轮机（烟气轮机）高温部件等。

设备润滑系统内的润滑油，内燃机、燃汽轮机的燃料等泄漏，遇明火、火花、高温部件也可能造成燃烧或爆炸。另外，设备润滑不良，造成润滑油分解；电机线圈绕组绝缘不良发生短路，也可引发设备着火。

（4）噪声

机泵和电机运动部件运动、流体高速流动或喷射、泄压装置超压泄放等均会产生噪声。

（5）触电

电动机属电力驱动设备。若电动机线圈绕组绝缘不良，电气保护接地缺失或有缺陷，人体接触带电体可导致人员触电。

（6）灼烫

内燃机、汽轮机（烟气轮机）以及热油泵等高温设备均存在高温部件，当人体与高温部件接触，或汽轮机的高温高压蒸汽、烟气轮机的高温烟气、热油泵输送的热油等高温流体泄漏，将可能对人体造成灼烫伤害。

三、离心泵危险性分析

离心泵是油气集输工艺过程中重要的液体输送和增压设备，主要是指脱水泵、输油泵、热水泵、污水泵、污油泵、清水泵等。

离心泵的分类方法很多，但一般多按以下几种方法分类。

（1）按工作叶轮数目分类

①单级泵：在泵轴上只有一个叶轮；

②多级泵：在泵轴上有两个或两个以上的叶轮，这时泵的总扬程为 n 个叶轮产生的扬程之和。

（2）按工作压力分类

①低压泵：扬程低于 100m 水柱；

②中压泵：扬程在 100 ~ 650m 水柱之间；

③高压泵：扬程高于 650m 水柱。

（3）按叶轮进水方式分类

①单吸泵：叶轮上只有一个进水口；

②双吸泵：叶轮两侧都有一个进水口。它的流量比单吸式泵大一倍，可以近似看作是两个单吸泵叶轮背靠背地放在了一起。

1．系统功能分解

离心泵一般由以下四部分构成：

①叶轮。叶轮的作用是将原动机的机械能直接传给液体，以增加液体的静压能和动能（主要增加静压能）。

②泵壳。是将叶轮封闭在一定的空间，以便由叶轮的作用吸入和压出液体。泵壳多做成蜗壳形，故又称蜗壳。泵壳不仅汇集由叶轮甩出的液体，同时又是一个能量转换装置。

③泵轴。位于叶轮中心且与叶轮所在平面垂直的一根轴。它由工作机带动旋转，以带动叶轮旋转。

④轴封装置。作用是防止泵壳内液体沿轴漏出或外界空气进入泵壳内。常用轴封装置有填料密封和机械密封两种。

另外，大型离心泵还会配置润滑油系统；热油泵还可能配备水冷却系统。

2．危险分析

离心泵除具备动设备的普遍危险特征外，尚具有以下危险性：

（1）泄漏

①轴密封装置安装、紧固不正确，密封装置失效；

②泵出口法兰强力组对，管道变形，或法兰密封失效；

③泵壳高压段结合缝密封失效；

④泵壳放气孔、排液孔密封失效或丝堵脱落。

（2）机械破坏

①泵进口压力过低，进液量不足，或进口法兰密封不严致使空气进入离心泵，或液体中夹带气体，可使离心泵发生气蚀，破坏叶轮，导致设备损坏；

②轴密封装置过紧，可引起轴发热、磨损甚至着火。

四、往复泵危险性分析

油气集输系统中的往复泵主要有往复式注水泵、动力液泵、加药计量泵等。

往复泵多为柱塞泵，工作压力较高，高压伤害风险较大。

1．系统功能分解

往复泵构成一般包括：壳体、封盖、泵缸、曲轴、连杆、十字头机构、柱塞、吸入阀、排出阀、泵头端盖、柱塞密封函、压力缓冲器、泄压阀等。

2．危险分析

往复泵除具备动设备的普遍危险特征外，尚具有以下危险性：

①泄漏。泵头端盖、压力缓冲器接口、泄压阀接头、柱塞密封函等处的密封不严或密封失效，可导致液体泄漏。

②机械伤害。操作失误、泄压阀失灵致使泵压过高，进口压力过低，液体气化，发生缸体水击，导致泵头端盖破裂；泵头端盖或其他附件紧固螺栓失效，端盖或附件飞出，击中人体或设备。

③高压伤害。不停泵带压紧固密封件、在线调整泄压阀或发生泵体泄漏，高压液体喷出击中人体可造成高压伤害。

④吸入阀损坏或进口压力过高，吸入阀无法正常关闭，造成进口管线回流，可导致进口管道剧烈振动。排出阀损坏无法正常关闭，造成出口管线回流，或压力缓冲器失效，可导致出口管线剧烈振动。管道剧烈振动，可破坏管道或设备，并由此引发其他事故。

⑤液体中存在固体杂质，柱塞密封装置过紧，可造成缸体和柱塞严重磨损。

五、往复式压缩机危险性分析

往复式压缩机主要是指油气集输系统中的往复式天然气压缩机、闪蒸压缩机、空气压缩机等。本节主要介绍往复式天然气压缩机。

1．系统功能分解

往复式压缩机一般由以下几部分组成：

（1）主机

主要包括：机身、中体、气缸、传动机构等。

①机身。主要由润滑油箱组成。

②中体。主要由中体滑道、封盖、密封气及放空装置等组成。

③传动机构。主要由曲轴、连杆、十字头、中间接筒、活塞杆、刮油器和填料函、活塞及活塞环等组成。

④气缸。主要由气缸座、缸筒、吸气阀、排气阀、气缸盖、冷却水套等组成。

（2）润滑系统

包括油泵、油过滤器、油压调节部件、润滑油分配器等。

（3）分离冷却缓冲系统

包括压缩机进口分离器、出口冷却器、缓冲器、储气罐、安全阀、进出口管道、冷却水管道等组成。其中：进口分离器由气液分离器，安全阀，液位、压力监测及控制系统组成。

2. 危险分析

往复式天然气压缩机除具备动设备的普遍危险特征外，尚具有以下危险性：

（1）泄漏

①缸体、机身、中体连接处，气缸盖，轴封等处密封老化或存在缺陷；

②密封气及放空装置、密封气或放空管线损坏；

③容器、管道法兰密封失效，管道破裂损坏，设备仪表开孔密封失效，阀门损坏或密封失效等。

（2）爆炸

①压缩前的设备发生故障或停电、误操作等，而压缩机未及时停车，使其入口处发生抽负压现象，轻者使管道抽瘪，重者使空气进入设备系统内部引发爆炸；

②压缩机投产前未进行惰性气体置换或未达到安全标准，在压缩机系统内形成爆炸性气体混合物，遇火源或经压缩增压升温，可发生异常激烈燃烧甚至引发爆炸。

（3）设备冷却系统故障

例如，冷却水断流、泄漏，冷却水管道或冷却部位结垢等，设备温度过高，致使润滑油黏度降低，运行部件摩擦加剧，进一步造成设备内温度超高，可导致某些润滑油分解以致引起火灾。

（4）润滑系统故障

例如，油泵损坏、油过滤器堵塞、油压调节失灵、润滑油分配器分配不均、润滑油不合格等，导致运动部件磨损，造成机械破坏。

（5）气缸液击引发事故

压缩机进口气液分离系统分离效果差或液位控制失灵，导致液体进入气缸形成"液击"，缸体破裂，可造成机械破坏；爆裂碎片击中人体，可造成机械伤害；可燃气体大量泄漏可引发火灾爆炸。

（6）爆裂

①气缸温度过高，操作人员错误地将冷却水注入炽热的气缸套内，水迅速汽化，造成气缸水套超压爆裂；

②压缩机出口被人为误关闭或异物堵塞出口，造成压缩憋压，导致爆裂；

③安全阀被堵塞、损坏或定压值过高，导致系统超压而爆裂；

④压力或温度显示仪表出现读数差错或显示失真，误导操作可引起爆裂；

⑤压缩机受压部件机械强度不足或因腐蚀使其强度降低，或受到外力冲击，在正常的操作压力下也可能引起爆裂；

⑥紧急停车操作失误，误将高压与低压连通阀门打开，气体倒流或高压气体窜

入低压设备引起系统超压爆裂。

（7）吸气阀损坏造成进口管线回流，可导致进口管道剧烈振动

排气阀损坏，排气阀无法正常关闭，造成出口管线回流，可导致出口管线剧烈振动。管道剧烈振动，可导致管道、设备破坏，并由此引发其他事故。

六、螺杆压缩机

螺杆式压缩机是容积式压缩机的一种，由于其高效、耐久、结构紧凑和负载调节平稳的特点，兼容了活塞式压缩机和离心式压缩机二者的优点，因而广泛应用于制冷系统。

螺杆压缩机有很多种，按运行方式的不同，分为无油压缩机和喷油压缩机；按被压缩气体种类和用途的不同，可分为空气压缩机、制冷压缩机和工艺压缩机。此处重点介绍双螺杆喷油润滑氨制冷压缩机。

1. 系统功能分解

双螺杆喷油润滑氨制冷压缩机的构成一般包括：机身、缸体、双转子、进气口、排气口、主轴承、轴封、润滑系统和能量调节装置。其中，润滑系统主要由储油箱、油泵和油分离器组成。双螺杆喷油润滑氨制冷压缩机中的润滑油起着润滑、冷却和密封作用。

2. 危险分析

相对于往复式压缩机来讲，螺杆压缩机具有对湿冲程不敏感，全冲程正压压缩不易形成负压等特点，其危险相对较低。除具备动设备的一般危险特征外，尚具有以下危险性：

（1）泄漏

缸体结合面，吸、排气口法兰，轴密封装置或轴承端盖等处密封有缺陷或失效，导致氨泄漏。

（2）润滑油供油不足

例如，油泵损坏、润滑油管道堵塞或泄漏等，润滑油分离不充分或润滑油不符合要求，转子摩擦加剧，造成设备内温度超高，可导致某些润滑油分解以致引起火灾。

（3）爆裂

①压缩机出口被人为误关闭或被堵塞，造成憋压，导致设备爆裂；

②能量调节装置失灵，安全阀被堵塞、损坏或定压值过高，导致超压爆裂；

③压缩机受压部件机械强度不足或腐蚀造成强度下降，或受到外力冲击，在正常的操作压力下也可能引起设备爆裂。

七、透平膨胀机——增压机组

透平膨胀机（Turboexpanders）也叫涡轮机，它是用来使气体膨胀输出外功并产生冷量的机器，目前已广泛应用于天然气净化或空气分离深冷装置。

1. 系统功能分解

透平膨胀机——增压机组是透平膨胀机与离心增压机的同轴组合机组。透平膨胀机利用气体的绝热膨胀将气体的位能转变为机械功，同轴传输到离心增压机，提高工作介质压力。离心增压机可有效利用膨胀机输出的机械能，同时又是膨胀机的制动风机，对膨胀机的转速起调节作用。主要由以下四部分组成：

（1）透平膨胀机

透平膨胀机主要构成包括：机身、蜗壳、进气室、可调喷嘴、主轴、叶轮、扩压室、轴承、轴密封、进气口、排气口、紧急切断阀等。

（2）离心增压机

离心增压机的主要构成包括：机身、蜗壳、进气室、叶轮、无叶扩压器、轴承、轴密封、进气口、排气口、防喘振旁路快开阀等。其叶轮与膨胀机叶轮置于同一轴上，二者转速相同。

（3）供油系统

系统润滑由独立的供油系统来保障，主要包括：油箱、油泵、油冷却器、温控阀、蓄能器等。

（4）控制联锁系统

主要包括压力、温度、转速等监测控制。

2. 危险分析

透平膨胀机——增压机组除具备动设备的普遍危险特征外，尚具有以下危险性：

（1）泄漏

膨胀机、增压机蜗壳结合面不严密，轴密封失效或有缺陷，进出口管道法兰密封面不紧密或垫片有缺陷，各密封面冷紧固工作不认真；膨胀机、增压机蜗壳腐蚀穿孔；密封气系统损坏等。

（2）火灾爆炸

投产前未进行惰性气体置换或未达到安全标准，在机组内形成爆炸性气体混合物，遇火源可引发爆炸；透平油泄漏，遇高热或明火，会引起火灾。

（3）机械破坏

增压机进口管道或出口管道通径过小，或由于增压机进口过滤器或出口消声器阻力过大造成进出口管道系统阻力过大，流量减少，膨胀机制动功率降低，可导致膨胀机失控超速；膨胀机失控超速，紧急切断阀失灵，可导致轴承损坏，叶轮与蜗壳严重摩擦，甚至造成叶轮、蜗壳破裂；供油不足（如油箱液位过低、油泵损坏、管路堵塞等）、透平油温度过高或透平油不合格，可导致机组轴承磨损，甚至导致透平油高温分解燃烧着火；透平油蓄能装置压力不足，在停电或紧急停车时导致机组轴承磨损，甚至导致透平油高温分解燃烧着火；气体中含有较大的即使少量的固体颗粒或液滴，叮造成喷嘴、叶片磨蚀，严重时会出现凹坑；系统设计不合理，膨胀机与冷箱产生共振（共鸣）现象，将对膨胀机造成严重的破坏；叶轮密封间隙过小，主轴振动或叶轮动平衡不符合要求，可导致叶轮、喷嘴、蜗壳严重磨损；增压机出口压力升高，流量减少，防喘振旁路快开阀失灵，可导致增压机发生喘振，甚至破坏机组。

（4）机械伤害

机组发生机械破坏，蜗壳、叶轮破裂碎片飞出，击中人体将造成机械伤害。

（5）爆裂

蜗壳结构设计不合理，材料有缺陷，蜗壳腐蚀等导致机械强度不足，或受到外力冲击，在正常运行情况下可发生爆裂。

八、起重设备

起重设备是一种做循环、间歇运动的机械。一个工作循环包括：取物装置从取物地把物品提起，然后水平移动到指定地点降下物品，接着进行反向运动，使取物装置返回原位，以便进行下一次循环。

起重设备类型很多，根据设备的构造和性能不同，一般可分为四大类：轻小型起重设备、桥式类型起重机、臂架类型起重机、升降机。其中，桥式类型起重机又可分为梁式起重机、桥式起重机、龙门起重机、缆索起重机、运载桥等。

1. 系统功能分解

桥式起重机是桥架在高架轨道上运行的一种桥架类型起重机，又称天车。从起重设备系统来看，桥式起重机一般由起重机、轨道及轨道梁组成。

从结构上看，桥式起重机可分为大车、小车两部分，一般由机械、金属结构、电气设备、控制系统及安全装置等部分构成。

（1）大车

包括主梁、端梁、大车运行机构等。其中：大车运行机构主要由电动机、减速机、传动轴、联轴器、车轮等构成。

（2）小车

由起升机构、小车运行机构和小车架三部分组成。

①起升机构：主要由电动机、联轴器、传动轴、减速器、卷筒、导绳器、钢丝绳、

滑轮组、取物装置（吊钩及其他吊具）等构成。

②小车运行机构：主要由电动机、减速器、传动轴、联轴器、车轮等构成。

（3）安全装置

主要包括：制动器、限位器、缓冲器、防偏斜和偏斜指示装置、超载限制器等。

2. 危险分析

起重设备除具有一般动设备的危险特征外，还具有以下危险性：

（1）起重设备普遍危险性

①高处坠落。人员在离地面大于 2m 的高度进行起重机的安装、拆卸、检查、检修等操作时，从高处坠落造成伤害。

②起重伤害。起重机在起吊运行过程中，吊具、吊重坠落、挤压人体或与其他物体碰撞，造成人员或物体损伤。

③物体打击。起重机上个别松动的零部件或附着物坠落，或在检修过程中工具坠落，可对下方人员造成物体打击伤害。

（2）大车危险性分析

①车轮安装、轨道铺设、传动系统组装等偏差过大，车轮直径不等，车架偏斜，或歪拉斜挂吊运，或主梁刚度、强度不足挠曲变形，可引发大车啃道。啃道使起重机走斜，对轨道的固定夹具和轨道梁产生不同程度的破坏，严重时可使起重机脱轨，并由此引发严重的设备损坏和人身伤亡事故。

②主梁结构设计缺陷，材料强度不足或有缺陷，主梁腐蚀，起吊过载可引发主梁破坏、断裂，导致起重机垮塌、坠落。

（2）小车危险性分析

①咬绳。无导绳器或导绳器失效，导致钢丝绳咬绳，损伤钢丝；咬绳也可能使钢丝绳产生冲击性载荷，导致断绳。

②断绳。钢丝绳咬绳、断丝、腐蚀、尖锐物卡绳、强度不足、超载吊装，导致钢丝绳断裂，可引发起重物坠落；断绳还可对人员造成物体打击伤害。

③脱绳。钢丝绳卡子数量不够，紧固强度不足或卡子损坏，将造成脱绳。

④脱钩。吊钩无防脱棘爪或防脱棘爪损坏、吊物捆绑不牢，可造成脱钩。

⑤起重物坠落。断绳、脱钩、脱绳、起升机构故障（如电动机、联轴器、传动轴、减速器、小车架运行机构、滑轮组等损坏）、起重物损坏、挂钩不当，或突然停电可导致起重物坠落。

⑥三条腿。小车车轮直径不等、车轮安装误差过大、小车架焊接变形可引起小车三条腿现象。三条腿现象可导致小车金属结构破坏。

（3）触电

①手持控制器绝缘外壳损坏、控制电缆漏电；

②动力电缆损坏，不停电检查维护，维护人员误接触带电体。

（4）安全装置失效危险性分析

缓冲器、大车运行制动器损坏，可导致大车出轨；大车运行制动器或小车运行制动器损坏，可导致人休挤压伤害或与其他物体碰撞；起升机构制动器损坏，可砸伤、撞损其他物体；上升极限限位器损坏可拉断钢丝绳，造成吊重坠落；大车运行限位器损坏可导致大车出轨；小车运行限位器损坏可导致小车冲撞端梁或轨道梁；超载限制器损坏，吊装超载可导致起重物坠落或起重机破坏。

九、抽油机

抽油机是油气集输系统中最常见的石油开采设备，俗称"磕头机"。一台完整的抽油机应该包括抽油机设备本身及其相连接的抽油泵。抽油泵在地层深处，地面上只能看到抽油杆部分。抽油杆盘根盒安装在井口采油树顶部，抽油杆从盘根盒中部穿过，将井口密封。盘根盒下部安装有防喷胶皮闸门，是更换盘根和进行其他作业时使用的防喷设备。

抽油机的种类很多，但总体上可以分为游梁式抽油机和无游梁式抽油机两种。前者又可分为单驴头和双驴头，直梁和弯梁；后者可分为皮带抽油机、链条抽油机、直线电机抽油机等类型。

1. 系统功能分解

抽油机主要由以下几部分构成：

（1）驴头

双驴头游梁抽油机有两个驴头。前驴头安装有绳辫子，通过悬绳器与抽油杆相连接；后驴头通过绳辫子与横梁相连。

（2）游梁

游梁安装在抽油机支架轴承上，并绕支点轴承作上下摇摆运动传递动力，同时也是承受负荷的主要构件。

（3）横梁

是连接连杆与游梁之间的桥梁，动力经过横梁才能带动游梁作摇摆运动。

（4）连杆

在连杆的上部焊有接头，连杆与横梁用销轴铰接，下接头靠曲柄销与曲柄连接。

（5）曲柄

曲柄安装在减速器输出轴两端。曲柄上有4～8个可固定曲柄销的圆孔，通过调整曲柄销的位置来调节冲程。曲柄两侧的两个大铁块叫平衡块，平衡块用T型螺

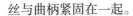

丝与曲柄紧固在一起。

（6）原动机

原动机安装在抽油机底座上，为抽油机提供动力。

（7）传动机构

传动机构由电动机皮带轮、减速箱皮带轮、传动皮带、减速箱、传动轴等组成。

（8）安全防护装置

主要包括：刹车、死刹、防雷及电气保护接地装置、曲柄防护网及劳动保护设施等。

2．危险分析

抽油机除具有动设备的普遍危险特征外，还存在以下特殊风险：

（1）机械伤害

平衡块旋转区无防护网或防护网有缺陷，操作人员误入旋转危险区内，可造成机械伤害；抽油机运行状态下，操作人员靠近或接触旋转的皮带轮或皮带，易造成皮带挤手或皮带轮绞住工作服，进而把人绞伤，女工长发绞入皮带轮会造成伤亡事故等；抽油机检查、检修、清扫时，不挂死刹，刹车失灵，抽油机突然转动，易造成伤亡事故；不停机紧固盘根盒压盖，驴头下降，易将操作人员砸伤；平衡块脱落，可将操作人员或设备砸伤、砸坏；操作人员站立在井口或采油树上工作或误到井口，悬绳器下行可造成操作人员伤害。抽油机维护人员违章站立在悬绳器上从事检查维护作业，悬绳器突然上行，易造成操作人员挤压伤害。

（2）高处坠落

劳动保护设施缺乏或不完善，可造成操作人员高处坠落；站在抽油机减速箱上进行维修作业，例如，曲柄销检查更换、横梁检维修等。不系安全带或操作不正确、使用工具不当，易造成高处坠落；抽油机支架轴承、驴头、绳辫子或游梁检查维护作业，未采取安全措施或措施不当，稍有不慎就有坠落的危险。

（3）物体打击或砸伤

开展高处作业时，工具、配件从上部坠落，可对抽油机下的操作人员造成物体打击；绳辫子绞拧打绺，处理不当，易造成物体打击；更换盘根，盘根压盖未固定或固定不牢，易将操作人员砸伤；检查、维护和更换悬绳器或示工图传感器，未固定方卡子或固定不牢，易将操作人员砸伤。

（4）触电

抽油机控制箱电气线路老化、损坏和绝缘能力降低，造成控制箱漏电；电机内部绝缘损坏、绝缘能力降低或电机接线有误；无电气保护接地装置或装置失效；湿手湿脚操作电气；不停电清洁、维护控制箱，易造成触电事故。

（5）机械破坏

曲柄连杆脱落（如曲柄销或横梁销轴损坏、脱落等）、两侧平衡块安装位置不对称、T 型螺栓断裂平衡块脱落，前驴头固定销断裂或固定点焊缝开裂导致前驴头侧翻等，极易造成抽油机翻车事故；方卡子破裂，抽油杆脱离抽油机，导致抽油机失去平衡，可造成皮带烧毁，甚至引发抽油机翻车事故；地基不均匀沉降、基础或地脚螺栓破坏，极易造成抽油机翻车事故。

（6）井喷

前驴头不正或对中误差过大，盘根盒偏磨导致井口密封失效，可造成井口喷油；更换盘根时未关闭防喷胶皮闸门或闸门密封失效，易造成井喷；不停机更换盘根，易造成井喷事故。

（7）火灾爆炸

采油树损坏、井口喷油、井口工艺管道法兰、阀门损坏或密封失效，导致油气泄漏，油气窜入井场电气设备，或遇到其他火源，可引发火灾爆炸事故；减速箱油箱破裂、底部放油口损坏或密封失效，导致润滑油泄漏，可引发火灾；井场工艺设备检修，可引发火灾爆炸事故；不法分子井口盗油，可引发火灾爆炸事故。

将以上动设备的危险分析结果进行汇总，见表 10-2。

表 10-2　油气集输站场动设备潜在事故汇总表

设备类别	潜在事故	备注
离心泵	机械伤害；机械破坏；火灾、爆炸；噪声；触电；灼烫；冻伤；泄漏；高压伤害	
往复泵	机械伤害；机械破坏；火灾、爆炸；噪声；触电；灼烫；冻伤；泄漏；高压伤害	
往复式压缩机	机械伤害；机械破坏；火灾、爆炸；中毒；噪声；触电；泄漏；爆裂	
螺杆压缩机	机械伤害；机械破坏；火灾、爆炸；中毒；噪声；触电；冻伤；泄漏；爆裂	
起重设备	机械伤害；机械破坏；起重物坠落；高处坠落；起重伤害；物体打击；触电	
抽油机	机械伤害；机械破坏；高处坠落；物体打击；触电；井喷；火灾、爆炸；中毒；环境污染	

第三节　工艺管道危险性分析

工艺管道是指那些用来把单个设备或单元、工段、车间乃至全厂连接成完整的生产工艺系统的管道。确切地说，工艺管道系指油气集输站内直接为产品生产输送各种物料和工作介质的管道，因而，也可称为物料管道。由于油气集输系统站内工艺管道具有种类繁多、结构复杂、系统物料和工作介质危险性大等特点，其安全风险较为突出。

一、工艺管道分类及构成

1. 管道分类

依照《特种设备安全监察条例》（国务院令 549 号），管道可分为压力管道和普通流体管道。

①压力管道。是指利用一定的压力，用于输送气体或液体的管状设备，其范围规定为最高工作压力大于或者等于 0.1MPa（表压）的气体、液化气体、蒸汽介质或者可燃、易爆、有毒、有腐蚀性、最高工作温度高于或者等于标准沸点的液体介质，且公称直径大于 25mm 的管道。

②普通流体管道。是指没有纳入《特种设备安全监察条例》监察范围的其他流体输送管道。

根据油气集输系统工作介质、工作参数及危险特性，站内工艺管道可分为以下几类：

①油气管道。指工作温度在 –20 ～ 120℃之间，工作压力为 0 ～ 10MPa，工作介质为原油、轻油、天然气、天然气凝液、液化石油气等易燃、可燃流体的工艺管道。

②高温管道。指工作温度在 120℃以上的工艺管道。例如，输送介质为蒸汽、烟气、高温天然气（再生气）、导热油等的管道。

③低温管道。指工作温度在 –20℃以下的工艺管道。主要分布在天然气净化及原油稳定装置深冷系统。

④高压压力管道。指工作压力大于 10MPa，工作温度为 –20 ～ 120℃的压力管道。主要分布在动力液和注氮（二氧化碳）采油工艺系统以及 CNG 装置。

⑤真空管道。指工作压力 P<0MPa 的工艺管道。

⑥压缩风及仪表风管道。指油气集输站内压缩风管道。

⑦注水管道。指油气集输站内注水系统工作压力大于 10MPa 的工艺管道。

⑧给排水管道。指用于油气集输站内生产给水和系统排水（含洁净雨水）的管道。不包括污水和污染雨水。

上述八类管道中的的前六种属于压力管道，后两种则属于普通流体管道。由于压缩风、仪表风和给排水管道的工作压力和工作温度较低，工作介质为不燃、无毒流体，安全风险较小，故本节不予讨论。

2. 工艺管道系统构成

工艺管道一般由以下几部分组成：

①管子。即管道本体，是管道的基本组成部分。

②管件。是将管子连接起来的元件，主要包括弯头、弯管、异径管、三通、补偿器等。

③阀门。按结构可分为闸阀、截止阀、止回阀、旋塞阀、球阀、蝶阀、隔膜阀等。

④连接件。一般包括法兰、垫片、螺栓、螺母、螺纹管箍、活接头等。

⑤支架。主要类型有固定支架、导向支架、滑动支架、刚性吊架、弹簧支吊架等。

⑥附属设施。包括：监测仪表、安全设施及安全保护装置。

二、压力管道一般危险性分析

（1）爆裂

管道设计存在缺陷，承压能力不足。如材料选择不当，结构设计不合理，管材壁厚不足，无安全设施或设计有缺陷等；管子、管件、连接件材料质量不符合设计要求。如管材有重皮、夹层，焊接管（管件及连接件）焊缝质量不符合标准要求，管材厚度不够，使用不符合安全要求或无生产资质的压力管件、连接件等；管道安装质量存在缺陷，如补偿器安装位置、方式不当，支架安装有缺陷，管道强力组装存在组装应力等；管道试压不符合要求，如投产前不进行试压或试压不合格，不锈钢管道水压试验用水氯离子含量超标等；管道焊缝缺陷（如未焊透、咬边等）超标或存在未熔合、裂纹，焊接工艺有缺陷致使焊接工艺性能不能满足设计要求等；管道腐蚀导致壁厚减薄，应力腐蚀导致管道脆性破裂；系统出现故障或误操作导致管道压力骤然升高，超过设计压力；安全泄压装置失灵或随意关闭安全阀进口阀门；工作状态不稳定，管道剧烈振动；管道受到外力冲击或自然灾害破坏等。

（2）泄漏

管道设计存在缺陷，如密封结构、材料选择错误，设计壁厚没有考虑腐蚀裕量，管材耐腐蚀性能不符合要求，阀门、管件或连接件选择与工况不符等；管子、管件、连接件材料质量不符合设计要求，如用结构管代替流体管；使用不合格的管子、阀门、管件及连接件等；管道安装质量存在缺陷，如补偿器安装位置、方式不当，支吊架安装有缺陷等导致管道破裂；管道未进行严密性试验或试验不合格等；管道防腐质量存在缺陷，导致管道腐蚀穿孔或破裂；一次仪表或其连接密封损坏；阀门、法兰及其他连接件密封失效；液击导致管道损坏；切换流程或取样、放空出现操作错误而失去控制或阀门关闭不严，流体直接排放造成泄漏事故；管道受到外力冲击或自然灾害破坏导致管道损坏等。

（3）物体打击

①操作阀门站立位置不对，阀杆窜出，造成物体打击；

②阀门质量有缺陷，阀芯、阀杆、卡箍损坏飞出，造成物体打击；

③带压紧固连接件，连接件突然破裂；带压紧固压力表，压力表连接螺纹有缺陷导致压力表飞出，可造成物体打击。

（4）噪声

管道泄压装置超压泄放、流体节流或剧烈扰动、流体喷射或流速过快，可产生流体动力性噪声。

三、油气管道的危险性

油气管道主要是指油气集输站内的中低压原油、污油、天然气、液化石油气、天然气凝液及各种烃类管道等，该类管道除具备一般压力管道的危险特征外，还具有以下危险性：

（1）爆裂

原油管道凝管，从中间加热解冻，可引发爆裂。

（2）火灾和爆炸

爆裂导致油气泄漏，金属被瞬间撕裂，产生火花，引发火灾、爆炸；管道爆裂产生的金属碎片撞击设备设施、建（构）筑物或硬化地面，产生火花，引发火灾、爆炸；管道泄漏，油气蔓延，遇明火或火花，引发火灾、爆炸；油气泄漏喷射，与空气或泄漏点金属摩擦产生静电并打火，引发火灾、爆炸；天然气管道投产不进行惰性气体置换或置换未达到安全标准，油气进入管道形成爆炸混合物，可引发管道爆炸；在用天然气管道检修，使用空气进行吹扫，管道内的硫化亚铁遇空气自燃，引发管道爆炸；使用压缩空气对油气管道进行吹扫，遇明火或火花（含静电火花），可引发管道爆炸；液化石油气储罐液相管道阀门内侧法兰使用石棉垫片，易造成泄漏失控，进而导致火灾爆炸；防雷、防静电装置缺乏或有缺陷，遇雷击或静电打火可引发火灾、爆炸。

（3）中毒和窒息

油气大量泄漏，导致泄漏区域空间内氧气浓度降低，可使人窒息；含硫天然气泄漏，可使人中毒；注氮、注二氧化碳采油系统的油气管道破裂，泄漏的油气夹带大量的氮气或二氧化碳，导致泄漏区域空间内氧气浓度降低，使人窒息；二氧化碳还可导致人员急性中毒；无气防用具或有缺陷、气防用具防护类型或使用不符合防护要求，可导致人员中毒或窒息。

（4）其他危害

热油管道泄漏，接触人体，可造成灼烫伤害。

四、高温管道的危险性

油气集输站内高温管道主要包括高温蒸汽管道、再生天然气管道及导热油管道等。该类管道除具备一般压力管道的危险特征外，尚具有以下危险性：

（1）爆裂

高温管道发生爆裂，其事故危害性极大。例如，2000年7月9日0时57分，我国北方某钢铁企业电力厂汽轮机车间主蒸汽管道北端阀门与管道焊接部位发生泄漏，1时1分左右该焊接部位撕裂，发生爆炸。阀门连同长约1.5m的管道向北飞出13.3m。将3号锅炉、汽轮机值班室的南、北两堵墙击塌，从主蒸汽管道中喷出的高温高压蒸汽，将值班室内的控制设备毁坏，值班室内6名人员被砸伤、烫伤，经送医院抢救无效死亡，直接经济损失75万余元。

高温管道除以上内容所述管道爆裂原因外，下列原因也可引发高温管道爆裂。

管道长期在高温状态下工作发生高温蠕变，造成管道爆裂；高压过热蒸汽管道和再生天然气管道均属间歇性高温工作管道，钢材长期冷热交替工作，材料及焊缝内部缺陷在温度变化引起的热应力作用下，会产生微小裂纹并不断扩展，最后导致破裂，引发爆裂；高温管道在高温氧化性介质环境中会被氧化，从而加速管道的外腐蚀，导致壁厚减薄，可引发爆裂；高温管道裸露部位突遇冷水（如强降雨等）冲刷，造成局部剧烈降温，产生强内应力，可引发爆裂；系统操作失误，温度过高，材料强度下降，可引发爆裂。

（2）泄漏

高温管道热补偿设计或安装有缺陷，管道热膨胀变形过大，引发管道破裂；管道支架设计、安装有缺陷，可造成管道或补偿器破坏；阀门、管件及连接件密封材料高温性能劣化，密封失效；高温导致法兰等连接件紧固不牢，密封失效；高温导致管道变形伸长，致使法兰等连接密封失效；高温管道投产初期未进行热紧固，密封失效。

（3）灼烫

管道破裂，高温流体泄漏喷射接触人体，造成灼烫伤害；管道泄漏，环境空间充满高温气体，人吸入体内，导致呼吸系统灼伤；人体接触高温管道（管子、阀门、管件、连接件）裸露（未保温）部位可致人烫伤；高温管道防护设施不完善，可导致灼烫伤害；安全泄压装置方向不合理，如泄压方向面对建筑物门窗、人行道以及人员频繁活动区域，易造成灼烫伤害；无个人防护或防护用品有缺陷，可导致灼烫伤害。

（4）其他危害

高压过热蒸汽管道还同时具备其他常温高压压力管道的危险性，这将在后续章节中论述；再生天然气和导热油管道还同时具备其他油气管道的危险性。

五、低温管道的危险性

低温管道主要是指天然气净化装置中的氨（丙烷）制冷管道、低温天然气及低温轻烃管道等。由于该类管道的工作温度往往低于普通钢材的低温脆性转变温度，因此低温冷脆和低温伤害成为该类管道的主要风险。除具有一般压力管道的危险特征外，尚具以下危险：

（1）爆裂

管道在低温状态下，冲击韧性降低，若材料选择不当，易发生爆裂；工作介质氯离子含量超标，或使用氯离子含量超标的保冷材料，可使不锈钢管道发生晶间腐蚀，强度降低；焊接工艺不当或加热煨制弯管温度控制不当，致使不锈钢管道在其敏化温度区间停留时间过长，易发生晶间腐蚀，强度降低；合金钢或有色金属管道焊接材料选择有误或焊接工艺不当，易产生焊接裂纹，引发爆裂；热补偿设置不合理，致使管道产生轴向拉应力，管道应力增加，引发爆裂。

（2）泄漏

密封材料低温性能差，导致密封失效，易发生泄漏；采用氯离子含量超标的非金属垫片，可使不锈钢法兰接合面发生晶间腐蚀，造成法兰破坏，引发泄漏；使用碳钢支架与不锈钢管道直接接触，导致不锈钢管道局部渗碳、贫铬，致使管道发生局部腐蚀；低温合金钢（碳钢）管道保冷防潮层不严密，空气中的水分在保冷层内凝结成水，加快管道腐蚀；低温导致法兰等连接件紧固不牢，密封失效；投产初期，未及时进行冷紧固，易造成泄漏；低温导致管道收缩，若热补偿设置不合理，致使法兰连接处呈轴向拉应力状态，导致密封失效；管道受拉，还可使管道被拉断，引发泄漏。

（3）冻伤

管道破裂，低温流体泄漏喷射接触人体，导致人员冻伤；人体接触低温管道（管子、阀门、管件、连接件）裸露（未保温）部位，可导致人员冻伤；无个人防护或防护用品有缺陷，可导致冻伤。

（4）其他危害

低温天然气、轻烃等易燃易爆介质管道还同时具有一般油气管道的危险性。

六、高压压力管道

高压压力管道主要是指高压动力液、压缩天然气、高压注氮及高压二氧化碳等工艺管道。该类管道除具备一般压力管道的危险特征外，尚具以下危险性：

（1）爆裂

氮与钢材接触，可造成钢材渗氮，降低钢材韧性，导致注氮管道爆裂；氮还可使管道钢材发生应力腐蚀破裂，引发爆裂事故；材料及焊缝内部任何缺陷均有高压突变的可能，可导致管道爆裂。

（2）中毒与窒息

天然气、氮气泄漏可导致操作人员窒息；二氧化碳泄漏，可导致操作人员急性中毒。

（3）高压伤害

高压流体泄漏喷射，若接触人体，可将人体刺伤；若冲击设备、电缆及建（构）筑物，可造成设备设施损坏；违章操作。例如，更换压力表不预先进行泄压，带压进行管道、管件、连接件检修等。

（4）低温冻伤

高压气体或液化气体泄漏，气体迅速膨胀并吸收周围热量，温度急剧下降，可造成操作人员冻伤。

（5）其他

高压动力液和压缩天然气管道还同时具有一般油气管道的危险性。

七、真空管道

（1）抽瘪

管道强度不足；管道腐蚀，壁厚减薄；管道发生热应力变形或支吊架不合理；管道受外力压迫或外力冲击，易造成管道抽瘪。

（2）爆炸

管道真空泄漏，空气进入管道空间，形成爆炸混合气体，经压缩机压缩可发生爆炸；管道真空泄漏，无防雷防静电设施或有缺陷，可发生管道爆炸；管道真空泄漏，管道内有硫化铁或硫化亚铁存在，可发生管道爆炸。下列原因可造成真空泄漏：

管道抽瘪可引发真空泄漏；管道材料存在缺陷；管道腐蚀穿孔；管道安装及焊接质量存在缺陷，管子、阀门、管件、连接件、一次仪表及安全附件损坏、破裂；管道连接密封失效。

八、注水管道

注水管道是指油气集输站内注水系统中工作压力大于10MPa的高压水管道。由于该类管道工作介质为常温不燃液体，未纳入压力管道监察范围。但该类管道的高压特性，却使其表现出某些压力管道的风险特征。

（1）爆裂

管道设计存在缺陷，承压能力不足。如材料选择不当，结构设计不合理，管材壁厚不足等；管子、管件、连接件质量不符合设计要求。如管材有重皮、夹层，管材厚度不够，使用不符合安全要求或无资质企业生产的压力管件、连接件等；管道安装质量存在缺陷。如管道支架设置、安装不符合要求导致管道剧烈振动；投产前不进行试压或试压不合格等；管道焊接质量有缺陷。如焊缝内部存在未熔合、裂纹或其他超标缺陷等；焊接工艺不当致使焊接工艺性能不能满足设计要求等；管道腐蚀导致壁厚减薄，应力腐蚀导致管道脆性破裂；系统出现故障或误操作导致管道压力骤然升高，超过设计压力；快速开关阀门产生水击导致管道损坏；安全泄压装置失灵；工作状态不稳定，压力缓冲器氮气压力不足，造成管道剧烈振动；管道受到外力冲击或自然灾害破坏。

（2）泄漏

管道材料选用不当，引发管道破裂；管道安装存在缺陷，如管道支架设置安装不合理，管壁撕裂；管子、阀门、管件及连接件质量不合格；管道未进行严密性试验或试验不合格等。管道腐蚀穿孔；管道一次仪表或其连接件密封损坏，阀门、法兰及其他连接件密封失效；水击导致管道损坏；工作状态不稳定，压力缓冲器氮气压力不足，管道剧烈振动，造成管道破裂；管道受到外力冲击或自然灾害破坏导致管道损坏。

（3）物体打击

操作阀门站立位置不对，阀杆窜出；阀门质量有缺陷，阀芯、阀杆、卡箍损坏飞出；管件、连接件质量有缺陷而损坏、破裂；管道监测仪表或其连接件损坏、破裂；带压进行管道维修；管道进行水压试验时，防护措施不完善；在线调整泄压阀，泄压阀配件飞出。

（4）高压伤害

管道爆裂、泄漏，高压水喷射，若接触人体，可将人体刺伤；若冲击设备、电缆及建（构）筑物，可造成设备设施损坏；管道进行水压试验时，防护措施不完善；违章操作，如更换压力表不预先进行泄压，带压进行管道、管件、连接件检修等；在线调整泄压阀，高压水喷出，可造成高压伤害。

表10-3为油气集输站场工艺管道潜在事故的汇总。

表10-3　油气集输站场工艺管道潜在事故汇总表

管道类别	潜在事故	备注
油气管道	爆裂；泄漏；物体打击；火灾、爆炸；中毒和窒息；灼烫；冻伤	
高温管道	爆裂；泄漏；物体打击；火灾、爆炸；中毒和窒息；灼烫	
低温管道	爆裂；泄漏；物体打击；火灾、爆炸；中毒和窒息；冻伤及冻害	
高压压力管道	爆裂；泄漏；物体打击；火灾、爆炸；中毒和窒息；冻伤及高压伤害	
真空管道	抽瘪；爆炸	
注水管道	爆裂；泄漏；物体打击；高压伤害	

第四节　其他关键生产设施危险性分析

其他关键生产设施是指油气集输站内电气设施、自动化控制及仪表、建（构）筑物等。

一、电气设施危险性分析

电气设施是指油气集输站场配电设施及用电设备。其中，配电设施是指 10kV 及以下的变配电设施，主要包括：电力电缆、变压器、配电室等；而用电设备主要是指电动机、空调、电暖气、电热水器、照明装置等。

1. 电力电缆

油气集输站场电力电缆一般可分为高压电缆和低压电缆两种。其中，高压电缆工作电压一般为 6 ~ 10kV；低压电缆工作电压为 220 ~ 380V。

电力电缆种类很多，可按绝缘材料性质、结构特征、敷设环境等进行分类：

①按绝缘材料性质可分为：油浸纸绝缘、塑料绝缘、橡胶绝缘等。

②按结构特征可分为：统包型、分相型、扁平型、自容型等。

③按敷设环境可分为：直埋式、沟架式、架空式等。

电力电缆一般由导体（电缆芯）、绝缘层、屏蔽层、铠装层和外护套等构成，主要存在以下危险：

（1）着火爆炸

①电缆防护层或绝缘层受损，引起电缆芯与电缆芯之间或电缆芯与护套（铠装层）之间的绝缘击穿，产生电弧，造成电缆绝缘材料和电缆外护套等燃烧；

②电缆长时间超负荷运行，可造成电缆绝缘性能降低，导致绝缘击穿，绝缘材料高温分解，可起火爆炸；

③在三相电力系统中，以三芯电缆当作单芯电缆使用时，会产生涡流而发热，引起电缆绝缘层燃烧；

④电缆与热力管道距离过近或电缆散热不良，温度过高，起火爆炸；

⑤电缆中间接头压接不紧，焊接不牢，致使电缆接头发热，引发火灾；

⑥电缆盒接线相间电气间隙不够，相间短路，产生电弧引发电气着火；电缆盒密封不良、受损或有裂纹，浸入潮气，可导致绝缘击穿，起火爆炸；

⑦爆炸火灾环境电气设备接线，采用电缆芯绕接或不同金属压接，导致接头发热，可引发火灾爆炸事故；

⑧使用可燃材料穿线管，可引发火灾事故；

⑨电缆沟密封不严，沟内积水，若电缆外护套损伤，致使电缆进水，可造成电缆着火或爆炸；原油或其他油品进入电缆沟，导致电缆外护套老化，可引发火灾爆炸；

⑩电缆沟密封不严，小动物进入电缆沟，将电缆咬破，绝缘受损，可引发火灾爆炸。

（2）其他

电缆外护套损伤、绝缘性能下降，可导致触电伤害；金属穿线管没有设置保护接地或接地有缺陷，线路漏电，可引发触电伤害；电缆屏蔽层损伤、屏蔽层未做防雷接地或接地有缺陷，易遭受雷电感应，形成电涌，导致电气设备遭受雷击；电缆着火，可引发油气散发场所火灾爆炸，并可引发系统意外停电；直埋电缆无地面标志或不明显，动土作业未办理动土作业票，违章动土，破坏电缆，可引发系统意外停电事故，甚至造成操作人员触电伤害。

2. 架空输配电线路

架空输配电线路主要由杆（塔）、电杆拉线、导线、金具、绝缘子、避雷线或避雷器等组成。其主要危险性包括：

（1）触电

①金具或绝缘子损坏、导线绑扎不牢，导线脱落；

②电杆拉线损坏或拉线地锚损坏、松动，电杆根部取土，可导致线路倒杆，导线断落；

③导线有损伤或强度不足，导线断落；

④无防雷设施或防雷设施失效，雷击可导致绝缘子损坏而漏电；雷击破坏杆（塔）、金具、导线，引发导线脱落或断落；

⑤绝缘子失效或绝缘不良，或爬电距离不够，导致线路漏电；

⑥杆上带电作业，无安全防护措施或有缺陷；

⑦杆上停电作业，未封接地线或位置错误；

⑧雷雨天上杆作业，可造成雷击伤害。

（2）系统意外停电

导线脱落、断落，可引发系统意外停电；导线意外接地或短路、断路。例如，人为抛物或树木碰触导线引起单相接地；线路隔离开关、跌落式熔断器因绝缘老化击穿引起断路；绝缘子表面严重积污，导致污闪；绝缘子表面结冰，引发覆冰闪络事故；鸟类在金具上筑巢，导致相间短路；无防雷设施或有缺陷，发生雷击或雷电感应；自然灾害（如地震、强风、雨雪冰冻、洪水、泥石流或山体滑坡等）或人为破坏（如盗窃电缆、破坏电杆及拉线等）可导致系统意外停电事故。

（3）高处坠落

上杆作业无劳动防护或劳动防护用品有缺陷或使用不当，易造成高处坠落。

（4）着火

①导线脱落、断落，可引发线路着火；

②导线短路、污闪、覆冰闪络或雷击，可引发线路着火。

（5）其他

架空线路跨越或距易燃易爆区域过近，电气着火可引发火灾、爆炸事故。

3．变压器

油气集输系统中最常见的是油浸式降压变压器。一般来讲，变压器主要由以下几部分构成：

①器身：包括铁芯、绕组、绝缘部件及引线。

②调压装置：分接开关，分为无载调压和有载调压装置。

③油箱及冷却装置：包括储油柜、油枕、散热管和测温装置。

④保护装置：包括气体继电器、防爆管等。

⑤绝缘套管。

变压器的上述构成，决定了变压器存在以下危险性：

（1）火灾

变压器缺油、油质劣化、泄漏，冷却效果降低，温度升高，引发变压器着火；变压器下部无蓄油池或蓄油池容量不足，若变压器油泄漏并着火，可造成火灾蔓延，引发次生事故；变压器过载、过压、短路而发热，变压器油受热膨胀，或高温分解产生大量气体从防爆管喷出，遇火源引燃；分接开关接头等接触不良，导致接头处局部过热或间歇性火花放电，造成变压器着火；引线与接线柱之间没有使用铜铝过渡接头，铝板氧化导致电阻增大，造成局部过热引发变压器着火；绝缘套管老化，或动物接触带电体引起短路击穿；防雷装置失效，遇雷击着火。

（2）变压器爆炸

①变压器过载、过压、散热不良，变压器油高温分解产生大量气体，保护装置失效，可发生爆炸。

②变压器缺油、油质劣化，或绝缘损坏引起线圈匝间短路产生电弧，引发变压器爆炸。

③变压器密封不严，空气进入变压器机身内，与变压器油或其他有机物质分解产生的气体混合形成爆炸混合气体，在高温条件下可发生爆炸。

（3）触电

变压器无防护栏或有缺陷，人员误接触带电体，可造成人员触电；变压器漏电，人员靠近变压器，地面跨步电压导致人体触电。

（4）其他

变压器着火、爆炸可导致系统意外停电，进而引发其他事故，如系统瘫痪、原油管道凝管等。

4. 低压配电室

低压配电室系统构成内容主要包括：建（构）筑物（配电间、电缆沟等）、电气盘柜、电缆、通风及采暖设施。其中，电气盘柜一般由柜体、母带、电线、断路器、操作开关（按钮）、互感器、电容器、继电器、指示灯及电器仪表等电气元件和材料构成。

（1）触电

使用不合格或不符合安全要求的配电柜；盘柜内部母带、电气元件或电器材料绝缘不良，柜体带电；柜体、电气元件未做保护接地；装有强电电气元件的柜门与柜体之间未做电气保护跨接；柜门敞开、柜体损坏；检修、操作人员未穿戴劳动防护用品或劳动防护用品不符合要求；配电间漏雨，采暖系统泄漏；带电体与导体之间爬电距离或带电体之间电气间隙不足；违章操作或违章从事电业作业。

（2）着火

电气元件或电器材料质量存在缺陷；盘柜内部母带、电气元件或电器材料绝缘不良；电气间隙不足，导致短路放电；电气负荷过大；违章操作；通风不良，室内温度过高；电缆沟入室密封不严、门窗敞开，飞禽或其他小动物进入配电柜，造成短路；门窗敞开或通风系统有缺陷，沙尘进入配电柜内，引发短路或意外接地；电缆沟密封不严，沟内积水或小动物进入电缆沟导致电缆外护套被老鼠等小动物咬破，可导致配电间着火。

（3）其他

配电柜短路、着火、设备损坏或意外接地，可导致系统意外停电；电器元件动作，可产生机械性噪声；电气元件正常工作时，也可产生电磁性噪声；带有静电敏感电子器件的电气装置，无静电接地或接地有缺陷，未采取静电防护措施进行操作或检维修作业，可导致电气装置损坏，甚至引发其他事故。

5. 用电设备

（1）电动机（简称：电机）

电机制造、修理时不慎破坏绝缘层；硅钢片质量不合要求，铁损消耗过大，可导致电机烧毁；电机功率不足、短时间内重复起动或起动方式不正确，可导致电机烧毁；长期电压过低或过高以及缺相运行会造成电机过热，甚至烧毁电机；电机制造、组装有缺陷，转子不平衡，电机扫膛可烧毁电机；电机轴承有缺陷或润滑不良，轴承温度过高，可烧毁电机；线圈接点接触不良，引起局部升温损坏绝缘，产生火花、电弧甚至短路等引燃可燃物，造成火灾；爆炸火灾环境选用非防爆电机、非防爆操作装置或防爆失效，可造成火灾爆炸；电机无接地或有缺陷，接线方式不正确，电机线圈绝缘不良导致电机漏电，人体或其他导体接触带电机壳极易发生触电伤害事故。

（2）空调、电暖器、电热水器及照明装置等日用电器

①爆炸火灾环境使用电器不防爆或防爆失效，可引发火灾爆炸；

②电气线路接线方式不正确，可引发触电甚至线路或电器设备着火；

③有接地要求的电器设备没有接地或接地装置有缺陷，可导致人员触电；

④电器产品质量存在缺陷或不符合安全要求，可引发触电甚至着火；

⑤违章使用电暖器，如人员离开办公、值班场所没有切断电源，电暖器上覆盖可燃物等，可引发火灾；

⑥电器设备安装质量存在缺陷、绝缘老化、散热不良、无保护接地或有缺陷、运行维修不当等，均可能导致电气设备着火或人员触电；

⑦电器着火可引起其他易燃易爆介质着火或爆炸。

（3）其他

湿手湿脚触摸电器或操作开关可导致人员触电；室内配电盘无接地或接地有缺陷，可导致人员触电；接线点或其他带电体裸露，可导致人员触电；照明开关置于配电柜内部或其他裸露带电体附近，极易引发触电伤害；必须安装剩余电流动作保护装置的设备或场所没有安装保护装置，或保护装置型号选择、安装方式不正确，保护装置损坏或有缺陷，易造成人员触电；使用可燃材料穿线管，易引发火灾。

二、建（构）筑物危险性分析

（1）坍塌

建（构）筑物设计或施工质量存在缺陷，结构强度不足；建（构）筑物基础长时期浸泡在水中，基础损坏或不均匀沉降；建（构）筑物结构在强腐蚀环境中遭腐蚀破坏；地质条件不良。

（2）着火、爆炸

火灾危险厂房通风设施不完善，厂房地坑、地沟、电缆沟内窜入并聚集可燃气体；配电间地坪标高不足，可燃气体可蔓延进入配电间；火灾危险厂房使用可燃材料；爆炸火灾建筑厂房或高大建（构）筑物无防雷设施或有缺陷，易遭雷击，引发火灾爆炸。

（3）其他

不同火灾危险性类别的房间布置在同一栋建筑物内时，隔墙防火性能不符合要求或存在孔洞、沟道相连通，易引发火灾事故；甲、乙类生产厂房与变、配电室之间的隔墙不符合防火要求，或设置观察窗的密封、耐火等级不够，易造成火灾、爆炸事故；甲、乙类生产厂房与值班室之间的观察窗使用非防爆玻璃，一旦发生爆炸将伤及值班人员；建筑物安全出口数量不足或设置不合理，安全门开启方式、方向不符合防火要求，可影响人员疏散，易造成人员伤亡；火灾危险厂房泄压面积不足，可造成厂房爆炸，导致事故扩大；甲、乙类工艺设备平台、操作平台通向地面的梯子设置不符合安全要求，当梯子被火焰封住或烧毁时，人员无法疏散，易造成人员伤亡；建（构）筑物的耐火等级不够，致使建（构）筑物过火迅速坍塌。

三、自控系统及仪器、仪表危险性分析

自控系统及仪器、仪表是指用于油气生产系统工艺参数监测、控制的仪器、仪表及装置。主要包括现场安装的各种压力、温度、液位、流量、安全监测的一次仪表、二次仪表以及 DCS、SCADA 等控制系统。

1．自控系统及仪器、仪表故障分析

（1）设计、施工及产品质量存在缺陷

仪器、仪表选型不当或质量存在缺陷，性能不稳定，或安装前未进行检测、检定和试验，导致监测失真甚至无法工作；自控系统设计、施工质量存在缺陷（如自控软件或计算机性能不稳定、模块接口故障、参数设置不合理、自控软件与计算机操作系统或硬件冲突等），可导致自控系统工作不正常，甚至发出错误危险指令；自控系统布线不合理，可产生信号干扰，造成信号失真，影响自控系统工作；自控系统无防雷设施或防雷设施有缺陷，雷电波侵入可影响自控系统的正常工作甚至损坏系统或器件；带有静电敏感电子器件的控制室，无防静电措施或措施有缺陷，可导致电子器件或系统损坏；自控系统未配备不间断供电电源或供电后备时间不足，一旦发生意外停电，可导致系统瘫痪。

（2）生产运行

仪器、仪表维护不及时，或不按期校验、检定，可导致仪器、仪表工作不正常和数据失真；系统周边存在强磁场或强噪声干扰，导致信号失真，影响自控系统工作；检查、维修带有静电敏感电子器件的仪器、仪表，未采取静电消除措施，可损坏电子器件；计算机管理有漏洞，操作人员使用计算机从事与系统控制无关的工作，导致系统感染计算机病毒或系统破坏；计算机网络存在系统漏洞，受入侵者或计算机病毒攻击，可导致 DCS、SCADA 工作不稳定、发出错误危险指令甚至导致系统瘫痪；重要站场站控系统无冗余配置，SCADA 系统无备用机或备用机未处于热备用状态，一旦控制系统出现故障，可导致系统瘫痪；控制室无防沙、防尘措施，室内无空调系统，可导致系统故障；操作人员违章或误操作，可导致自控系统瘫痪。

2．自控系统故障危险性分析

（1）压力监控系统危险性分析

压力监控系统发生故障，可导致压力显示失真、系统失控，引发事故。

容器类设备（压力容器、压力储罐、低温设备）压力过高，可导致设备破裂或爆裂；压力过低，形成负压，可导致容器抽瘪；锅炉压力过高，可导致锅炉爆炸；离心泵出口压力过高，可导致憋泵；进口压力过低，可导致气蚀；容积型机泵出口压力过高，可导致爆缸、管道泄漏或爆裂；负荷过大，可导致设备烧毁；管道压力过高，可导致管道泄漏、破裂甚至爆裂；机组润滑油压力过低，可导致设备烧毁；透平膨胀机——增压机组透平油蓄能装置压力不足，在停电或紧急停车时导致机组轴承磨损，破坏机组；透平膨胀机——增压机组增压端出口压力过高，流量减少，可导致增压机喘振，膨胀机超速失控，甚至破坏机组。

（2）温度监控系统危险性分析

温度监控系统发生故障，可导致温度显示失真、系统失控，引发事故。

高温设备、管道温度过高，材料发生蠕变，导致爆裂；输油管道出站温度过低，可导致凝管事故；低温设备、管道温度过低，材料韧性降低，可导致爆裂；压力储罐温度过高，导致压力升高，可引发泄漏甚至爆裂；热能设备温度过高，可导致火筒或炉管烧穿；润滑系统温度过高，可导致设备烧毁；电机温度过高，可烧毁电机。

（3）液位监控系统危险性分析

液位监测系统发生故障，导致液位显示失真、系统失控，引发事故。

①容器、储罐液位过低，可导致泵抽空；

②容器、储罐液位过高，可导致冒罐；

③锅炉液位过低，可导致干烧，甚至烧穿炉管；液位过高，可导致蒸汽管道液击；

④水套炉、相变炉液位过低，可导致干烧，甚至导致火筒或炉管烧穿；

⑤润滑油液位过低，可导致润滑故障，设备烧毁；

⑥压缩机进口分液罐液位过高，可导致缸体液击、气阀损坏甚至发生爆缸；

⑦氨蒸发器液位过高，易造成氨压机液击，损坏设备；液位过低，会造成蒸发器负压，使空气渗入，不但影响制冷效果，还可能引发爆炸。

（4）流量监控系统危险性分析

流量监控系统发生故障，流量计量失真，导致流量控制不稳，可引发事故。

（5）安全监控系统危险性分析

可燃气体监控系统发生故障，一旦发生可燃气体泄漏而不能及时发现，可造成火灾爆炸事故；有毒气体监控系统发生故障，一旦发生有毒气体泄漏而不能及时发现并切断流程，人员误入危险环境，可引发人员中毒；储罐火灾监测报警系统工作不正常，无法及时发现储罐初期着火，易失控酿成火灾；加热炉、锅炉熄火监测报警装置工作不正常，炉膛熄火无法及时发现，可引发炉膛爆炸；自动燃烧系统工作不正常，可造成燃料供给不正常或意外熄火，导致热力供给意外中断，可造成原油凝管、天然气再生干燥器分子筛失效进而引发水化物冻堵等事故；防盗监测报警装置损坏或工作不正常，若发生不法分子或恐怖分子对油气生产设施进行攻击和破坏，可造成工业生产事故和财产损失。

（6）其他

同位素含水分析仪可释放微量射线，长期接触可对人体造成射线伤害；控制室内电子仪器仪表可产生电磁辐射，长期工作在电磁辐射环境中，可影响身体健康；爆炸火灾环境仪器、仪表不防爆、防爆等级不够或防爆失效，可引发火灾爆炸。

第十一章 油（气）田总体布置安全风险识别与控制

油（气）田总体布置是指油（气）田（区块）及其外部工程总体关系的协调定位。其安全风险主要包括油气集输站场区域布置、集输管道线路布置和站内总体布置中的安全风险以及自然环境和社会环境对油气生产设施的影响。

（1）自然环境和社会环境对油气生产设施的影响。自然环境和社会环境对油气生产设施的影响主要包括两个方面。一是自然灾害和恶劣气候条件给油气生产设施或生产过程带来的危险与危害；二是周边社会环境、人文环境以及社会公共活动对油气生产设施或生产过程的影响。

（2）油气集输站场区域布置和集输管道线路布置安全风险。油气集输站场区域布置和集输管道线路布置是指油气集输站场和集输管道与周边物理环境之间相互关系的协调。油气集输站场区域布置和集输管道线路布置安全风险主要取决于油气生产设施自身的危险性以及与周边区域相对位置关系。

（3）油气集输站场站内总体布置安全风险。站内总体布置是指油气集输站场总平面布置和竖向布置，其风险水平主要取决于站内生产设施之间的相对位置关系和站内生产设施自身的危险性。

第一节 自然环境和社会环境对油气生产设施的影响

大自然有其自身的运动规律，并不断地影响着人类社会。即便是科学技术突飞猛进的今天，也绝不可能无视自然界客观规律的存在。人类改造自然的活动也只能是利用自然规律，使其更适合人类的生存和发展。油气生产设施建设更是如此，只有通过研究了解自然，才能有效地削减自然环境对系统的不良影响。

社会环境是指人类生存及活动范围内的社会物质、精神条件的总和，是油气生产企业所不能有效控制的外部活动力量。按所包含的要素性质可分为：物理社会环境，包括建筑物、道路、工厂等；心理社会环境，包括人的行为、风俗习惯、法律和语言等。按环境功能可分为：聚落环境，包括院落环境、村落环境和城市环境；工业环境；农业环境；文化环境；医疗休养环境等。另外，按社会建设活动又可分为：政治建设、经济建设和社会治安建设等。本节中所说的社会环境主要是指社会建设活动。

一、自然环境对油气生产设施的影响

1. 自然环境危险、危害因素分析

（1）雷击

雷击可破坏油气集输站场内的建（构）筑物和设备，导致设备设施损坏，并可引发火灾、爆炸事故；雷击可破坏集输管道阀组、管道跨越以及地面敷设或地上架空敷设的管道，引发火灾、爆炸及环境污染事故；雷击可破坏电力设施，引发火灾及系统意外停电事故；雷电侵入波可对自动化控制系统和电力控制系统造成严重破坏，导致系统控制失灵，进而引发其他次生灾害。

（2）强风及沙尘暴

强风可以摧毁油气集输系统中的建（构）筑物、地面高大直立或高架设备、架空管线、室外电力设施，导致建（构）筑物倒塌、设备倾覆、管线破裂、系统意外停电，并可引发火灾、爆炸、管道凝管、环境污染及其他次生灾害；沙尘进入电气盘柜内，导致电气设备短路放电，引发火灾及系统停电；沙尘进入动设备润滑油系统或滑动部件表面，造成机械破坏；沙尘暴导致室外阀门（含自控阀门）开关不灵活，干扰信号传输，影响自动控制动作的精确度，引发其他事故；强烈的沙尘暴可造成外浮顶油罐浮盘积沙过多，堵塞排水系统，甚至将浮船压沉；强风及沙尘暴可导致沙漠地区的沙丘移动，致使沙漠地区敷设的集输管道暴露在地面或埋设深度过浅，进而造成管道失稳破坏，引发泄漏、着火等事故；沙尘暴导致能见度降低，给室外操作人员带来不利影响，易导致误操作，强风还可造成室外高处操作人员高处坠落；强风及沙尘暴可造成野外操作人员迷失方向，甚至发生意外伤亡。

（3）低温

低温可造成设备、管线、管件、阀门冻胀、破裂，引发泄漏；低温可造成水冻结、原油凝固、天然气形成水化物，造成管道冻堵；低温可造成部分室外设备、阀门无法正常工作，或使室外一次仪表或其他电子器件失灵，影响正常工作，甚至引发事故；低温可以造成设备、设施结构强度降低，材料低温脆化，影响结构安全；低温可造成设备、设施结构件收缩变形，导致设备设施结构破坏；低温导致动设备润滑系统发生故障，造成机械破坏；无个人劳动防护用品或不完善，可造成低温环境下的操作人员冻伤。

（4）高温

高温可加快油品挥发，易发生火灾爆炸事故；存有液化气体的设备、管道，在高温环境下，体积迅速膨胀，压力增高，可导致爆裂；高温环境导致电力设备散热不良，温度升高，可造成绝缘损坏、短路、放电、电气着火，甚至引发变压器、电容器及高压开关柜等爆炸；高温可使机械设备运转温度升高，润滑油（脂）变稀，影响润滑性能，导致机械损坏；无防护措施或措施不当，可使高温环境下的操作人员中暑；高温可造成设备、设施结构件发生热膨胀，热应力可造成结构件损坏。

（5）暴雨

暴雨可导致电气设备绝缘不良，引发触电伤害，甚至造成电气设备短路、着火或系统停电事故；暴雨可造成污水池、污油池液体溢出，溢流出场界，造成环境污染事件；暴雨冲刷管道覆土层，致使管道约束力不足，造成管道失稳破坏；雨水冲刷地表，可破坏建（构）筑物或设备基础，进而引发设备倾覆、建（构）筑物坍塌；雨水可导致湿陷性黄土及膨胀土地区的地基下沉或膨胀，进而引发设备或建（构）筑物破坏；外浮顶罐排水不畅，可导致浮船沉没；暴雨引发洪水、内涝、泥石流及山体滑坡，威胁油气集输站场及管道安全。

（6）暴雪或冰冻灾害

道路或作业面积雪、结冰，易发生人员摔伤；厂内运输作业易发生车辆伤害；高处作业易导致人员高处坠落；室外框架结构、电力线路、架空管道或管道跨越结构表面结冰，可导致框架结构、电力线路或管道破坏；电气设备积雪或结冰过厚，可导致覆冰闪络、停电或烧毁设备；供电中断，将引发大规模的油（气）田停产和原油凝管事故发生；屋面积雪过厚，可导致屋面坍塌；温度变化，使常年冰雪（冻土）融化，可引发洪水。

（7）雾（霾）

雾（霾）导致能见度降低，影响观察，易造成误操作；厂内运输作业易发生车辆伤害；雾（霾）天气时，油气泄漏难以辨别，且不易扩散，可造成人员中毒，遇火源可导致火灾爆炸；大雾天气，可导致电力系统发生污闪，造成系统意外停电，可引发大规模的油（气）田停产和原油凝管事故发生；大雾可造成野外操作人员迷失方向，甚至发生意外伤亡事故；雾（霾）天气造成空气质量恶化，易导致传染病扩散和多种疾病发生；若遇严重空气污染可形成毒雾，严重威胁人的生命和健康。

（8）洪水和内涝

洪水可冲毁（冲走）设备、建（构）筑物、电力设施，造成流体泄漏、火灾爆炸、人员伤亡和设备设施损坏，甚至引发环境污染事件；洪水或内涝淹没电机，易发生触电事故；淹没电缆沟，若电缆有破损点，可导致电缆相间短路击穿甚至爆炸；洪水淹没设备设施，可导致油（气）田停产；洪水冲毁管道穿（跨）越结构及其水工防护工程，可造成管道破坏，引发环境污染，甚至导致洪水泛滥；洪水中的水面漂浮物或水上交通工具撞击管道跨越结构，导致管道破坏，引发泄漏，污染水体；洪水暴发，可冲走操作人员，造成人员伤亡；内涝可导致地基变软，进而破坏设备设施及建（构）筑物；洪水还可引发泥石流和山体滑坡，对油气集输站场及管道形成威胁。

（9）泥石流和山体滑坡

泥石流和山体滑坡可对油气生产设施造成毁灭性破坏。

（10）地震

地震对油气集输站场、集输管道、输电线路破坏程度较大，可造成油、气、水井毁坏，电力杆、塔或其他建（构）筑物倒塌、储罐开裂或倾覆、管道及阀门断裂等。地震发生，同时还会伴随发生火灾、爆炸等严重的二次事故。

2. 安全风险防范与控制

（1）雷击防控措施

建（构）筑物、储罐、管道等应安装防雷设施，并定期进行检测，确保防雷设施完好；电力、通信、仪表系统应采取等电位连接、屏蔽、接地等措施，防止雷电电磁脉冲入侵；石油和石油产品应贮存在密闭性的容器内，并避免易燃或可燃性油气混合物在容器周围积聚；固定顶金属容器安全附件（如呼吸阀、安全阀）必须装设阻火器，设置防雷跨接线，保持工作状态良好；雷暴天气禁止从事登高、量油、收发球及其他油气收发作业等；雷暴天气应避免到没有安装防雷装置的建（构）筑物、树木下躲避；远离防雷装置的接地体和引下线；不要触摸金属物体。

（2）强风及沙尘暴防控措施

站址选择应符合国家、行业相关标准规范要求。沙漠地区站场址选择应避开风口和流动沙漠地段，并应采取防沙措施。位于沙漠边缘的油（气）田，一、二、三级油气集输站场的站址在技术经济合理的条件下宜选在沙漠边缘或沙漠之外；配电室门窗应严密，通风孔应安装可控百叶窗，防止沙尘进入；多风沙地区的油气集输站场，其动设备尽量安装在室内，并设置防尘措施；金属油罐、塔、高架设备、高大建筑及管道跨越结构等迎风面较大或结构稳定性差的设备及建（构）筑物应采取抗风措施，增强设备设施的抗风能力；加强设备维护保养，定期开展设备检查，保持设备清洁；构筑挡风墙或防沙墙，或在上风带种植树木，减轻风沙影响；强风及沙尘暴天气，应避免从事野外作业，禁止室外危险作业；外出人员、车辆可实行GPS监控、导航；加强应急体系建设，完善应急预案，减少事故损失。

（3）低温防控措施

加强设备冬防保温工作，防止设备设施低温损坏；合理控制管道运行参数，采取有效的防冻措施，防止油品凝固和天然气水化物形成；易冻损设备、附件应尽量安装在室内，或采取伴热措施；采取抗低温设计，确保设备、设施的低温强度；采取活动连接结构，防止低温收缩破坏；合理选择润滑油（脂），确保其低温润滑性能；加强个体防护和取暖措施，避免低温冻伤；加强应急体系建设，完善应急预案，减少事故损失。

（4）高温防护

合理控制温度，减少油气挥发；合理控制运行参数，采取冷却降温措施；加强通风散热，降低设备温度或环境温度；合理选择润滑油（脂），确保其高温润滑性能；做好防暑降温工作，防止人员中暑伤害；采取保温隔热或防辐射措施，减轻高温影响；采取活动连接结构，防止高温膨胀破坏；加强应急体系建设，完善应急预案，减少事故损失。

（5）暴雨防控措施

站址选择应符合国家、行业相关标准规范要求。站场址宜选在易于排出雨水的地段，不宜设在低洼易积水和江河的干涸滞洪区等受洪水和内涝威胁的地带。避免在较厚的Ⅲ级自重湿陷性黄土、新近堆积黄土、一级膨胀土等工程地质恶劣地区以及有泥石流、滑坡、流沙、溶洞等直接危害地段建站；山坡地区建站，应在场区外上部设截洪沟；定期检查电力线路、电气设备及安全保护装置，防止电气火灾和触电伤害；定期检查储罐排水系统，保持排水系统畅通；定期开展设备设施检查，防止设备设施损坏；定期疏通雨水管道，确保雨水系统完好；按规定组织污水、污油收集和回收，防止污水、污油外溢；加强应急体系建设，完善应急预案，减少事故损失。

（6）暴雪、冻雨防控措施

及时清理路面、工作面以及屋面冰雪，完善劳动保护设施，防止人员伤害；及时清理电塔、通信塔、钢结构、管道跨越、电力线路、架空管道及其他构筑物表面的积雪和结冰，防止结构超负荷破坏；及时清理电力线路、电力设备表面积雪和结冰，防止覆冰闪络；采取抗冰冻设计，避免设备设施及建（构）筑物表面结冰；加强应急体系建设，完善应急预案，减少事故损失。

（7）雾（霾）天气防控措施

强化操作确认，加强作业监护，严格执行操作规程，防止误操作；完善可燃气体、有毒气体监测报警系统，定期开展安全设施检验和检查，确保系统完好；更换防污绝缘子，防止电力系统污闪事故；定期开展电力设备检查和维护，保持设备清洁；尽量减少大雾天气外出作业，对于必要的外出，应做好 GPS 监控导航；加强应急体系建设，完善应急预案，减少事故损失。

（8）洪水、内涝防控措施

①站址选择应符合国家、行业相关标准规范要求；

油气集输站场防洪排涝应与所在区域的防洪排涝统一考虑，站场址宜选在易于排出雨水的地段，不宜设在低洼易积水和江河的干涸滞洪区等受洪水和内涝威胁的地带；在山区选址应避开山洪及泥石流对站场的威胁；避免在较厚的Ⅲ级自重湿陷性黄土、新近堆积黄土、一级膨胀土等工程地质恶劣的地区以及有泥石流、滑坡、流沙、溶洞等直接危害的地段建站。

②做好防洪设计，提高站场设计标高，尤其是提高主要设备和建筑物的标高；

③山坡地区建站，应在场区外上部设截洪沟，且截洪沟不能穿过场区；

④加强设备及建（构）筑物检查，做好基础加固，防止设备、建（构）筑物破坏；

⑤加强电气设备检查维护工作，完善电缆沟防水措施，严防电缆沟进水；

⑥构筑防洪墙，完善站内防洪排涝措施，及时排除站内积水；

⑦减少外出作业，防止人员伤亡；

⑧加强应急体系建设，完善应急预案，减少事故损失。

（9）泥石流和山体滑坡防范措施

①站址选择应符合国家、行业相关标准规范要求。山区选址应避开山洪及泥石流对站场址的威胁，避免在有泥石流、滑坡等直接危害的地段建站；

②管道线路选择应符合国家、行业相关标准规范要求；输油管道应避开滑坡、崩塌、沉陷、泥石流等不良工程地质区、矿产资源区。当受条件限制必须通过时，应采取防护措施并选择适合位置，缩小通过距离；输气管道宜避开不良工程地质地段。管道不宜敷设在由于发生地震而可能引起滑坡、山崩、地裂、泥石流以及沙土液化等地段。

③在有可能对油气生产设施造成危害的地段，实施山体加固，或采取爆破等措施，有组织地消除滑坡体或泥石流段，避免泥石流和山体滑坡意外发生；

④密切关注自然灾害预报，严密监视山体变化；

⑤开展植树造林，保护生态环境，减少自然灾害发生；

⑥加强应急体系建设，完善应急预案，减少事故损失。

（10）地震灾害预防

站址选择应符合国家、行业相关标准规范要求。避免在发震断层和基本烈度高于9度的地震区建站；管道线路选择应避开严重危及管道安全的地震区。当受条件限制必须通过时，应采取防护措施并选择适合位置，缩小通过距离；管道不宜敷设在由于发生地震而可能引起滑坡、山崩、地裂、泥石流以及沙土液化等地段；加强抗震设计及抗震设计审查，提高抗震标准；加强应急体系建设，完善应急预案，减少事故损失。

表11-1为某一油气集输站场预防洪水危害检查识别实例。

表 11-1　油气集输站场预防洪水危害安全检查评价表

序号	检查内容	类别	事实记录	结论
1	防洪防汛安全管理			
1.1	建立汛期防洪检查制度，定期开展防洪防汛检查	A	0-1-5-7	
1.2	建立汛期外出作业管理制度	A	0-1-5-7	
1.3	定期检查防洪防汛措施是否可靠	A	0-1-5-7	
1.4	建立防洪防汛应急预案	A	0-1-5-7	
2	站址选择			
2.1	站场应选在易于排出雨水的地段，不宜设在低洼易积水和江河的干涸滞洪区等受洪水和内涝威胁的地带	B	0-1-3-5	
2.2	在山区选址应避开山洪及泥石流对站场址的威胁	B	0-1-3-5	
2.3	不得在较厚的Ⅲ级自重湿陷性黄土、新近堆积黄土、一级膨胀土等工程地质恶劣的地区以及有泥石流、滑坡、流沙、溶洞等直接危害的地段建站	B	0-1-3-5	
3	防洪设施及防洪措施			
3.1	站场标高或主要设备和建筑物的标高应满足最高洪水水位的要求	B	0-1-3-5	
3.2	山区建站，应在站场上部设置截洪沟，且不得穿越站场	B	0-1-3-5	
3.3	防洪墙应安全可靠	B	0-1-3-5	
3.4	站场排水系统和排水措施完好、可靠	B	0-1-3-5	
3.5	电缆沟防水措施完好	B	0-1-3-5	
3.6	防洪抗洪物资及装备充分，并保持完好状态	B	0-1-3-5	
	合计		73	
	安全度 = 判分 / 满分			

二、社会环境对油气生产设施的影响

1. 社会环境危险、危害因素分析

群众集会（合法或非法）可造成油气集输站场安全出口堵塞，影响正常生产；一旦发生险情，影响抢险救灾，造成事故扩大；节日及庆典活动期间，油气集输站（井）场周边区域燃放烟花爆竹，可引发火灾、爆炸；武装暴乱，不仅会干扰正常

223

的生产秩序，造成人员伤亡、设备损害，甚至可能引发火灾爆炸事故。同时，油气集输站（井）场、油气管道及其穿（跨）越又极可能成为非法武装或恐怖组织袭击的目标；不法分子偷盗、抢劫、破坏油气生产设备设施、电力电缆、通信电缆等，可造成财产损失，对系统造成的破坏，引发事故；管道上方违章建设，可造成管道破坏；同时，管道受损又可对地面建筑物或设施产生破坏，造成火灾、爆炸、中毒等人员伤亡事故；不法分子在集输管道上打孔盗油，可引发管道泄漏，造成火灾、爆炸、中毒事故及环境污染事件；承包商及外来访问人员对油气生产设施的危险性不了解，监护或陪同人员保护工作不认真，易造成事故并威胁承包商及外来访问人员的安全；油气生产设施附近或区域内的经济建设活动，可能会无意间对生产设施造成破坏。

2. 安全风险防范与控制

油气集输站场四周应设置不低于 2.2m 的非燃烧材料围墙或围栏，重大危险场所应设置安全监控系统；在原油管道上安装泄漏报警装置，及时发现管道泄漏；加强治安保卫，加大巡线检查频率，严防治安事件和恐怖袭击；加强施工作业管理，严格执行作业票证制度；完善地表下油气生产设施的地面标志，加强油气生产设施管理和安全知识宣传，防止油气生产设施的意外损坏；开展油地共建，制止违章建设，建立和谐的社会环境；完善安全警示标志，避免对周边环境造成意外伤害；实施警民联动，彻底捣毁土炼油和盗电窝点，严厉打击各种非法活动；加强进站管理，做好外来人员的进站安全教育和安全监护工作，严防意外事故发生；加强应急体系建设，完善突发事件应急预案，减少事故损失。

第二节　站场区域布置和管道线路布置安全风险识别与控制

站场区域布置（简称：区域布置）和管道线路布置系指油气集输站场、集输管道与所处地段其他企业、建（构）筑物、居民区、线路等之间的相互关系的协调定位，其危害性质可归结为社会物理环境与油气生产设施之间的相互影响。

一、站场选择及区域布置安全风险识别与控制

（1）危险分析

邻近江河、湖泊、海岸建站，一旦发生有毒有害物质泄漏，易造成水域污染；可燃液体泄漏，可威胁处于江河下游的城镇、重要桥梁、大型锚地、船厂等重要建筑物或构筑物的安全；油气集输站场还可对其附近的机场、电台、电视台、雷达站、

天文台、军事设施、历史文物、名胜古迹等造成严重不良影响；油气集输站场常有油气散发并随风扩散，若临近城镇和居住区布置，将对下风向的大气环境造成污染；遇火源可被引燃，造成火灾爆炸事故。若布置山区或丘陵内的窝风地段，油气不易散发而积聚，易发生火灾爆炸事故；严重产生有毒有害气体、恶臭、噪声的油气集输站，如含硫天然气站场、注聚合物采油站、天然气发电厂等，可对周边居住区、学校、医院或其他人口密集区产生严重的大气和噪声污染；有毒气体泄漏，可引发周边大规模中毒；油气集输站场临近铁路、公路、变电站布置，一旦发生易燃、易爆介质泄漏，扩散至场界以外，铁路机车、公路车辆、电力设备等产生的明火可引发油气站场着火；同时，油气站场发生火灾爆炸事故，又可影响周边铁路、公路运输及变电站运行安全；油气集输站场与电力线路防火间距不足，一旦发生杆塔倒塌、断线、线路污闪或其他原因导致的线路打火，可引发油气集输站场着火；与通信线路防火间距不足，一旦发生火灾爆炸事故，将破坏通信线路，造成巨大损失或不良后果；油气集输站场与爆破场所距离过近，爆破作业时产生的冲击波或爆炸碎片、石块等爆破飞行物可破坏油气生产设施，并可对站场内工作人员或其他参观、操作人员造成物体打击伤害；自喷油井、气井、注气井与周边区域防火间距不足，一旦发生井喷，周边区域明火会迅速将井场引燃。同时，井喷着火所产生的辐射热又可导致周边区域发生火灾。若含硫化氢，将导致周边区域人口和家畜中毒，造成严重社会影响；可能携带可燃液体的火炬，因不完全燃烧可产生火雨，可导致周边区域发生火灾。

（2）检查识别

站场址选择及区域布置安全风险识别可按下列内容进行检查：

①油气集输站场污水系统和雨水系统应相互独立，不可混排。沿江河岸布置时，宜位于邻近江河的城镇、重要桥梁、大型锚地、船厂等重要建筑物或构筑物的下游，且不可将工业污水直接排放至界外；

②重要的供水水源卫生保护区，国家级自然保护区，对飞机起落、电台通信、电视转播、雷达导航、天文观测等设施有影响的地区，重要军事设施的防护区，历史文物、名胜古迹保护区等区域内不得建站；严重产生有毒有害气体、恶臭、噪声的油气集输站场，不得在居民区、学校、医院和其他人口密集区内建设；在山区、丘陵地区建站，宜避开窝风地段；

③油气集输站场宜布置在城镇和居住区的全年最小频率风向的上风侧。

④油气井与周围建（构）筑物、设施的防火间距不应小于表11-2的规定（GB50183-2004《石油天然气工程设计防火规范》表4.0.7）；

⑤含硫化氢天然气井与周边区域安全距离不应小于表11-3的规定（AQ2018-2008《含硫化氢天然气井公众安全防护距离》表1）；

⑥石油天然气站场与相邻厂矿企业的石油天然气站场毗邻建设时，其防火间距按照站内平面布置防火间距考虑。

表 11-2　油气井与周围建（构）筑物、设施的防火间距（单位：m）

名称		自喷油井、气井、注气井	机械采油井
一、二、三、四级石油天然气站场储罐及甲、乙类容器		40	20
100 人以上的居住区、村镇、公共福利设施		45	25
相邻厂矿企业		40	20
铁路	国家铁路线	40	20
	工业企业铁路线	30	15
公路	高速公路	30	20
	其他公路	15	10
架空通信线	国家一、二级	40	20
	其他通信线	15	10
35kV 及以上独立变电所		40	20
架空电力线	35kV 以下	1.5 倍杆高	
	35kV 及以上		

表 11-3　含硫化氢天然气井公众安全防护距离要求

气井危害程度等级	距离要求
三	井口距民宅应不小于 1100m；距铁路及高速公路应不小于 200m；距公共设施及城镇中心应不小于 500m
二	井口距民宅应不小于 100m；距铁路及高速公路应不小于 300m；距公共设施应不小于 500m；距城镇中心应不小于 1500m
一	井口距民宅应不小于 100m，且距井口 300m 内常住居民户数不应大于 20 户；距铁路及高速公路应不小于 300m；距公共设施及城镇中心应不小于 1500m

（3）风险防控措施

设立在江河、湖泊、海岸附近的油气集输站场，应采取防止可燃液体和含油污水泄漏流入水域的措施。例如，站内设置污水回收池等；完善安全监测报警系统，及时发现并处置可燃气体、有毒气体泄漏；采用技术或管理手段缩短含硫化氢天然气井井喷点火时间；推广采用本质安全技术，降低设计系数，提高设计强度，增强站场抗风险能力；调整站内生产设施平面布局，延长油气生产设施与周边设施的实际防火距离；减少油气储存容量，降低站场防火等级，达到缩小防火间距要求的目的；加强油气集输站场管理，定期检查油气生产工艺设备和储存设备，严防各种泄漏事故发生；与相邻企业或当地政府签订协议，不得在防火间距范围内设置建（构）筑物；履行安全告知义务，劝阻周边企业在油气站场防火间距之内的建设行为；与周边政府部门、工矿企业协调沟通，拆除防火间距不足的建筑和非法占地设施；加强油气站场消防管理和协调；提高消防应急保障能力；建立应急联动机制，完善设备爆裂、火灾、爆炸、中毒、环境污染、井喷失控等应急预案，积极做好应急知识宣传，强化应急疏散演练，提高应急处置能力，减少事故损失；实施油气生产设施异地迁建。

二、油（气）田集输管道线路布置安全风险识别与控制

（1）危险分析

管道通过低洼积水或盐碱地带及其他腐蚀性强的地带，易造成管道腐蚀；同时，低洼积水地带日常巡线检查困难，一旦泄漏不易维护；集输管道与架空输电线路平行敷设且距离过近，一旦发生管道爆裂、泄漏和火灾事故，将影响输电线路安全；另外，高压输电线路所产生的电磁波，将对管道产生杂散电流干扰，加剧管道腐蚀；管道通过军事设施、易燃易爆仓库区域，线路施工及运行维护困难，且两者之中任何一方发生事故，均可对对方造成严重影响；油气管道与城镇居民点、村镇、公共福利设施、工矿企业等距离过近，一旦发生管道爆裂、泄漏和火灾事故，将危及后者的安全；管道穿过国家重点文物保护单位，一旦发生事故，将造成不可挽回的巨大损失；输油管道通过国家级自然保护区、城市水源区等，一旦发生事故，将造成严重的环境污染，并由此产生恶劣的社会影响；管道通过工厂、飞机场、火车站、海（河）港码头等区域，一旦发生事故，将危及上述地区的安全，并有可能引发恶性公共安全事件；隧道和桥梁是陆上交通咽喉要道，油气管道通过该区域，一旦发生事故，将造成陆上区域交通中断；管道穿（跨）越位置选择不当，可影响穿（跨）越管段的结构安全；穿（跨）越管段与桥梁、港口、码头、水下建筑物或引水建筑物之间的防火间距不够，可影响上述区域内建筑及生产运行安全。

（2）检查识别

油（气）田集输管道线路布置安全风险识别可按下列内容进行检查：

集输管道线路选择应尽量避开低洼积水地带、局部盐碱地带及其他腐蚀性强的地带和工程地质不良地段；管道不得通过城市水源区、工厂、飞机场、火车站、海（河）港码头、军事设施、易燃易爆仓库、国家重点文物保护单位和国家级自然保护区。当受条件限制必须通过时，应采取必要的保护措施并经国家有关部门批准；集输管道与架空输电线路平行敷设，其防火间距不应小于最高杆（塔）高度；原油和压力小于等于 0.6MPa 的油田气集输管道与城镇居民点、村镇、公共福利设施、工矿企业等防火间距不应小于 10m。当管道局部不能满足要求时，可降低设计系数，提高局部设计强度，距离可缩短到 5m；地面敷设的上述管道与相应的建（构）筑物的距离应增加 50%；输油管道与飞机场、海（河）码头、大中型水库和水工建（构）筑物等，距离不宜小于 20m；与高速公路、一二级公路平行敷设时，其管道中心距公路用地范围边界不宜小于 10m，三级及以下公路不宜小于 5m；与铁路平行敷设时，应距铁路用地范围边界以外 3m；

油气管道不应通过铁路或公路的隧道和桥梁；水域、冲沟穿越位置应符合下列要求：应选在河道或冲沟顺直、水流平稳的地段；应选择岩土构成比较单一、岸坡稳定的地段；水库地区穿越宜避开库区与尾水区。若在水库下游穿越，应选择水坝下游集中冲刷影响区之外；

穿越位置不宜选在地震活动断层上；穿越位置不宜选在河道经常疏浚加深、岸蚀严重或渗滩冲淤变化强烈的地段；管道严禁在铁路站场、有值守道口、变电站、隧道和设备下面穿越。

穿越管段与大型桥梁间距不得小于 100m，与中、小型桥梁间距不得小于 80m；与港口、码头、水下建筑物或引水建筑物之间的防火间距不得小于 200m；

管道跨越点的选择应符合下列规定：跨越点应选择在河流较窄、两岸侧向冲刷及侵蚀较小、并有良好的稳定地层的地方；当河流有弯道时，应选择在弯道的上游平直河段；跨越点应选在闸坝上游或其他水工构筑物影响区之外；跨越点应避开冲沟沟头发育地段；跨越点应避开活动地震断裂带。

（3）风险防控措施

管道线路和穿（跨）越点的选择应符合设计标准规定；对管道通过的低洼积水地带，实施截流疏导，铺设管道巡查维护道路；若无法实施应改线；增设管道阴极保护系统，减轻管道腐蚀；对位于盐碱地带及其他强腐蚀性地带的管道，提高防腐等级，增设牺牲阳极保护；与高压输电线路平行敷设且防火间距不足的管道可降低设计系数，提高局部设计强度，增设杂散电流排流措施；当管道通过城市水源区、工厂、飞机场、火车站、海（河）港码头、军事设施、易燃易爆仓库、国家重点文物保护单位和国家级自然保护区以及铁路或公路的隧道、桥梁时，可在上述区域管道两端设置截断阀，降低管道设计系数，提高设计强度和防腐等级；对通过铁路或公路的隧道、桥梁的管道，还可增设防护墙，避免冲撞管道；在条件允许的情况下，实施改线；对穿（跨）越管段实施河道及岸基加固，完善水工保护措施；加强治安保卫，提高巡线检查频率，严防治安事件和恐怖袭击发生；完善管道泄漏报警系统，及时发现管道泄漏；加强社会安全知识宣传，搞好油地共建，实施警民联动，制止违章建设，建立良好的社会环境；完善管道地面标志，避免对管道造成意外破坏和对周边区域的意外伤害；加强应急体系建设，完善突发事件应急预案，减少事故损失。

第三节　油气集输站场站内总体布置安全风险识别与控制

油气集输站场站内总体布置包括总平面布置和竖向布置。总平面布置（简称：平面布置）是指根据站场生产流程、交通运输、环境保护、职业卫生及防火安全等要求对装置、建（构）筑物及系统工程相对关系的协调定位。竖向布置是指根据站场的生产工艺、运输、管线敷设及排水等要求，结合自然地形对场地标高进行布置。

一、平面布置安全风险识别与控制

（1）危险分析

油田采出水处理设施及有明火产生的场所与油气生产设施和人员相对集中场所之间相对位置不合理，所散发油气（含意外泄漏和正常释放）可影响操作人员健康，油气扩散至明火场所，可引发火灾爆炸事故；高含硫天然气工艺系统、脱硫装置、二氧化碳储存系统以及氨制冷装置等散发有害气体的生产设施平面位置不当，可影响操作人员健康，甚至引发中毒；储油罐区、油品装卸区是正常状态下常年油气散发场所，若与油气生产设施相对位置不合理，所散发油气将威胁油气生产设施安全，影响操作人员健康；液化石油气储罐和天然气凝液、稳定轻烃压力储罐组等具有较大的爆裂危害性，若所处位置不当，一旦发生设备爆裂或油气泄漏，遇明火或火花可引发火灾爆炸，造成严重人员伤亡；油气管线进出站场阀组布置不当，站内发生事故，将影响事故处置，造成事故扩大；锅炉房、35kV 及以上的变（配）电所、加热炉、水套炉、非防爆中心控制室等有明火或散发火花的地点以及油田采出水处理设施与散发油气的生产设施相对位置不合理，所散发油气扩散至明火地点，可引发火灾爆炸事故；单井集气站井场布置不合理，可影响正常的修井作业，甚至破坏工艺装置，引发火灾、爆炸、中毒等伤亡事故。

（2）检查识别

油气集输站场平面布置安全风险识别可按下列内容进行检查：

油气生产设施宜布置在人员相对集中和有明火产生场所的全年最小频率风向的上风侧，并且宜布置在储油罐区、油品装卸区的全年最小频率风向的下风侧；油气站场内的锅炉房、35kV 及以上的变（配）电所、加热炉、水套炉等有明火或散发火花的地点，宜布置在站场或油气生产区边缘，并应布置在散发油气生产设施的全年最小频率风向的下风侧；大型油气站场的中心控制室应靠近主要油气生产工艺装置的操作区，并布置在油气生产工艺装置、储油罐区和油品装卸区全年最小频率风向的下风侧；油田采出水处理设施宜布置在油气生产设施全年最小频率风向的下风侧和人员相对集中场所全年最小频率风向的上风侧；液化石油气储罐和天然气凝液、稳定轻烃压力储罐组，应布置在站场的边缘地带，远离人员集中的场所和明火地点，并应位于上述场所全年最小频率风向的上风侧和较低处。当不能同时满足风向和坡向要求时，应将罐组设在较低处；油品和液化石油气装卸设施应布置在厂区边部和有明火场所全年最小频率风向的上风侧；生产区宜选在大气污染物本底浓度低和扩散条件好的地段，布置在当地夏季最小频率风向的上风侧；散发有害物和产生有害因素的车间，应位于相邻车间全年最小频率风向的上风侧；厂前区和生活区（包括办公室、厨房、食堂、宿舍等）应布置在当地最小频率风向的下风侧；将辅助生产区布置在二者之间；凡散发有害气体和易燃、易爆气体的生产设施，应布置在生活基地或明火区的全年最小频率风向的上风侧；进出站场的油气管线阀组应靠近站界；单井集气站的工艺装置区应布置在井场的后场区，井场的前场区应留有足够的修井作业区。

（3）防控措施

加强油气集输站场安全管理，定期开展油气生产工艺设备和储存设备安全检查，严防各种泄漏事故的发生；加强油气生产设施管理，严禁私拆乱改；加强工程管理，严格工程设计审查和消防报审制度；完善安全设施，并定期进行检验、检查和维护，确保安全设施工作正常；正确配备必要的个人防护用具，并保证其完好；对不符合站场布置规定的火花散发场所进行防爆改造和防火隔离；加强巡回检查，严格执行各项管理制度；加强应急体系建设，完善火灾、爆炸、中毒、环境污染等应急预案，强化应急处置，减少事故损失；调整站场布局，实施油气生产设施改造。

二、竖向布置及场区绿化安全风险识别与控制

（1）危险分析

甲、乙类液体储罐所处位置较高或采用阶梯式站场竖向布置，一旦发生易燃液体泄漏，将向低洼处流散，极易引发火灾和火灾蔓延；阶梯式竖向设计或台阶过高，还可造成人员高处坠落伤害；天然气凝液、甲、乙类油品储罐组紧邻排洪沟布置，一旦发生易燃液体泄漏并通过排洪沟排至场界以外，将造成环境污染，且极易被场界以外的明火引燃，导致火灾爆炸事故；场地标高或雨水系统设计不合理，可造成内涝；自重湿陷性黄土、盐渍土地区可引发建（构）筑物破坏；盐渍土地区容易发生基础腐蚀；生产区种植树木品种不当，树木可充当易燃物使防火间距被缩短，易造成火灾蔓延；工艺装置区或甲、乙类油品储罐组与其周围消防车道之间种植树木，将影响灭火工作；液化石油气罐组防火堤或防护墙内绿化，可在绿化植物间造成窝风，一旦发生液化石油气泄漏，可造成可燃气体积聚，遇火源发生火灾爆炸。

（2）检查识别

油气集输站场竖向布置及场区绿化安全风险识别可按下列内容进行检查：

甲、乙类液体储罐，宜布置在站场地势较低处。当受条件限制或有特殊工艺要求时，可布置在地势较高处，但应采取有效地防止液体流散的措施；当站场采用阶梯式竖向设计时，阶梯间应有防止泄漏液体漫流的措施。当台阶高度大于2m，且人员经常活动在台阶边缘处，应设防护栏杆；天然气凝液，甲、乙类油品储罐组，不宜紧靠排洪沟布置；竖向设计应保证场地雨水能迅速排出，不受洪水和内涝水淹没；场区内雨水宜采用有组织排水，罐区内雨水应采用明沟排水。自重湿陷性黄土地区，应有迅速排出雨水的地面坡度和排水系统。盐渍土地区，采用自然排水的场地设计坡度不得小于1%；站场内的绿化不应妨碍消防操作。生产区不应种植含油脂多的树木，宜选择含水分较多的树种。工艺装置区或甲、乙类油品储罐组与其周围的消防车道之间，不应种植树木；在油品储罐组内地面及土筑防火堤坡面可种植生长高度不超过0.15m、四季常绿的草皮。液化石油气罐组防火堤或防护墙内严禁绿化。

（3）防控措施

完善储罐围堤、围堰，设置导流沟，防止易燃液体蔓延；修复、调整场地标高，完善排水设施，避免场区积水；完善场区劳动保护设施，定期进行检查和维护，防止人员坠落伤害；加强场区绿化管理，改善工作环境，确保站场绿化不妨碍消防操作；加强油气集输站场管理，定期检查各种油气生产工艺设备和储存设备，严防各种泄漏事故发生；定期开展设备设施和建（构）筑物安全检查，做好基础加固措施，防止设备设施及建（构）筑损坏；定期开展雨水系统清淤，确保雨水排放设施完好。

三、消防道路及安全出口布置安全风险识别与控制

（1）危险分析

消防道路设置不合理，影响场内运输，易发生场内交通安全事故；油品、天然气凝液、液化石油气和硫黄汽车装卸车场及硫黄仓库等布置不当，不利于安全管理，易发生事故；油气集输站场未设环形消防车道，且未设置回车场或回车场面积不能满足消防协作区域内消防车辆调头的要求，一旦发生火灾，将影响灭火和救援工作；消防车道距储罐或铁路装车设施距离过远，无法正常灭火或影响灭火效果；距离过近，可影响消防工作展开，甚至威胁消防人员安全；甲、乙类液体厂房及油气密闭

工艺设备距消防车道的间距过小，影响车辆通行，甚至发生车辆伤害，造成意外火灾爆炸事故；消防车道净空高度不足、转弯半径过小、纵向坡度过大、路面过窄，可影响车辆正常通行；道路高出附近地面，若道路边缘有工艺装置或可燃气体、可燃液体储罐及管道，一旦车辆冲出道路边缘，可造成翻车；若撞击油气生产设施，可引发火灾爆炸事故；站场安全出口数量不足或布置不合理，影响消防车辆通行和紧急疏散；消防道路修建有可能影响消防队灭火救援；占用、堵塞、封闭消防车通道或安全出口，将妨碍消防车辆通行和人员疏散，影响消防灭火。

（2）检查识别

站内消防道路及安全出口布置安全风险识别可按下列内容检查：

①厂内道路在弯道的横净距和交叉口的视距三角形范围内不得有妨碍驾驶员视线的障碍物。

②易燃易爆物品的生产区域或贮存仓库区应根据安全生产的需要将道路划分为限制车辆通行或禁止车辆通行的路段并设置标志。汽车运输油品、天然气凝液、液化石油气和硫黄的装卸车场及硫黄仓库等，应布置在站场的边缘，独立成区，并宜设单独的出入口。

③一、二、三级油气集输站场，至少应有两个通向外部道路的出入口。

④油气集输站场内消防车道布置应符合下列要求：

油气集输站场储罐组宜设环形消防车道。四、五级油气集输站场或受地形等条件限制的一、二、三级油气集输站场内的油罐组，可设有回车场的尽头式消防车道，回车场的面积应按当地所配消防车辆车型确定，但不宜小于 15m×15m；储罐中心与最近的消防车道之间的距离不应大于 80m；铁路装卸设施应设消防车道，消防车道应与站场内道路构成环形，受条件限制的，可设有回车场的尽头车道；消防车道与装卸栈桥的距离不应大于 80m 且不应小于 15m；甲、乙类液体厂房及油气密闭工艺设备距消防车道的间距不宜小于 5m。消防车道的净空高度不应小于 5m；一、二、三级油气集输站场消防车道转弯半径不应小于 12m，纵向坡度不宜大于 8%；消防车道与站场内铁路平面相交时，交叉点应在铁路机车停车限界之外；平交的角度宜为 90°，受条件限制时，不应小于 45°。

⑤一级站场内消防车道的路面宽度不宜小于 6m，若为单车道时，应有往返车辆错车通行的措施。

⑥当道路高出附近地面 2.5m 以上，且在距道路边缘 15m 范围内有工艺装置或可燃气体、可燃液体储罐及管道时，应在该段道路的边缘设护墩、矮墙等防护设施。

⑦不得占用、堵塞、封闭消防车通道及安全出口。

（3）防控措施

加强消防管理，增设或清理安全出口，确保安全出口畅通。消防道路修建，必须事先通知当地公安机关消防机构；实施油气生产设施改造，调整生产设施布局和消防、运输路线；拆除侵入道路建筑限界，影响驾驶员视线的围墙、绿化物和各种建（构）筑物；完善消防道路安全设施，按规定设置站内道路交通安全警示标志，保证消防及油气生产设施安全；实施消防道路与生产设施综合改造，确保消防道路满足规范要求；开展消防设施改造，调整消防管线布局，完善消防系统，满足消防要求；加强油气生产站场防火安全管理，强化制度落实，严禁无关人员进站；严格执行特种作业（如厂内运输等）持证上岗制度，杜绝无证上岗；加强应急体系建设，完善应急预案，强化应急处置，减少事故损失。

四、防火间距调整安全风险识别与控制

（1）危险分析

①明火散发设备、设施或场所与有油气散发的生产设施（生产装置）、储运设施或场所之间的防火间距不足，易引发火灾爆炸事故；

②不同类别的油气储运设施之间、储运设施与生产设施（生产装置）之间、不同生产设施（生产装置）之间以及生产装置内部防火间距不足，一旦某一设施（装置）或设备发生火灾，可引发周边设施（装置）、设备着火爆炸，形成事故连锁反应，扩大事故损失；

③可能携带可燃液体的高架火炬与其他各类设施、建（构）筑物及装置之间的防火间距不足，火炬所形成的火雨，可将其他设施烧毁，进而引发更为严重的火灾爆炸事故；

④全厂性重要设施是直接对油气集输站场实施控制、提供电力、消防、通信等的关键设施，对油气集输站场的正常运行具有关键保障作用，且常有人员值守。该类设施一般使用非防爆电气，且常有火花产生，若与油气生产设施（生产装置）、储运设施等油气散发场所防火间距不足，可引发火灾爆炸，并危及设施本身和操作人员安全，进而导致全厂性系统瘫痪，损失巨大。

（2）检查识别

平面布置防火间距除应符合现行《石油天然气工程设计防火规范》外，还应符合 GB50058《爆炸和火灾危险环境电力装置设计规范》及 SY/T0025《石油设施电气装置场所分类》中的有关规定。

一、二、三、四级油气集输站场内总平面布置的防火间距不应小于表《石油天然气工程设计防火规范》的规定；五级油气集输站场内总平面布置的防火间距不应

小于表《石油天然气工程设计防火规范》的规定。

装置间的防火间距不应小于《石油天然气工程设计防火规范》的规定；装置内部的防火间距不应小于《石油天然气工程设计防火规范》的规定。

五级站场值班休息室（宿舍、厨房、餐厅）距甲、乙类油品储罐不应小于30m，距甲、乙类工艺设备、容器、厂房、汽车装卸设施不应小于22.5m；当值班休息室朝向甲、乙类工艺设备、容器、厂房、汽车装卸设施的墙壁为耐火等级不低于二级的防火墙时，防火间距可减少（储罐除外），但不应小于15m，并应方便人员在紧急情况下安全疏散。

成组布置的天然气凝液和液化石油气罐区，相邻组与组之间的防火间距（罐壁至罐壁）不应小于20m；全压力式天然气凝液或液化石油气储罐组内储罐之间的防火间距为：球罐之间为1.0D；卧罐之间为1.0D且不宜大于1.5m，两排卧罐的间距不应小于3m（D为罐体外径）。

大型油气集输站场的中心控制室与工艺装置或厂房间距不得小于25m，且不得与高压配电室、压缩机房、鼓风机房和化学药品库毗邻布置。甲、乙类液体泵房与配电室或控制室相毗邻时，配电室或控制室的门、窗应位于爆炸危险区范围之外。

天然气密闭隔氧水罐和天然气放空管排放口与明火或散发火花地点的防火间距不应小于25m，与非防爆厂房之间的防火间距不应小于12m。

加热炉燃料气分液包采用开式排放时，排放口距加热炉的防火间距应不小于15m。所附属的燃料气分液包、燃料气加热器等与加热炉的防火距离不限。

一、二、三级油气集输站场内甲、乙类设备、容器及生产建（构）筑物至围墙（栏）的间距不应小于5m。

单独的汽车装卸作业点（无围墙包围）在距装车口20m内为严禁烟火区。

《石油天然气工程设计防火规范》规定不明确的有明火散发的设备、设施或场所与有油气散发的生产设施、储运设施或场所之间的防火间距，应符合《爆炸和火灾危险环境电力装置设计规范》及《石油设施电气装置场所分类》标准的规定。

（3）防控措施

加强油气集输站场管理，定期检查各种油气生产工艺设备和储存设备，严防各种泄漏事故发生；加强巡回检查，严格执行各项操作规程，及时发现并消除各种火灾隐患；加强建设工程管理，严格工程设计安全审查和消防报审制度，严禁私拆乱改；完善安全监测报警系统和防雷防静电措施，定期进行检验、检查和维护，确保安全设施工作正常；设置防火墙、防爆墙；对不符合站场平面布置规定的火花散发场所（如配电室、控制室等）进行防爆改造，消除防火间距不足的危害；实施油气系统密闭改造，减少油气散发；增设保温隔离或其他防火措施，提高建（构）

筑物的耐火等级，降低周边设施火灾的影响；实施油气生产设施改造，调整站场布局，改变建筑物出口方向；严格执行油气站场安全管理规定，正确配备并使用符合要求的劳动防护用品，禁止携带各类火种进站；完善消防系统，加强消防设施与消防器材管理，及时扑灭初期火灾；加强应急体系建设，完善火灾爆炸应急预案，加强应急演练，强化应急处置，减少事故损失。

五、站内线路综合布置安全风险识别与控制

（1）危险分析

输送热介质的管线没有设置热补偿器，或补偿器形式、位置不合理，可导致管线变形甚至破裂，并有可能影响设备及建筑物的安全；两组补偿器之间不设置固定支座或固定支座损坏，可导致补偿器破裂；输配电线路临近火灾危险性场所架空敷设或跨越，一旦发生折杆、断线，可引发火灾、爆炸事故；管沟布置油、气管线，易造成沟内油气积聚，可引发火灾、爆炸事故；管线沿道路路面敷设，埋设深度较浅，易被车辆压坏，且不易检修；管线沿路肩地面上敷设，易遭车辆撞击而损坏；地下管线距建（构）筑物过近，埋深低于基础底面，管线长期承受建（构）筑物的压力载荷，易造成管线破裂；且一旦发生管线损坏，不易检修甚至无法检修；检修时还可能影响建（构）筑物及检修人员的安全；管线一旦发生泄漏着火，可殃及建（构）筑物。

（2）检查识别

站内线路综合布置安全风险识别应按下列内容进行检查：

①一切输送热介质的管线均应考虑热补偿。其形式可按管线工作压力、空间位置大小等具体情况确定。下列部位应设置固定支座：

在罐前的适当部位；露天安装机泵的进出口管道上；穿越建筑物外墙时，在建筑物外的适当部位；两组补偿器的中间部位。

②输配电线路不得在油气工艺装置区、储罐区、油品装卸区等甲、乙、丙类火灾危险性场所架空敷设或跨越。

③在满足生产安全、维修方便、经济合理的条件下，压力油、气、热水、风管线一般应采用共架共墩敷设，不应采用管沟敷设。

④场区内的油气工艺管道、热力管道、供水及排水管道和各种电缆，不应沿道路路面下和路肩上下平行敷设。

⑤管道埋深不宜低于建（构）筑物基础底面的深度；当埋深低于建（构）筑物基础底面深度时，管道不应布置在基础压力影响范围内，且应考虑管道检修开挖时对建（构）筑物的影响。

（3）防控措施

加强建设工程管理，严格工程设计安全审查和消防报审制度，严禁私拆乱改；加强管道运行管理，定期开展压力管道检验；定时开展管道巡查，重点检查管线支架、连接件、管件及安全附件是否完好；对不满足标准规定的管线及电力线路进行改造，直至符合标准规定。例如，对管沟敷设的油、气、热水、风管线按埋地管线进行防腐，沟内填充沙子，防止油气积聚；对埋设在建（构）筑物基础压力影响范围内的管线增设保护套管等；在道路两侧增设防撞柱、防撞墙，防止车辆撞击管线；加强油气集输站场动土管理，严格执行危险作业票证制度；加强施工作业安全管理，认真开展施工作业危害识别及风险评价工作；加强施工作业安全监督，严格检查施工作业安全技术措施的制定和落实；严格执行特种作业持证上岗制度，严禁无证上岗；定期开展安全检查，发现事故隐患必须及时消除。

第十二章 油（气）田集输管道
安全风险识别与控制

油（气）田集输管道是指由油气生产单位自行管理的油气集输站场外的油田或气田集输管道。

油田集输管道是指介质工作压力不大于32MPa，温度为 –20 ~ 350℃的油田管道。包括下列各类管道：

采油、注水、注汽井的井场工艺管道；井口、计量站、计量接转站（或转油站）、联合站之间的输送原油、伴生气、注水、动力液、含油污水及其混合物的管道；联合站与油田内油库、输油首站之间的输油管道；注蒸汽管道、蒸汽管道和采油伴热管道等热采系统管道及其附件。

气田集输管道是指设计压力为 1.6 ~ 70MPa 的天然气集输管道。包括下列各类管道：气井采气树、集气站、净化厂或外输首站之间采气管线、集气支线、集气干线；由气井直接到门户站的管线；井口注气管线。

油（气）田集输管道主要由管道线路、阀组（含线路中间阀组）、穿（跨）越等组成。根据管道介质、温度和压力等工艺参数，参照工艺管道的分类方法，可将集输管道分为油气集输管道、蒸汽管道、热水管道、污水管道、高压注气（氮气、二氧化碳、天然气等。下同）管道、注水管道等。

第一节 管道线路安全风险识别与控制

管道线路是指油气集输站场、阀组、穿（跨）越之间的线路部分，也是油（气）田集输管道的主体。管道线路的危险性分别体现了各类集输管道的风险特征。

一、油气集输管道危险分析与控制

油气集输管道是指油（气）田内部用于输送原油、天然气（伴生气）以及其混合物（或含水）的管道。主要包括原油集输（油气水混输）管道、天然气（气田气）集输管道、高压动力液管道以及原油和天然气外输管道。其中，原油外输管道是指接转站、联合站、油田内部油库、长输管道首站之间的原油输送管道，而天然气外输管道则是指油气田企业内部各天然气净化厂之间的净化天然气输送管道。除高压集气和高压动力液管道外，该类管道的工作压力相对较低，多为中低压范围。其主要危害有爆裂、泄漏、火灾与爆炸、中毒与窒息、冻堵与凝管等。另外，高压集气和高压动力液管道泄漏，其高压流体与人体直接接触，可对人体造成高压伤害；温度较高的原油泄漏，还可对人体造成灼烫伤害。

1. 爆裂

（1）原因分析

管道设计存在缺陷，承压能力不足。如材料选择不当，结构设计不合理，管材壁厚不足，无安全设施或设计有缺陷等；管道施工质量存在缺陷。如管子、管件材料质量不符合设计要求，管道焊缝缺陷超标或焊接工艺有缺陷，投产前不进行强度试压或试压不合格等；管道腐蚀导致壁厚减薄。如天然气含沙致使管道内壁磨蚀，电化学腐蚀，管道防腐层损坏等；应力腐蚀导致管道脆性破裂；原油管道凝管，从中间加热解冻，可引发爆裂；天然气管道安全泄压装置失灵或随意关闭安全阀下面的进气阀门；系统出现故障或误操作导致管道压力骤然升高，超过设计压力。如低压集气管道进站阀门未打开冒然开井，管道压力迅速升高；阀门关闭、开启过快或突然停电产生液击；管道受到外力冲击或自然灾害破坏。

（2）防控措施

加强设计管理，优选设计队伍，严格设计审查；加强管道施工质量监督，严格控制施工质量；完善管道阴极保护或在易腐蚀地段增设牺牲阳极；加注缓蚀剂，减缓管道腐蚀；设置自动泄压保护装置，完善安全设施，定期组织开展安全设施检验、检查；建立完善并严格执行各项规章制度和操作规程，严格控制运行参数；加强管道日常维护与管理，定期开展管道安全检查和压力管道检验；原油管道凝管解冻应开设放气排液孔，并从放气孔处向两端延伸分段解冻；建立完善管道爆裂事故应急预案，降低事故损失。

2. 泄漏

（1）原因分析

①管道设计存在缺陷。如热补偿器的位置或补偿方式不当，固定支墩位置或方向不合理；管道纵向坡度变坡点设计不合理，山区或丘陵地区管道设计未考虑静液

柱压力等；

②管道施工质量存在缺陷。如管子、管件材料质量不符合设计要求，工程投产前不进行管道严密性试验或试验不合格，焊道或管壁有沙眼等；

③管道腐蚀导致壁厚减薄或局部穿孔。如管道防腐结构、材料设计不合理；管道防腐层或固定支墩的固定点防腐处理有缺陷；天然气含沙致使管道弯头（弯管）外侧内壁磨蚀穿孔；管道穿越电气化铁路或距高压输电线路过近，产生杂散电流干扰；地下水位过高或地面植被根系破坏防腐层等；

④系统出现故障或误操作导致管道憋压。如输油管道弯管曲率半径过小、弯管变形，导致清管器堵塞，可引起管道压力升高等；

⑤管道投产时或投产初期，管道弯管处未进行回填土开挖或开挖长度、宽度及方向不符合要求，造成弯管变形甚至破裂；

⑥阀门关闭、开启过快或突然停电产生液击，导致管道破裂；

⑦不法分子盗油引发管道泄漏；

⑧原油管道埋地深度过浅、或违章取土，导致管道失稳破坏；

⑨管道线路上方违章动土作业，造成管道破坏；管道埋地深度过浅还可能由于土地耕种等原因造成管道意外破坏；

⑩自然灾害或其他外力冲击导致管道损坏。

（2）防控措施

加强设计管理，优选设计队伍，严格设计审查；强化施工过程质量监督，严格控制施工质量。管道投产时，应认真编制投产方案，完善并落实投产技术措施；完善管道阴极保护系统或在易腐蚀地段增设牺牲阳极；管道穿越电气化铁路或与高压输电线路平行敷设时，应增设杂散电流排流措施；加注缓蚀剂；使用非金属管道代替金属管道或采取内防腐措施；设置自动泄压保护装置，定期组织安全设施检验，防止液击或超压运行；完善输油管道泄漏报警系统，实时监测管道运行，及时发现管道泄漏；建立完善并严格执行各项规章制度和操作规程，定期进行巡线检查，严格控制运行参数；加强施工作业管理，严格执行危险作业票证制度，严禁违章动土；加强管道日常维护与管理，定期开展管道安全检查和压力管道检验；实施警民联动，彻底捣毁土炼油窝点，严厉打击各种非法活动；加强管道安全知识宣传，搞好工农共建，建立良好的社会环境；建立完善管道泄漏事故应急预案，防止环境污染及火灾爆炸事故，降低事故损失。

3．火灾和爆炸

（1）原因分析

管道爆裂导致油气泄漏，其爆裂瞬间金属撕裂过程所产生的火花，可引发火灾、爆炸；爆炸后的金属碎片撞击附近物体，产生火花，引发火灾、爆炸；管道泄漏，油气蔓延，遇明火或火花，引发火灾、爆炸；油气泄漏过程中，油气喷射与空气摩擦或油气中的固体杂质与金属摩擦产生静电，放电打火，引发火灾、爆炸；泄漏油气携带的硫化亚铁遇空气自燃引发火灾、爆炸；天然气管道投产前不进行惰性气体置换或置换未达到安全标准，天然气进入管道形成爆炸混合气体，可引发管道爆炸；在用天然气管道检修，使用空气进行吹扫，管道内部的硫化亚铁遇空气自燃，引发管道爆炸；使用压缩空气对油气管道进行吹扫，遇明火或火花（含静电火花），可引发管道爆炸；违章进行检、维修作业，如无作业票或未制定、落实安全措施；未正确穿（配）戴防静电劳动防护用品；使用非防爆工具或非防爆通信工具；动火前未按规定进行可燃气体检测；违章使用明火；多点同时动火等；不法分子盗油，现场存在明火或产生火花，引发火灾、爆炸；地面敷设管道和高电阻地区的埋地敷设管道未进行防静电接地或接地有缺陷；管道敷设区域违章动土、自然灾害或其他外力冲击，导致管道破裂，遇明火或火花，引发火灾、爆炸。

（2）防控措施

油气管道火灾爆炸可分两种：管道内部爆炸和管道外部环境爆炸。不论哪一种爆炸都必须具备的条件是可燃气体、可燃蒸汽要与空气（氧气）混合并达到爆炸浓度范围之内且同时出现火源。因此，事故预防应采取两个方面的措施：一是严防管道泄漏或空气进入油气管道内，避免形成爆炸混合物；二是避免明火或火花产生。具体措施应包括以下内容：

管道泄漏应立即组织隔离和疏散围观群众，设置禁火区，并迅速开展抢修；制定并严格落实天然气管道投产置换措施，排放口的气体含氧量不得超过2%；检修吹扫时，排放口处应严禁使用明火；严禁使用空气进行天然气管道吹扫；操作人员应正确穿（配）戴劳动防护用品，严禁违章使用明火或使用非防爆工具和非防爆通信工具；加强危险作业管理，严格执行作业票证制度，确保各项安全措施的落实；定期开展管道安全检查和压力管道监督检验，避免管道爆裂；地面敷设管道和高电阻地区的埋地敷设管道应设置管道防静电措施，防止静电积聚；建立完善管道火灾爆炸事故应急预案，减少人员伤亡，降低事故损失。

4. 中毒和窒息

（1）原因分析

天然气管道投产前采用惰性气体置换，实施末端集中放气，导致大量惰性气体积聚，造成人员窒息；含硫化氢天然气管线泄漏，可造成人员中毒；注氮、注二氧化碳采油工艺中的油气集输管道破裂，泄漏的油气夹带大量的氮气或二氧化碳，导致泄漏区域空间内氧气浓度降低，可使人窒息；二氧化碳可导致操作人员急性中毒；

无气防用具，气防用具防护类型不符合要求或有缺陷或未正确使用，可导致操作人员中毒或窒息。

（2）防控措施

中毒窒息事故预防措施主要包括两个方面：一是预防管道泄漏；二是正确使用气体防护用具。具体措施还应包括以下内容：

①加强危险作业管理，严格执行作业票证制度，确保各项安全措施的落实。

②管道泄漏后，应立即划出警戒区，并向泄漏点的上风侧疏散人员。

③为高含硫天然气集输管线的巡线人员配备防硫化氢中毒防护用具并正确使用。

④高含硫天然气集输管线或注氮、注二氧化碳采油的油气集输管道破裂抢修时，应采取以下措施：

喷水稀释，降低硫化氢或二氧化碳浓度；检测有毒气体、可燃气体和氧浓度；抢修人员应配备正压呼吸器，并保证洁净空气压力充足，器具无缺陷；检修人员应正确使用个人防护用具。

⑤惰性气体置换放空应利用装置放空系统，如必须就地放空，应配备正压呼吸器。

⑥对周边区域履行告知义务，开展预防中毒安全知识宣传。

⑦建立完善硫化氢、二氧化碳中毒事故应急预案，定期开展应急演练，减少人员伤亡，降低事故损失。

5．凝管或堵管

凝管或堵管事故一般多发生在原油集输管线或原油外输管道。

（1）原因分析

①三管伴热原油集输热水系统出现故障，系统意外停电，加热炉停炉，管线意外停产或停产时间过长；

②输油管道压力、温度、流量过低，不能满足最低启输量要求；管道泄漏，导致泄漏点下游流速过低；

③单管原油集输系统产液量过低、回压过高或温度过低；

④管道覆土层太浅，保温效果差，环境温度过低；

⑤原油凝固点过高、黏度过大；

⑥系统压力、温度、流量控制不平衡或误操作；

⑦管道内部有异物、管道或弯管变形、弯管曲率半径过小、焊道根部有焊瘤等原因导致清管器堵塞；

⑧管道没有定期清蜡，或清管作业时压力、流量、温度过低，造成蜡堵，引发凝管；

⑨油井出沙、出泥，原油流速较低，可导致泥、沙沉积；

⑩原油或采出水矿化度过高，导致管线内壁结垢。

（2）防控措施

加强冬防保温工作，增设掺热水流程，提高管道输送压力、温度和流量；加强操作技能培训，定期分析管道运行参数，及时监测管道压力、流量、温度变化，掌握管道运行规律；严格执行操作规程，合理控制系统压力和流量，及时调整输油管道热力平衡；加强电力运行管理，一旦发生意外停电或停产，应立即对集输管道进行吹扫、冲洗，或迅速启动事故输送流程或采取临时措施保障管道内原油正常流动；定期开展管道安全检查和压力管道监督检验。开展管道内部检验前必须首先进行清管作业。实施管道内部检验或清管作业，必须认真编制并落实安全技术措施及应急预案，严防清管器堵塞引发凝管事故；长时期未进行清管作业，作业前应提前3 ～5天提高输油温度和流量，利用较高流速冲刷管道内壁沉积凝油层；完善清管通球监测定位系统，定期实施管道清管作业。管道投产前应进行试通球，及时发现并消除影响管道清管作业的各种缺陷和隐患；定期进行高流量冲沙，防止形成沙堵；添加降凝剂、降黏剂，改善原油低温流动性；加注除垢剂或实施物理法除垢，减轻管道内壁结垢；完善加热炉安全监测报警系统，实时监测加热炉运行状况和各项参数；认真编制输油方案，建立低温预警机制，完善停电事故和管道凝管事故应急预案，降低事故损失。

6. 天然气管线水化物冻堵

（1）原因分析

井口加热炉出现故障，天然气温度过低；天然气井出水，井口无分液装置或分液效果差，天然气含水（水蒸气）上升；天然气中含 H_2S、丙烷、乙烷，易形成水化物；压力升高，水化物临界温度升高，易形成水化物；天然气集输管线有节流装置或节流构造，局部过冷度提高。如管道变径、中间阀组等；水化物抑制剂注入系统出现故障、注入剂量不足、不定期关井；管道环境温度过低；天然气含水和沙子，造成天然气管道局部沙子沉积，堵塞管道；管道堵塞还可造成天然气局部节流，引发管道冻堵。（2）防控措施

①加注水化物抑制剂，如甲醇、乙二醇和二甘醇等，可防止水化物形成；

②测定天然气露点，合理控制天然气输送温度；

③优化集输管道线路结构，尽量减少变径或中间阀组，减轻局部节流；

④及时排放天然气分液器中的液体，提高脱水效果，降低天然气含水率；

⑤对容易形成水化物的天然气，将输送流速提高至3mA以上，加强气体扰动以抑制水化物的形成和聚集；

⑥定期实施管道清管作业；

⑦在管道内壁涂厌水层（如碳氢化合物冷凝液、轻质油以及基于有机硅的分子膜等），降低水化物晶粒在管壁上的附着力，使生成的水化物晶粒很容易被气流带走；

⑧管道冻堵后，降低管道压力，注入水化物抑制剂或依靠地温融化水化物；

⑨建立完善停电、停炉及天然气管道冻堵事故应急预案，降低事故损失。

二、蒸汽管道危险分析与控制

蒸汽管道是指油气集输系统中的供热蒸汽管网和稠油热采工艺中的高压注蒸汽管网。一般来讲，该类管道工况条件较为恶劣，尤其是高压注蒸汽管道，工作温度一般在 300 ~ 380℃范围内，工作压力在 10 ~ 20MPa 之间，甚至可达 25MPa。同时，该类管道一般以地面架空敷设方式为主。因此，管道爆裂、泄漏、灼烫是此类管道的主要危害特征。

1. 爆裂

（1）原因分析

①管道设计存在缺陷，承压能力不足。如材料选择不当，结构设计不合理，管材壁厚不足，热补偿设计不当，无安全设施或设计有缺陷等；

②管子、管件、连接件及安全附件质量不符合设计要求。如管材有重皮、夹层，管材厚度不够，使用不符合安全要求或无资质生产的压力管件、连接件等；

③管道施工质量存在缺陷。如管道焊缝缺陷超标或焊接工艺不合理致使焊接工艺性能不能满足设计要求；补偿器安装位置、方式不当或支架安装有缺陷；管道强力组装存在组装应力；管道投产前不进行管道试压或试压不合格等；

④管道腐蚀导致壁厚减薄。如停用时间过长，管网内部存在积水，加快管网腐蚀；氧离子使管道发生局部电化学腐蚀；蒸汽中离子浓度增大，容易引起注汽管网的腐蚀或结垢；弯管外侧内壁冲刷腐蚀；高温氧化，加速管道的外腐蚀等；

⑤蒸汽管网中发生的氢腐蚀，使材料内部产生晶界裂纹；

⑥间歇性高温致使钢材长期冷热交替工作，材料及焊缝内部缺陷在温度变化引起的热应力作用下，会产生微小裂纹而不断扩展，最后导致破裂；

⑦系统出现故障或误操作导致管道压力骤然升高，超过设计压力；管道内部存在积水，输送蒸汽时产生水击；管道安全泄压装置失灵或随意关闭安全阀下面的进气阀门；

⑧管道长期处于高温工作状态而发生高温蠕变，导致疲劳失效；

⑨高温管道裸露部位突遇冷水（如强降雨等）冲刷，造成局部剧烈降温，产生

强内应力，可引发爆裂；

⑩管网在受热或冷却过程中，部分结构被约束或固定而不能自由膨胀和收缩，产生轴向应力；管网内蒸汽温度急剧变化（如升温速度太快）或温度分布不均匀（如局部结垢、堵塞）而在管壁中产生的温差应力载荷等；

⑪管道受到外力冲击或自然灾害破坏。

（2）防控措施

加强设计管理，优选设计队伍，严格设计审查；强化施工过程质量监督，严格控制施工质量，特别是要控制好管道焊接质量。如对焊缝部位进行缓冷或采取其他措施消除焊接应力等；选择低碳低合金钢（如12CrlMoV、1Crl/2Mo钢等）代替碳钢增强蒸汽输送管道的抗氢蚀能力；进行锅炉给水除氧，在可能的条件下进行锅炉给水除盐；设置自动泄压保护装置，完善安全设施并定期组织安全设施检验和检查；停运期间对管道进行吹扫或放空；严格执行操作规程，合理控制运行参数，严防误操作；加强管道日常维护与管理，定期开展管道安全检查。要特别加强管道弯管部分的检查，发现问题及时更换或补强；加强特种设备管理，定期开展在用压力管道检验及安全适用性评价；建立完善管道爆裂事故应急预案，强化应急处置，降低事故损失。

2．泄漏

（1）原因分析

①管道设计存在缺陷。如密封结构、材料选择不当，阀门及连接件选择与工况不符等；

②管子、管件、连接件等质量不符合设计要求；

③阀门、管件及连接件密封存在缺陷或密封材料高温性能劣化；

④间歇性高温运行导致阀门、管件及连接件疲劳破损；

⑤管道内部存在积水，输送蒸汽时产生水击导致管道破裂；

⑥高温导致管道变形伸长，致使法兰连接变形，阀门、管件及连接件紧固不牢，导致密封失效；

⑦投产初期未进行热紧固，密封失效；

⑧热补偿器选型、安装或使用存在缺陷，管道热补偿能力不足，引发管道破裂；

⑨管道支架设计、安装存在缺陷，致使管道母材撕裂或补偿器破坏。例如，同一固定管段上安装两个热补偿器或安装有热补偿器的两个相邻固定管段之间的固定支架损坏等。

（2）防控措施

加强设计管理，优选设计队伍，严格设计审查；强化施工过程质量监督，严格控制施工质量；加强特种设备管理，定期开展在用压力管道检验及安全适用性评价；定期开展管道安全检查，做好管道日常巡检，发现问题及时处理；严格执行操作规程，合理控制运行参数；认真开展送汽前的管道检查，重点检查阀门、管件和连接件是否可靠，管道支架及热补偿器是否正常；停运期间对管道进行吹扫或放空等；建立完善蒸汽管道泄漏事故应急预案，强化应急处置，降低事故损失。

3. 灼烫

（1）原因分析

①蒸汽管道泄漏，高温蒸汽接触人体导致灼烫伤害；

②泄压装置方向不当。如泄压方向面对建筑物门窗、人行道以及操作人员频繁活动区域，易造成灼烫伤害；

③蒸汽管道（管子、阀门、管件、连接件）高温部位裸露（未保温），防护设施不完善，易造成灼烫伤害；

④违章操作。如带压维修阀门、管汇；未正确穿戴防烫伤工作服、手套、工鞋及防护眼镜等。

（2）防控措施

预防蒸汽管道灼烫伤害的措施应包括两个方面，一是防止管道泄漏；二是完善管道防护措施，正确配备和使用个人劳动防护用品。其具体措施应包括以下几个方面：

安全泄压装置出口方向不可正对建筑物门窗、人行道以及操作人员频繁活动区域等；加强蒸汽管道保温检查，一旦损坏必须及时维修；加强施工作业管理，严禁违章操作。检修、维护作业过程中，必须停止供汽并放空；操作人员活动地带的蒸汽管道，应设置隔离防护措施；正确使用防烫伤劳动防护用品，如防烫伤服装、手套、工鞋及防护眼镜等；配备必要的防烫伤应急药品；严格执行操作规程和工艺纪律，杜绝违章操作和违章作业；建立完善蒸汽管道泄漏事故及灼烫伤害应急预案，强化应急处置，降低事故损失。

三、注水管道危险分析与控制

注水管道是指由注水站分配至各井站的高压注水输送管道。油田注水系统工作温度一般为常温，工作压力一般为高压，工作介质可分为清水、污水或两者混合物，敷设方式一般为埋地敷设。因此，管道爆裂、泄漏是注水管道的主要危害。与此同时，管道泄漏还可能引发次生事故。例如，高压水喷射直接接触人体，可将人体刺伤；冲击设备、设施或建（构）筑物，可造成设备、设施或建（构）筑物损坏。若工作介质为污水或与清水的混合物，还可能对周边区域内的农田、水源、鱼塘及生态保护区等造成污染。另外，寒冷地区注水管道埋地深度过浅（冻土层以上）或保温措施不到位，还可引发管道冻结。

1. 爆裂

（1）原因分析

①管道设计存在缺陷，承压能力不足。如管材厚度不够，管材选用不当等；

②管道施工质量存在缺陷。如管道焊缝缺陷超标（如未焊透、咬边等）或存在未熔合、裂纹等；焊接工艺不合理致使焊接工艺性能不能满足设计要求；管道焊接三通未进行补强；投产前不进行强度试压或试压不合格等；

③管道腐蚀导致壁厚减薄。如管道内部冲刷腐蚀，介质中含有碳酸根离子、硫离子或矿化度较高可加快管道内腐蚀等；

④系统出现故障或误操作导致管道压力骤然升高，超过设计压力；

⑤快速开关阀门产生水击，导致管道爆裂；

⑥安全泄压装置失灵；

⑦管道受到外力冲击或自然灾害破坏。

（2）防控措施

①加强设计管理，优选设计队伍，严格设计审查；

②强化施工过程质量监督，严格控制施工质量；

③实施区域阴极保护；

④改善水质，不断完善水处理工艺；

⑤设置自动泄压保护装置，定期开展安全附件检验，防止水击或超压运行；

⑥严格执行操作规程，合理控制运行参数；

⑦加强管道维护与管理，定期开展管道安全检查；

⑧建立完善管道爆裂事故应急预案，降低事故损失。

2. 泄漏

（1）原因分析

①管道施工质量存在缺陷，如管道焊缝缺陷超标（如未焊透、咬边等）或存在未熔合、裂纹等；投产前不进行严密性试验或试验不合格等；

②管子、阀门、管件及连接件质量存在缺陷或密封失效；

③管子、阀门、管件及连接件冻裂；

④管道腐蚀穿孔。如管道防腐、补口质量不符合标准；地下水位过高；管道内部冲刷腐蚀；介质中含有碳酸根离子、硫离子或矿化度较高可加快管道内腐蚀；地面植被根系破坏防腐层等。

⑤快速开关阀门产生水击，导致管道破裂；

⑥管道受到外力冲击或自然灾害破坏导致管道损坏。

（2）防控措施

加强冬防保温，防止管子、阀门、管件及连接件冻胀损坏；强化施工过程质量监督，严格控制施工质量；实施区域阴极保护；完善水处理工艺，改善注水水质；加注缓蚀剂，减缓管道腐蚀，或用非金属管代替金属管；设置自动泄压保护装置，定期开展安全附件检验，防止水击或超压运行；严格执行操作规程，合理控制运行参数，严防误操作；加强管道维护与管理，定期开展管道安全检查；建立完善管道泄漏事故应急预案，严防环境污染，降低事故损失。

第二节　管道阀组（间）及穿（跨）越安全风险识别与控制

管道阀组（间）及穿（跨）越是集输管道地面配套设施，除具有管道线路主体的一般构成外，同时还包括相应的建（构）筑物。因此，管道阀组及穿（跨）越除具有相应管道线路主体的危险性以外，同时还受建（构）筑物结构的影响。另一方面，由于管道阀组及穿（跨）越一般处于油气集输站场边缘、界外和水域、河流、湖泊以及铁路、公路范围之内，受自然环境和社会环境的影响较为突出，安全风险更为复杂。

一、管道穿（跨）越危险分析与控制

管道穿越是指管道从天然或人工障碍物下部穿过，一般是针对水域、河流、湖泊以及铁路、公路等。按穿越方法，可分为挖沟埋设、顶管（水平钻机穿管）、定向钻、隧道敷设等。

管道跨越是指管道从天然或人工障碍物上部架空通过。按结构形式可分为：梁式管道跨越、"π"型刚架管道跨越、桁架式管道跨越、轻型托架式管道跨越、单管拱跨越、组合管拱跨越、悬缆式管道跨越、悬垂式管道跨越、悬索式管道跨越、斜拉索管道跨越等。

1. 穿（跨）越管段事故后果分析

与集输管道线路主体相比较，穿（跨）越管段发生爆裂、爆炸或泄漏等事故的危害性更大，后果更为严重。主要表现在以下几个方面：

（1）爆裂或爆炸

通航河流穿越管段发生爆裂或爆炸，其冲击波或高压流体可掀翻水面小型船只；跨越管段爆裂或爆炸，其冲击波或爆破碎片可对过往船只造成威胁；靠近河流、湖泊、水库等堤坝处管段发生爆裂或爆炸，可造成堤坝损坏，引发溃堤；水域穿（跨）越管段发生爆裂或爆炸，可破坏附近桥梁、港口、码头、水下建筑物或引水建筑物；所产的冲击波推动河（湖、库）水撞击堤坝，可引发溃堤；铁路、公路穿（跨）越管段发生爆裂或爆炸，可对铁路、公路交通安全形成巨大威胁，给国民经济造成严重损失，甚至造成重大人员伤亡。

（2）泄漏

油品管道水域穿（跨）越管段发生泄漏，可造成水域污染；水面油品遇火源燃烧，可对水面船只及其他水面或岸上设施形成威胁；天然气管道穿（跨）越管段发生泄漏，遇火源可造成火灾爆炸事故，对附近水面或地面设施、人员形成威胁；高压注水、注氮、注二氧化碳、注蒸汽管道通过铁路、公路的隧道、桥梁，一旦发生泄漏，可破坏地面交通设施，对铁路、公路交通安全形成威胁，甚至造成重大人员伤亡事故；油气管道通过铁路、公路的隧道、桥梁，一旦发生泄漏，车辆所产生的明火或火花，可引燃、引爆油气，造成地面交通中断，甚至造成重大人员伤亡事故。

2. 管道穿越危险分析与控制

（1）危险分析

①管道穿越设计有缺陷，易造成管道损坏甚至发生管道爆裂。如洪水设防标准不够，管道敷设深度过浅，穿越管段的钢管未进行强度、刚度及稳定性核算或核算有误等；

②穿越管段防腐措施不合理或不完善，易造成管道腐蚀穿孔泄漏。如未提高防腐等级，未增设阳极保护，管道穿越电气化铁路未采取杂散电流排流措施等；

③穿越管段施工质量有缺陷，易发生管道泄漏、爆裂。如管道焊接缺陷超标或焊接工艺评定不符合标准规范要求，穿越前未进行管道试压、穿越管段未全部进行无损检测或不符合要求等；

④穿越管段没有护岸措施或护岸工程设计、施工质量有缺陷，易破坏堤坝；管道穿越河水水位高于两岸地面的河流，易发生管涌，破坏大堤，引发洪水；

⑤埋设方式穿越湖泊、河渠、河床、湖床时，土质不稳定或埋深过浅，易冲刷裸露，或由于管道振动造成覆土层液化，从而造成管道失稳破坏；水流冲刷裸敷在水下河床上的管道，会因水流绕过管道而产生交变涡流，使管道在交变应力作用下产生振动和疲劳损坏，导致管道断裂；通航河流上穿越管道埋深过浅，易被船锚或疏航机具损坏，导致管道破裂；

⑥水下穿越管段未采取稳管措施或稳管措施不当，易造成管道失稳破坏；稳管

措施有缺陷或设计不合理，或岩石管沟覆土不符合要求，可造成管道防腐层损坏，进而造成管道腐蚀穿孔而泄漏；

⑦地质勘察有缺陷，定向钻设计不合理，如岩石、流沙、卵砾石河床采用定向钻穿越，穿越管段曲率半径过小等，易损坏管道防腐层，可造成管道腐蚀穿孔而泄漏；

⑧常水位浸淹管段设置弯管或固定支墩，一旦被洪水冲刷裸露，由于水流的涡激振动，极易发生管道断裂；

⑨隧道穿越未考虑管道变形与热补偿或有缺陷，易造成管道变形或破裂；管道变形可导致清管器堵塞，进而引发管道凝管事故；

⑩穿越铁路、公路时埋深过浅，易破坏管道或套管；套管强度不足，可造成铁路、公路路基塌陷，引发交通事故。

（2）防控措施

加强设计管理，优选设计队伍，严格设计审查，提高穿越管段的可靠性；强化施工过程质量监督，严格控制施工质量；管道穿越堤基处应设置止水环或阻水墙等阻水措施，并确保阻水措施可靠；完善水域穿越堤坝护岸措施，严防溃堤事故；穿越较深的冲沟，应在冲沟边坡设置截水墙或截水沟；完善稳管措施，防止管道失稳破坏；常水位浸淹管段设置弯管或固定支墩时，应提高局部管段强度；管道穿越水域部位应设置内河交通安全标志，提醒过往船只注意安全；完善管道阴极保护或增设牺牲阳极；管道穿越电气化铁路应采取杂散电流排流措施；加强管道穿越及护岸设施的维护与管理，定期开展管道安全检查和压力管道检验；定期进行巡线检查，及时发现管道泄漏；管道穿越铁路或高等级公路，可增设泄漏检查放空管；在大型管道穿越管段两端设置截断阀；建立完善管道爆裂、泄漏及爆炸事故应急预案，严防环境污染，降低事故损失。

3. 管道跨越危险分析与控制

（1）危险分析

①管道跨越设计存在缺陷，跨越结构或管段强度不足，导致管道爆裂和泄漏。

跨越管段钢管未进行强度、刚度及稳定性核算或核算有误，或选用钢材屈强比过大；索具、钢缆、钢丝绳、钢材及焊接材料选择有误，结构强度不足；管道跨越通航河流、铁路、公路，架空结构最下缘净空高度不足；管道跨越河流、冲沟，未考虑洪水水位或防洪标准过低；地质勘察数据有误，基础选址不当；钢缆或钢丝绳锚固墩锚固能力不足；未考虑温度补偿或补偿措施不当；结构计算有误，跨越结构强度、刚度、抗震及抗风能力不足或防振措施不当等。

②施工质量存在缺陷，跨越结构或管段强度不足，导致管道爆裂和泄漏。

结构组装、焊接质量有缺陷或未进行焊接工艺评定或工艺评定不符合要求；跨越管段安装前未进行无损检测、试压；使用不合格的钢材、钢缆、钢丝绳、索具、焊接材料及其他建筑材料等；地基处理不当、承载能力不足或基础施工质量有缺陷。

③跨越通航河流未按规定设置水上交通安全标志或航标灯，易受到水面交通工具撞击；

④跨越管段两端未设防护栏或防护栏有缺陷，无关人员攀越跨越结构，易造成人员高处坠落；大中型跨越的检修通道、平台无防护栏杆或防护栏杆有缺陷，易造成人员高处坠落；跨越结构检修不系安全带或安全防护措施不完善，易造成高处坠落或对跨越结构下的通行船只造成物体打击；

⑤温度补偿有缺陷，易造成跨越结构甚至跨越管段破坏；低温环境引发跨越结构件低温脆性断裂；跨越管段安装前未进行清管通球或不符合要求，弯管曲率半径不足或弯管变形，导致清管器堵塞，易导致原油凝管事故；

⑥跨越管段无防雷设施或防雷设施有缺陷，易遭雷击破坏；

⑦跨越结构检查维护不利，结构件损坏，可造成跨越结构垮塌；跨越管段未进行防腐或防腐质量有缺陷，易造成管段腐蚀穿孔而泄漏；管段高点排气阀（丝堵）损坏，可造成管道泄漏；跨越管段未进行保温或质量有缺陷，易造成原油凝管事故；

⑧水域跨越管段没有护岸措施或护岸工程设计、施工质量有缺陷，易破坏堤坝和跨越基础，引发洪水和跨越结构垮塌；

⑨管道运行不平稳，管内流体引发管道激振，可造成管道破裂，导致管道爆裂、泄漏；

⑩跨越结构基础、钢缆或钢丝绳锚固墩等周边区域违章动土，易造成跨越结构垮塌，导致管道爆裂和泄漏；不法分子或恐怖组织恶意破坏，造成跨越结构损毁，进而导致管道爆裂、泄漏、着火和爆炸。

（2）防控措施

加强设计管理，优选设计队伍，严格设计审查；强化施工过程质量监督，严格控制施工质量；完善水上交通安全标志及各种安全设施和劳动保护设施，并定期进行检验、检查和维护，确保其完好；设置安全警示标志，禁止无关人员攀越，避免对周边群众的伤害；加强跨越结构和跨越管段日常检查和维护工作，及时发现和消除各种事故隐患，确保跨越结构和跨越管段完好；加强油气集输管理，严格执行操作规程，确保系统平稳运行；加强特殊危险作业管理，严格执行作业票证制度。跨越结构的检查维护，应办理登高作业证，水上作业还应办理相应的水上作业票，并正确配备和使用个人劳动防护用品；加强特种设备管理，定期开展压力管道检验，确保管道安全运行；在大型管道跨越管段两端设置截断阀；积极开展安全知识宣传，搞好油地共建，实施警民联动，严防恐怖袭击和恶意破坏，避免对周边群众的意外伤害；建立完善管道爆裂、泄漏及爆炸事故应急预案，强化应急处置，严防环境污染事件，降低事故损失。

二、管道阀组（间）危险分析与控制

管道阀组（间）是为了便于管道维修或管道、油气集输站场发生故障或事故时，能够及时切断油气集输站场与管道、管道事故段与正常段之间的联系，尽可能减少事故损失和防止事故扩大的地面控制设施。按照油（气）田一般管理习惯，管道阀组（间）一般由管道运行单位（部门）负责管理。本节所述的管道阀组（间）是指油气管道线路上的中间阀室和进、出站阀组间以及采油井场工艺管道等。

进、出站阀组间又称计量阀组间，主要由建筑厂房、工艺阀组、计量装置、收发球装置等构成。其中工艺阀组主要包括：管子、阀门、管件、连接件、支吊件及监测仪表等。另外，计量阀组间还有相应的电气仪表设备和照明装置等。

从计量阀组间的系统构成可以看出，该类设施的主要危险性应包括爆裂、泄漏、火灾和爆炸、中毒和窒息以及灼烫、触电等伤害。本节重点介绍油气集输站场计量阀组间的安全风险识别与控制。管道中间阀室及采油井场工艺管道较计量阀组间更为简单，可以借鉴与参考。

1. 爆裂

防控措施：加强设计管理，优选设计队伍，严格设计审查；强化施工过程质量监督，严格控制施工质量；建立完善管道区域阴极保护；加注缓蚀剂，减缓管道腐蚀；加强管道维护管理，确保系统始终处于良好的工作状态；设置自动泄压保护装置，防止液击和超压运行；严格执行操作规程，加强巡回检查，合理控制运行参数；加强管道日常维护与管理，定期开展管道安全检查和压力管道检验，发现隐患及时整改；建立完善管道爆裂事故应急预案，降低事故损失。

2. 泄漏

防控措施：加强操作人员操作技能培训和安全意识教育，减少误操作；严格执行操作规程，减少误操作；加强设备设施管理，严格执行压力管道定期检验制度；加强管子、管件、连接件及检测仪表的检查、维护和保养工作，确保系统始终处于完好状态；加强巡回检查，严密监视各项工艺参数，及时发现各种事故隐患；完善安全监测报警系统，定期进行检验、检查与维护，确保监测系统完好；加强设计、施工质量控制，确保工程建设不留隐患；制定完善相应的应急措施，防止事故扩大。

3．火灾和爆炸

（1）原因分析

阀组间着火爆炸一般有两种情况，即管道（设备）内部爆炸和阀组间室内着火爆炸。其直接原因包括两个方面：一是环境空间中必须存在爆炸性混合气体，且浓度在爆炸极限范围之内；二是必须有引燃火灾危险物质的引火源。

管道（设备）内部形成爆炸性混合气体的主要原因包括以下几个方面：

投产和动火前未进行惰性气体置换；在用管道（设备）检修，系统被打开，空气进入系统内部；使用空气对已经运行过的管道和设备进行吹扫；打开收发球筒，发送或接收清管器等。

阀组间内爆炸性混合气体的产生原因主要包括管道（设备）意外泄漏和系统正常释放。正常释放则主要有以下四种情况：

①正常检查放空；

②正常生产取样；

③发送或接收清管器；

④设备日常检修，如流量计检修、过滤器清洗、更换压力表等。

产生引火源的主要原因包括以下几点：

油气泄漏、介质流动、空气吹扫产生静电，无静电接地装置或装置有缺陷；操作人员未正确使用防静电劳动防护用品或防护用品有缺陷；未采取静电释放措施冒险进入阀组间；阀组间及油气生产装置无防雷设施或有缺陷，遭遇雷击；电气、仪表、照明及电气线路不防爆或防爆失效；电气线路负荷过大或短路；不同火灾分区界壁隔离失效。如管线、电缆穿墙套管密封不严等；管道泄漏处置措施不当。如使用非防爆工具和非防爆通信工具，金属物体撞击等；车辆不带防火帽，排气管排放明火或火花；站内吸烟、违章动火或使用明火；井场或管道中间阀室外部明火；硫化亚铁遇空气自燃。

（2）防控措施

防控措施主要包括技术和管理两个方面。

技术措施：

完善可燃气体监测报警系统及防雷防静电设施；正确配备和使用劳动防护用品；使用合格的防爆电气、仪表、照明装置、防爆工具及防爆通信工具等；做好防火隔离措施；采取薄弱环节设计，有组织释放能量，减轻事故危害；正确配备消防器材，确保消防系统正常完好；系统投产或动火前使用惰性气体进行置换。

管理措施：

①定期开展设备设施维护保养和压力管道定期检验工作，严防泄漏事故；

②加强安全设施管理，定期组织安全设施检验和日常维护，确保其正常有效；

③加强巡回检查，严密监视各项工艺参数，及时发现并处置各种事故隐患；

④定期开展电气设备及电气线路安全检查，确保电气设备、线路工作正常，防爆设施及各种防火隔离措施有效；

⑤加强施工作业管理，严格执行作业票证制度和各项安全措施的落实，严禁违章作业和违章使用明火；阀组间内严禁使用非防爆工具和非防爆通信工具；

⑥加强室内通风，降低环境空间内可燃气体浓度；

⑦严格控制设计、施工质量，认真组织安全设施检查验收，确保建筑结构、设备设施、安全设施符合法律法规及标准规定；

⑧加强技能培训和安全意识教育，提高操作人员安全意识和安全操作技能；

⑨建立健全各项管理制度和操作制度，严格执行操作规程，严防误操作；

⑩加强应急管理，完善应急体系和应急预案，强化应急演练，避免事故发生和事故扩大。

4. 中毒和窒息

（1）原因分析

中毒窒息的原因包括两个方面：一是环境内存在可导致操作人员中毒窒息的危害物质；二是缺乏正确的个人防护。

管道阀组间内产生危害物质的途径有两个，即管道意外泄漏和系统正常释放。

以下几种情况可导致中毒窒息事故发生：

油气大量泄漏，导致阀组间内氧气浓度降低，使人窒息；含硫化氢天然气管线泄漏，可造成人员中毒；注氮、注二氧化碳采油工艺管道破裂，泄漏的油气夹带大量的氮气或二氧化碳，导致阀组间内氧气浓度降低，使人窒息；二氧化碳可导致操作人员急性中毒；采用惰性气体进行系统置换，在阀组间内集中排放造成惰性气体聚集，可使人窒息；通风系统故障或未启动通风系统；未正确配备和使用个人劳动防护用品和用具。

（2）防控措施

①加强设备设施维护保养，严防泄漏事故发生；

②加强巡回检查，及时发现并处置泄漏事故；

③加强监测报警系统的维护管理，及时发现各种事故隐患；

④完善通风系统，降低空间内有害气体浓度；

⑤正确配备和使用个人防护用具；

⑥加强施工作业管理，严格执行作业票证制度，强化各项安全防范措施落实；

⑦惰性气体置换放空应利用装置放空系统，如必须在室内放空，可采用多点排

放，并为操作人员配备正压呼吸器；

⑧加强技能培训和安全意识教育，提高操作人员安全意识和安全操作技能；

⑨建立健全各项管理制度和操作制度，严格执行操作规程；

⑩建立完善防中毒和窒息事故应急预案，定期开展应急演练，减少人员伤亡，降低事故损失。

5. 灼烫

（1）原因分析

温度较高的原油、蒸汽或热水管道爆裂、泄漏，人体直接接触高温流体可造成灼烫伤害；人体与高温管道裸露部位接触，可造成灼烫伤害；违章操作；未正确配备和使用个人劳动防护用品和用具。

（2）防控措施

①加强设备设施管理，防止管道爆裂和泄漏；

②对高温管道进行保温隔离，防止操作人员接触；

③正确配备和使用个人劳动防护用品；

④配备必要的防烫伤应急药品；

⑤严格执行操作规程和工艺纪律，杜绝违章操作和违章作业；

⑥加强事故应急管理，完善应急预案，强化应急演练，避免事故发生和事故扩大。

6. 触电

（1）原因分析

私自拆装电气设备和电路；私拉、乱扯电线；湿手湿脚动用电器设备开关，或用导电物体接触电气设备；电气设备及电器开关损坏漏电；线路老化、绝缘不良造成漏电；无剩余电流动作保护装置或有缺陷；电气设备、开关及金属穿线管未安装保护接地或接地有缺陷；电气检修，无人看管配电开关，突然送电；或送电前未通知，约定送电；阀组间无防雷设施或有缺陷，或操作人员站立在防雷装置附近，造成雷击伤害。

（2）防控措施

①严格用电管理制度，禁止私拉乱接；

②严格落实电气设备定期检查制度，发现问题及时整改；

③加强用电安全知识教育，掌握用电安全知识和救护常识；

④正确安装并定期检查、试验、检测剩余电流动作保护装置，以防操作人员触电；

⑤完善并定期检查、检测电气保护接地；

⑥在经常进行电气操作和检查的电气开关或设备前铺设绝缘橡胶板；

⑦完善防雷设施，加强防雷检测，确保防雷设施完好；

⑧加强电业作业管理，严格执行电业作业票证制度，严禁约定送电。

第十三章　油气集输站场消防系统可靠性评价

　　消防是油气集输生产的安全保障系统，主要用于油（气）田生产设施火灾扑救和火灾状态下的应急保护，其可靠性对保证油气生产设施和操作人员安全起着至关重要的作用，也直接影响着油气集输系统的安全风险水平。从某种意义上来讲，油气集输系统的安全风险水平应该是油气集输各系统或生产单元风险水平与消防系统可靠性的综合评价结果。

　　消防系统可靠性是指消防系统或设备在规定条件下和规定时间内完成规定功能的能力。消防系统可靠性评价应包括消防设施可靠性和消防管理可靠性两个方面，其主要工作任务是对油气集输站场消防系统设置及功能进行评价。由于消防系统设置及功能检查有着很强的专业性，该系统的可靠性评价一般由评价小组成员直接负责，甚至可能需要聘请小组成员以外的消防技术专家参与。因此，一般应将消防系统作为独立系统进行评价。

　　在评价方法的选择上，由于我国目前对消防系统的可靠性评价还没有一套完整的、统一的方法，大多数采取的是模糊数学中的模糊综合评价方法，其专业性很强，这对企业安全风险评价来讲很不适用。事实上，在企业安全工作实践中，其精准计算的意义并不大，因此本章推荐使用半定量安全检查表法。

第一节　油气集输站场消防设施与消防管理

　　消防管理是指对各种消防事务的管理。消防管理的具体含义通常是指依照消防法规及规章制度，遵循火灾发生发展规律，运用科学的管理原理和方法，通过各种消防管理职能，合理有效地利用各种管理资源，为实现消防安全目标所进行的各种活动的总和。

广义上消防设施是直接用于建筑或生产场所防火与灭火的生产辅助设施，一般包括：建筑防火分隔和安全疏散设施；消防给水设施；防烟、排烟设施；消防电气和通信设施；火灾自动报警系统；自动喷水灭火系统；气体灭火系统；泡沫灭火系统；消防电梯及其他固定灭火系统。本章所述油气集输站场消防设施则是指固定和移动灭火设施。主要包括消防站、站内固定（半固定）消防设施、消防器材等三个方面。

一、油气集输站场消防管理

消防管理包括消防安全基础管理和消防设施维护管理两个方面。

1. 消防安全基础管理

消防安全基础管理工作的依据是国家、地方政府和行业有关消防安全的各种法律、法规、部门规章、标准规范以及企业各项规章制度。

（1）消防法所规定的工作内容

《中华人民共和国消防法》第十六条规定：机关、团体、企业、事业等单位应当履行下列消防安全职责：

（一）落实消防安全责任制，制定本单位的消防安全制度、消防安全操作规程，制定灭火和应急疏散预案；

（二）按照国家标准、行业标准配置消防设施、器材，设置消防安全标志，并定期组织检验、维修，确保完好有效；

（三）对建筑消防设施每年至少进行一次全面检测，确保完好有效，检测记录应当完整准确，存档备查；

（四）保障疏散通道、安全出口、消防车通道畅通，保证防火防烟分区、防火间距符合消防技术标准；

（五）组织防火检查，及时消除火灾隐患；

（六）组织进行有针对性的消防演练；

（七）法律、法规规定的其他消防安全职责。

单位的主要负责人是本单位的消防安全责任人。

第十七条规定：消防安全重点单位除应当履行本法第十六条规定的职责外，还应当履行下列消防安全职责：

（一）确定消防安全管理人，组织实施本单位的消防安全管理工作；

（二）建立消防档案，确定消防安全重点部位，设置防火标志，实行严格管理；

（三）实行每日防火巡查，并建立巡查记录；

（四）对职工进行岗前消防安全培训，定期组织消防安全培训和消防演练。

第五条规定：任何单位和个人都有维护消防安全、保护消防设施、预防火灾、报告火警的义务。任何单位和成年人都有参加有组织的灭火工作的义务。

第十九条规定：生产、储存、经营易燃易爆危险品的场所不得与居住场所设置在同一建筑物内，并应当与居住场所保持安全距离。生产、储存、经营其他物品的场所与居住场所设置在同一建筑物内的，应当符合国家工程建设消防技术标准。

第二十一条规定：禁止在具有火灾、爆炸危险的场所吸烟、使用明火。因施工等特殊情况需要使用明火作业的，应当按照规定事先办理审批手续，采取相应的消防安全措施；作业人员应当遵守消防安全规定。进行电焊、气焊等具有火灾危险作业的人员和自动消防系统的操作人员，必须持证上岗，并遵守消防安全操作规程。

第二十二规定：生产、储存、装卸易燃易爆危险品的工厂、仓库和专用车站、码头的设置，应当符合消防技术标准。易燃易爆气体和液体的充装站、供应站、调压站，应当设置在符合消防安全要求的位置，并符合防火防爆要求。已经设置的生产、储存、装卸易燃易爆危险品的工厂、仓库和专用车站、码头，易燃易爆气体和液体的充装站、供应站、调压站，不再符合前款规定的，地方人民政府应当组织、协调有关部门、单位限期解决，消除安全隐患。

第二十三条规定：生产、储存、运输、销售、使用、销毁易燃易爆危险品，必须执行消防技术标准和管理规定。进入生产、储存易燃易爆危险品的场所，必须执行消防安全规定。

第二十四条规定：消防产品必须符合国家标准；没有国家标准的，必须符合行业标准。禁止生产、销售或者使用不合格的消防产品以及国家明令淘汰的消防产品。依法实行强制性产品认证的消防产品，由具有法定资质的认证机构按照国家标准、行业标准的强制性要求认证合格后，方可生产、销售、使用。新研制的尚未制定国家标准、行业标准的消防产品，应当按照国务院产品质量监督部门会同国务院公安部门规定的办法，经技术鉴定符合消防安全要求的，方可生产、销售、使用。

第二十六条规定：建筑构件、建筑材料和室内装修、装饰材料的防火性能必须符合国家标准；没有国家标准的，必须符合行业标准。

第十三条规定：依法应当进行消防验收的建设工程，未经消防验收或者消防验收不合格的，禁止投入使用。

第二十八条规定：任何单位、个人不得损坏、挪用或者擅自拆除、停用消防设施、器材，不得埋压、圈占、遮挡消火栓或者占用防火间距，不得占用、堵塞、封闭疏散通道、安全出口、消防车通道。人员密集场所的门窗不得设置影响逃生和灭火救援的障碍物。

第三十九条规定：生产、储存易燃易爆危险品的大型企业；储备可燃的重要物资的大型仓库应当建立单位专职消防队，承担本单位的火灾扑救工作。

第四十一条规定：机关、团体、企业、事业等单位以及村民委员会、居民委员会根据需要，建立志愿消防队等多种形式的消防组织，开展群众性自防自救工作。

第二十九条规定：负责公共消防设施维护管理的单位，应当保持消防供水、消防通信、消防车通道等公共消防设施的完好有效。在修建道路以及停电、停水、截断通信线路时有可能影响消防队灭火救援的，有关单位必须事先通知当地公安机关消防机构。

消防法所规定的其他内容。

（2）标准规范要求

《原油及轻烃站（库）运行管理规范》（SY/T5920–2007）11.1.4 规定：进入站库的车辆应戴排气防火帽。11.3.1 规定：站库应设门卫，24h 值班。

《原油库固定式消防系统运行规范》（SY/T6529–2002）4.1 对岗位设置及人员素质提出了要求：消防岗位应 24h 值班；岗位人员应掌握灭火工艺流程、灭火方案，并定期进行演练；岗位人员应熟悉设备性能，掌握消防系统灭火原理及操作方法。

国家及行业标准规定的其他内容。

2. 消防设施维护管理

消防设施维护管理工作依据是国家、行业及企业有关消防的各种标准规范和企业内部各项规章制度。消防设施维护工作应紧密结合企业安全生产实际进行。

（1）固定消防设施

①每班应按时对消防泵逐台盘车，确保消防泵转动灵活，防止泵轴长期在同一位置产生弯曲；每周应进行水、泡沫液消防站内循环，系统设备运转时间不少于30min，确保系统时刻处于战备状态；

②每天应对消防箱及内部附件、消防管网、消防栓、消防阀、泡沫产生器等消防设施进行检查，确保消防器材、配件完好；

③每天应对消防系统供配电、备用动力设施、主控盘及通信设施进行检查，确保消防控制系统、供电系统、动力设施、应急照明及通信设施完好；

④按规定对消防系统仪器、仪表进行校准，每半年进行一次系统调试，确保消防系统仪器仪表工作正常；

⑤每年应对过滤器和锈渣清扫口进行清理，防止消防给水、冷却水及泡沫液管道堵塞；

⑥每年入冬前，严寒地区应将地面以上消防冷却水系统内的积水放净，防止管道冻堵和冻裂；

⑦固定、半固定消防设施的管线应固定牢靠，附件齐全完好，防止系统在灭火过程中损坏；

⑧每年应对消防系统进行一次全面检查，并填写检查记录；

⑨系统运行二年至三年应进行一次演练，演练结束后，应对泡沫混合液管道、泡沫比例混合器、管道过滤器、油罐浮顶等用清水进行冲洗、清除锈渣并放空吹扫。对检查和演练中出现的问题应及时解决，使系统恢复到正常状态。

（2）消防泵的日常检查与保养

消防泵应定期进行检查与保养，其检查、保养范围应包括如下内容：

①泵体：检查、补充、替换润滑油；盘根良好，泵体无渗水、溢水、沙眼，泵轴渗水有无流到地面。泵轴转动灵活、无卡壳，泵轴与电机轴在同一中心线、机座紧固、螺栓无锈蚀（有防锈措施），垫片齐全；外观整洁，油漆完好，标志清楚，铭牌字迹清晰等。

②阀门、管道、附件：阀门开闭灵活、无卡阻、关闭严密、内外无漏水；阀体、手柄完好，阀杆润滑良好，外观整洁；单向阀动作灵活，无漏水；压力表指针灵活，指示准确，表盘清晰，位置便于观察，紧固良好，表阀及接头无渗水等。

③柴油机消防泵：检查柴油机柴油液面及储存量，机油液面，水箱水位；检查油管、水管接头处的密封面是否渗漏，排气管、气缸盖垫片是否松动或漏气；检查蓄电池是否完好，柴油机各附件是否正常；清洁柴油机及附属设备外表。

（3）消防水及灭火剂

①消防水、泡沫液的储量应满足设计要求，泡沫液罐储存的泡沫液使用后应及时补充，确保消防水、泡沫液满足战备需求；

②泡沫液存储环境温度应为 0 ~ 40℃，且宜储存在通风干燥的地方，并每年对泡沫液进行现场取样，送消防监督部门指定的检验单位进行化验，不合格的应及时更换，防止泡沫液变质损坏而影响正常灭火；

③消防水温度应保持在 4 ~ 35℃ 范围，防止水温过低导致消防水冻结，或水温过高影响消防泵正常工作。

（4）消防器材

灭火器材应按照"定点放置、定人管理、定期检查和定期保养"四定原则进行管理，并登记造册，确保消防器材管理制度化、标准化；各种不同类型的消防器材应按标准、要求定期进行校验检查，确保消防器材完好有效；灭火器应摆放在明显和便于取用的地点，且不得影响安全疏散。灭火器应摆放稳固，铭牌朝外；手提式灭火器宜设置在挂钩、托架上或灭火器箱内，其顶部离地面高度应小于1.50m，便于使用；底部离地面高度不宜小于0.15m，防止腐蚀损坏；灭火器不应摆放在潮湿或强腐蚀性的地点，当必须摆放时，应有相应的保护措施；摆放在室外的灭火器，应有防雨、防晒等保护措施，防止灭火器损坏严寒地区应考虑灭火器的最低适用温度，防止灭火器内灭火剂冻结；灭火器在每次使用后，必须送到已经取得维修许可证的维修单位进行检查，更换已损件，重新充装灭火剂和驱动气体；灭火器必须按规定进行报废，确保灭火器的使用安全。

二、油气集输站场消防设施

消防设施配置应根据油气集输站场规模、重要程度、油品性质、储存容量、存储方式、储存温度、火灾危险性及所在区域消防站布局、消防站装备和外部协作条件等综合因素，通过技术经济比较而确定。消防设施配置必须因地制宜，结合国情和企业安全生产实际，确保安全经济效益最大化。

1. 消防站

油（气）田及油气管道消防站的设置必须结合油（气）田安全生产实际，不能等同于其他工业区和城镇消防站，其突出特点是点多、线长、面广、布局分散、人口密度小。《城市消防站建设标准》中明确规定"城市规划区内消防站的布局，一般应以接到出动指令后 5min 内消防队可以到达辖区边缘为原则确定。"，同时还规定消防站的辖区面积控制原则为"普通消防站一般不应大于 7km^2；设在近郊区的普通消防站仍以接到出动指令后 5min 内消防队可以到达辖区边缘为原则确定辖区面积，其辖区面积不应大于 15km^2"。由于油（气）田生产的特殊性，不可能完全按照《城市消防站建设标准》进行布局和建设，历史上也从未达到过上述时空要求。因此，油（气）田消防站的建设必须首先确定油（气）田是矿区而非城市这一主导思想，然后根据区人口密度小、人员高度分散、消防保卫对象不集中这一实际情况，结合社会可依托消防力量，从油（气）田消防实际出发，按站场生产规模的大小、火灾种类、危险性等级及所处地理环境等因素综合考虑。

消防站的布局还应体现重要站场与一般站场、东部地区与西部地区区别对待的原则。重要油气集输站场，如西气东输管道首站等，站内除设固定消防系统外，同时还要按区域规划要求在其附近设置等级不低于二级的消防站，消防车在 5min 之内可以到达现场，确保其安全。一般油气集输站场站内设置固定消防设施，可考虑适当的外部消防协作力量。一些三级以下的小型油气集输站场，由于火灾事故后果较轻，可适当放宽消防站和消防车设置标准。我国西部地区油（气）田，由于自然条件恶劣，且人烟稀少，油气集输站场防火以提高站内工艺可靠性和站内消防技术水平为重点，消防站和消防车的配置可适当放宽。

消防站的设置还应考虑消防站自身的安全，以便在发生火灾时或紧急情况下能够迅速出动。例如，1989 年黄岛油库特大火灾事故，爆炸起火后最先烧毁了岛上仅有的一个消防站。1997 年北京东方红炼油厂特大火灾事故，爆炸冲击波将消防站玻璃全部震碎，多人受伤，钢混结构建筑物被震裂，消防车库大门扭曲变形无法打开，致使消防车被关在库内无法出警。这些教训足以引起人们对消防站设置的重视。

2. 油气集输站场固定消防设施

（1）消防给水

专用消防供水管道的利用率极低，管道内的水容易变质，这不利于消防设施管理。采取消防供水管道与生产、生活给水管道合并使用，不仅可以有效地解决上述问题，同时又可节省建设资金。但这种供水方式也存在一定的缺陷，一旦发生火灾，消防灭火可能对生产、生活用水产生干扰。因此，合并使用的消防供水管道必须全面考虑消防灭火与生产生活之间的相互影响。

消防给水最重要的问题是给水的可靠性。事实证明，采取环状管网双向供水安全可靠，避免了因个别管段损坏而导致管网中断供水事件的发生。环状管网应用阀门分割成若干独立段，两阀门之间的消火栓数量不宜超过 5 个。寒冷地区的消火栓井、阀池和管道应有可靠的防渗、保温措施，防止消火栓、阀门、管道冻结或冻裂，影响消防系统的正常使用。

消防供水系统必须充分考虑消火栓的给水压力。采用高压供水时，消防供水管网最不利点的消火栓出口水压和水量应满足在各种消防设备扑救最高储罐或最高建（构）筑物火灾时的要求。储罐区的消火栓应设在防火堤和消防道路之间，在方便使用的同时，保证水带敷设不会阻碍消防车的行驶，并应同时保证消火栓自身的安全。另外，储罐区消火栓的设置还应考虑固定式冷却水系统失效这一极端情况，在采用固定式冷却水系统的罐区四周还应同时设置消火栓。

（2）消防冷却水系统

油罐着火后，其火焰温度通常在 1000℃ 以上。此时，油罐受火焰直接加热，罐壁温升速度很快，5min 内可使油面以上的罐壁温度达到 500℃ 及以上，8～10min 即可达到甚至超过 700℃。若不及时对罐壁进行冷却，油面以上的罐壁钢板将很快失去支撑能力。另外，泡沫灭火时，因泡沫不易贴近炽热的罐壁，紧贴罐壁正在燃烧的原油不能被泡沫覆盖，影响灭火效果，甚至无法扑灭。再者，发生或发展为全液面火灾的油罐，在周边一定距离内的相邻油罐受到强烈热辐射和对流影响，罐内油品温度明显升高。距着火油罐越近，温升速度越快。为防止相邻油罐被引燃，一定距离内的相邻油罐必须迅速采取冷却措施。因此，为及时扑灭油罐火灾，防止火灾事故进一步扩大，除一些危险性较小的特定场所外，油罐区应同时设置灭火系统和消防冷却水系统。这同时也对储油罐运行及安全附件管理提出了更为严格的要求，量油孔、透光孔长期开放，将会失去对火灾相邻油罐冷却保护的意义，直接导致火灾蔓延。

（3）灭火系统

单罐容量大于等于 $10000m^3$ 的固定顶罐与单罐容量大于等于 $50000m^3$ 的浮顶罐发生火灾后，灭火难度较大，一旦失控，损失巨大，可接受的火灾风险相对较小。若设置半固定式灭火系统，所需泡沫消防车较多，协调、操作复杂，可靠性低，灭火成本也相应提高。另一方面，对于原油储罐，尚需考虑其火灾特性。一般认为，原油储罐火灾持续30min后，罐内原油可能会形成一定厚度的高温层，此时喷射泡沫，则有可能发生溅溢事故。火灾持续时间越长，发生这种危险事件的可能性就越大。因此，对于30min内消防车不能抵达的油气集输站场，最好设置固定灭火系统。

扑救天然气火灾最有效的措施是截断气源，而贸然扑灭明火绝非上策。使用消防水对设备进行冷却，以此保护设备、建筑和操作人员安全是扑救天然气火灾的明智选择。对于天然气压缩机厂房，扑灭初期火灾至关重要，可有效地防止事故扩大。事实证明，干粉灭火剂用于扑灭天然气初期火灾是一种效果好、速度快的有效灭火剂。因此，天然气压缩机厂房宜设置干粉灭火设施。

（4）消防泵房

消防泵房分消防供水泵房和消防泡沫供水泵房两种。中小型站场一般只设消防供水泵房，大型站场应同时设置，且宜将两种消防泵房合建，便于统一管理。

消防泵房规模必须按照泡沫供水泵和冷却供水泵均应满足扑救站场可能最大火灾时的流量和压力要求来确定。同时，为确保泡沫供水泵和冷却供水泵能连续供水，一、二、三级站场的消防供水泵和泡沫供水泵均应设置备用泵，且备用泵的性能应与最大一台泵相等。

消防泵房位置应考虑两个方面。一是考虑消防泵房自身的安全。油罐一旦起火爆炸，油品外溢，将会向低洼处流淌。尤其在山区，若消防泵房地势低于储罐区，流淌火焰将会直接威胁消防泵房。另外，若消防泵房位于油罐区全年主导风向的下风侧，储油罐所散发的可燃气体将有可能被消防泵房所散发火种引燃，而消防泵房又将直接受到火灾的威胁。因此，从总体安全考虑，消防泵房的地势不应低于储罐区，且应布置在储罐区全年最小频率风向的下风侧。二是要考虑扑救火灾的及时性，用最短的时间将消防水和泡沫液输送到着火事故罐。一般来讲，钢罐的抗烧能力为8min 左右，故消防灭火应考虑将火灾扑灭在着火初期，要求启泵后 5min 内将泡沫混合液和冷却水送到任何一个着火点。为满足这一要求，在优化消防泵房布局的同时，还应考虑节省启动消防水泵和开启出口阀门的时间。通过在消防水泵出口设置多功能水泵控制阀，自动完成离心泵闭阀启泵操作过程，使启泵时水泵出口压力自动满足启泵要求，可有效节省人力和时间。另外，多功能水泵控制阀还可有效防止消防系统的水击危害，防止水击破裂，进而提高消防系统的可靠性。

3. 灭火器配置

灭火器轻便灵活机动,易于掌握和使用,非常适于扑救初起火灾,防止火灾蔓延。因此,油气集输站场应按现行国家标准《建筑灭火器配置设计规范》的要求配置灭火器。

配电室及控制室的消防器材配置不仅要考虑灭火的可能性,还应考虑对被保护对象的损害以及灭火人员的安全问题。由于干粉灭火器在使用过程中会对灭火环境产生污染,同时国家标准对手持式干粉灭火器适用的电压等级也没有作出明确规定,有关干粉灭火器的适用电压等级说法不一。二氧化碳等气体的灭火性能较好且对保护对象不会产生二次损害,是扑救站内重点保护对象如电气控制设备、自动仪表及控制系统等火灾的良好灭火剂。因此,配电室和控制室原则上推荐选用二氧化碳或卤代烷灭火器,而不宜选用干粉灭火器,以防止干粉对被保护对象产生二次损害,同时也可有效防止高压电气设备对灭火人员的触电伤害。

第二节 油气集输站场消防系统可靠性检查与评价

消防系统可靠性包括消防设施的可靠性和消防管理的可靠性两个方面。其中,消防管理包括消防安全基础管理和消防设施维护管理。事实上,随着国家有关消防安全法律、法规体系的逐步完善以及人类对火灾认识的不断深入和现代消防技术的发展,这种可靠性是相对的,其实质是评价人员按照现行国家法律、法规和标准规范对消防系统的检查结果。因此,消防系统可靠性评价必须以油气集输站场现有的消防设施为检查对象,以国家现行法律、法规和标准规范为检查依据,通过对消防系统进行全面系统地检查,得出相对的可靠度结论。

一、消防系统检查与评价方法

1. 检查方法

(1)编制检查表

由于消防设施配置是根据油气集输站场生产和储存规模、火灾危险性质以及企业可接受的风险程度,并结合区域消防站的布局和装备情况以及外部协作条件等综合因素而确定的,其专业性较强。因此,为避免检查、评价工作的随意性、盲目性,评价工作开展之前,评价小组应依据国家和地方政府的有关法律、法规、部门规章,企业消防管理规章制度,以及国家及行业现行的标准、规范,按照安全检查表的编制方法和格式，事先设计、编制一个适合消防系统可靠性评价的安全检查表，以免造成检查漏项，影响评价工作效果。

（2）制定判分规则

消防系统可靠性评价安全检查表可采用半定量检查表格式。检查表中事实记录分值分为四档，完全符合取最高分值；稍有缺陷取第二档分值；关键内容不符合取第三档分值；完全不符合为零分。检查及判分由具有丰富的安全监督管理经验并具备一定消防专业知识的评价人员执行，判分过程要集思广益，力求客观公正，尽量减少判分的主观性，以提高评价的准确性。

2. 评价方法

①对检查表中类别为"A"的，一旦出现不符合项，应视为系统不合格，必须整改；

②检查表中类别为"B"的，单项检查结果分数低于3分的项目视为不符合项，其不符合项数量若超过总的"B"类项目数量的10%，应视为系统不合格。同时，无论不符合项数是否超过10%，所有的"B"类不符合项均应进行整改；

③检查表中类别为"C"的项目是否合格可不做考虑，仅参与系统可靠度计算；

④对不符合项的整改工作结束后，评价人员应重新进行检查和评价；

⑤以检查实际得分为分子，以所有项目最高分数之和为分母，其百分比即为系统可靠度，并成为系统可靠性的评价结果。

二、消防系统可靠性评价

消防系统可靠性评价可以按照以下三个安全检查表的内容，通过检查、统计和计算而得出系统的相对可靠度。但在具体检查、评价过程中，视系统配置不同其检查项目和检查内容将有所变化和调整。

①表13-1《油气集输站场消防安全基础管理可靠性评价安全检查表》

②表13-2《油气集输站场消防设施维护管理可靠性评价安全检查表》

表 13-1 油气集输站场消防安全基础管理可靠性评价安全检查表

序号	检查项目	检查内容	类别	事实记录	检查结果
1	消防组织及制度建设	明确消防管理人员，建立消防安全责任制	A	0-1-5-7	
2		建立完善并严格执行各项消防安全管理制度和操作规程	A	0-1-5-7	
3		建立防火巡查制度，每日进行防火巡查，并有巡查记录	A	0-1-5-7	
4		建立消防档案，确定消防安全重点部位	A	0-1-5-7	
5		建立义务消防队，并定期组织训练	B	0-1-3-5	

序号	检查项目	检查内容	类别	事实记录	检查结果
6	消防应急	建立健全应急指挥系统，制定符合本单位实际的灭火和应急预案	A	0-1-5-7	
7		定期组织灭火和应急预案演练，并有灭火和应急预案的演练记录	A	0-1-5-7	
8		消防泵房应坚持24小时值班制度	B	0-1-3-5	
9	消防设施管理	建立、健全消防设施管理台账	B	0-1-3-5	
10		消防安全防火标志完好、齐全、有效	B	0-1-3-5	
11		建筑消防设施应每年至少进行一次全面检测，确保完好有效，检测记录应当完整准确，存档备查	B	0-1-3-5	
12		不得损坏、挪用或者擅自拆除、停用消防设施、器材，不得埋压、圈占、遮挡消火栓或占用防火间距	A	0-1-5-7	
13		不得占用、堵塞、封闭疏散通道、安全出口、消防车通道	A	0-1-5-7	
14	消防培训	消防设备操作人员应经过消防专项培训，掌握相应的操作技能，经考试合格后方能上岗	A	0-1-5-7	
15		凡在生产要害岗位工作的人员和从事易燃易爆物品的生产、使用、管理人员以及消防重点岗位人员均应参加专门的消防安全培训，并取得公安消防机构核发的证书	A	0-1-5-7	
16		岗位员工及管理人员应做到消防工作中的"四懂"、"四会"。即懂火灾的危险性、懂预防措施、懂火灾的扑救方法、懂逃生自救；会报火警、会使用消防器材、会处理险情事故、会疏散逃生	B	0-1-3-5	
17		对新入厂及转岗员工和进入生产区的各类人员进行相应消防安全知识教育	A	0-1-5-7	
18		必须对员工进行经常性的消防知识教育和培训	A	0-1-5-7	
19	消防检查	组织消防安全检查，落实火灾隐患整改，且有相应的记录	B	0-1-3-5	
20		对消防监督部门查出的火险隐患，应逐项登记，并要定责任人、定整改措施、定整改期限。对一时难以解决的重大隐患，必须采取临时措施，保证安全，并报请上一级主管部门解决	A	0-1-5-7	
21		有消防设施定期检查记录、自动消防设施全面检查测试报告以及维修保养记录	B	0-1-3-5	
22	防火管理	严禁无关人员、车辆进入生产、储存易燃易爆物品的场所。进入站库的车辆应戴排气防火帽	A	0-1-5-7	
23		重大火灾危险场所应设专职门卫，并24h值班	B	0-1-3-5	
24		禁止在具有火灾、爆炸危险的场所吸烟、使用明火	A	0-1-5-7	
25		严格执行动火作业管理制度，并采取相应的消防安全措施	A	0-1-5-7	

续表

序号	检查项目	检查内容	类别	事实记录	检查结果
26	电信保障	消防重点岗位应设置通信设施，并保证通信畅通	B	0-1-3-5	
27		在修建道路以及停电、停水、截断通信线路时有可能影响消防队灭火救援的，必须事先通知当地公安机关消防机构，并办理有关审批手续	A	0-1-5-7	
28	岗位资料管理	消防岗岗位资料应包括：岗位值班及交接班记录；设备运行记录；设备维护、保养记录；操作规程；灭火方案；工艺流程图、平面布置图、巡回检查线路图等	B	0-1-3-5	
合计					
系统可靠度 = 判分 / 满分					

表 13-2　油气集输站场消防设施维护管理可靠性评价安全检查表

序号	检查项目	检查内容	类别	事实记录	检查结果
1	固定消防设施	每天应按时对消防泵逐台盘车	B	0-1-3-5	
2		每天应按规定对消防泵进行检查与保养，重点检查泵体，阀门、管道、附件，以及柴油机消防泵状态完好。检查应有记录	B	0-1-3-5	
3		每天应对消防箱及内部附件、消防管网、消防栓、消防阀、泡沫产生器等消防设施进行检查	B	0-1-3-5	
4		每天应对消防系统供配电及备用动力设施进行检查；每天应对消防系统主控盘及通信设施进行检查	B	0-1-3-5	
5		每周应进行水、泡沫液消防站内循环，系统设备运转时间不少于30min	B	0-1-3-5	
6		应按规定进行消防系统仪器、仪表校准，每半年进行一次系统调试	B	0-1-3-5	
7		每年应对过滤器和锈渣清扫口进行清理	B	0-1-3-5	
8		每年入冬前，北方严寒地区必须将地面以上消防冷却水系统内的积水放净	A	0-1-3-7	
9		固定、半固定消防设施的管线应固定牢靠，附件齐全完好	B	0-1-3-5	
10		每年应对消防系统进行一次全面检查，并填写年检记录表	B	0-1-3-5	
11		系统运行二年至三年应进行一次演练，演练结束后，应对泡沫混合液管道、泡沫比例混合器、管道过滤器、油罐浮顶等用清水进行冲洗、清除锈渣并放空吹扫	B	0-1-3-5	

续表

序号	检查项目	检查内容	类别	事实记录	检查结果
12	消防水及灭火剂	消防水、泡沫液的储量应满足设计要求	B	0-1-3-5	
13		泡沫液存储的环境温度应为 0 ~ 40℃，且宜储存在通风干燥的地方	B	0-1-3-5	
14		泡沫液罐储存的泡沫液使用后应及时补充	B	0-1-3-5	
15		每年应对泡沫液现场取样，并送消防监督部门指定的检验单位进行化验，不合格的应及时更换	B	0-1-3-5	
16		消防水温度应为 4 ~ 35℃	C	0-1-2-3	
17	消防器材	灭火器材应按照"定点放置、定人管理、定期检查和定期保养"四定原则进行管理，并登记造册	B	0-1-3-5	
18		各种不同类型的消防器材应按标准定期进行校验检查	B	0-1-3-5	
19		灭火器应摆放在明显和便于取用的地点，且不得影响安全疏散	A	0-1-5-7	
20		灭火器应摆放稳固，其铭牌应朝外	B	0-1-3-5	
21		手提式灭火器宜设置在挂钩、托架上或灭火器箱内，其顶部离地面高度应小于 1.50m；底部离地面高度不宜小于 0.15m	C	0-1-2-3	
22		灭火器不应摆放在潮湿或强腐蚀性的地点，当必须摆放时，应有相应的保护措施	B	0-1-3-5	
23		设置在室外的灭火器，应有防雨、防晒等保护措施	B	0-1-3-5	
24		灭火器不得设置在超出其使用温度范围的地点	A	0-1-5-7	
25		灭火器在每次使用后，必须送到已取得维修许可证的维修单位进行检查，更换已损件，重新充装灭火剂和驱动气体	A	0-1-5-7	
26		必须按规定进行灭火器的报废	A	0-1-5-7	
		合计			
		系统可靠度 = 判分 / 满分			

参考文献

［1］方少仙.石油天然气储层地质学［M］.石油大学出版社，1998.

［2］佚名.石油天然气［J］.石油天然气，2006.

［3］余际从，石云龙，雷涯邻.可持续发展与我国石油天然气安全战略［J］.资源与产业，2002（6）：50-52.

［4］廖勇，王恒.论我国石油天然气安全及其法律保障体系的构建［J］.中共郑州市委党校学报，2010（3）：54-57.

［5］李强.如何推进石油天然气安全生产的管理［J］.化工管理，2016（19）：139-139.

［6］常贵君.石油天然气安全事故应急研究［J］.化工管理，2016（15）：49-49.

［7］刘爱臣.论石油燃气行业安全文化建设的重要性［J］.城市建设理论研究：电子版，2015（2）.

［8］白瑞.国家安全生产监管总局部署 石油天然气安全生产工作［J］.现代职业安全，2012（5）：12-12.

［9］杨兴坤.石油天然气安全事故应急管理策略［J］.石油工程建设，2015，41（1）：91-92.

［10］柳庆新.石油天然气管道安全管理存在问题及对策分析［J］.中国石油和化工标准与质量，2007，27（5）：27-30.

［11］雷文章.油气田勘探开发作业过程危险、危害因素识别［J］.中国安全生产科学技术，2002（5）：27-29.

［12］李长勇.浅析 HSE 管理体系在油气田企业中的运用及对策［J］.石油化工安全环保技术，2017（2）.

［13］易图云.天然气生产场所施工风险识别及控制［J］.重庆科技学院学报（社会科学版），2011，13（22）：114-116.

［14］杨沐，侯建鑫，李小峰.油气田加热炉危险因素辨识与风险评价［J］.价值工程，2018（14）：284-288.

［15］曲作明，陈彦，李晓明.设备设施危害因素辨识及评价方法［J］.吉林劳动保护，2011（4）：40-41.

［16］张鹏，罗小兰，林科君，et al. 油气田开发过程中非技术风险的识别及管理［J］.油气田环境保护，2016，26（2）：1-4.

［17］路永军.油气田开采企业重大危险源辨识技术探讨［J］.安全、健康和环境，2010，10（7）：29-30.

［18］路义兵.油气田井下作业风险辨识及风险分析［J］.现代职业安全，2018.

［19］包湘海.油气田产能建设项目风险识别与应对［J］.经济师，2014（3）：52-54.

［20］张浪.油气田开发工程中地下隐蔽污染源的识别与影响分析［J］.干旱环境监测，2001，15（3）：185-186.